本书编委会

（以姓氏笔画为序）

主　编

代晓明　陆嘉琦

编　委

马　迁　王　平　王　静　代晓明　乔　永　孙文科
杜振雷　邹华清　宋　岚　张　晖　陆嘉琦　范　源
商　涛　傅祚华　靳　琼　裴亚军　潘振平　魏　星

主编　代晓明　陆嘉琦

常见科技名词规范使用手册

全国科学技术名词审定委员会事务中心
国家新闻出版署出版专业资格考试办公室　编

创于1897
商务印书馆
The Commercial Press

图书在版编目(CIP)数据

常见科技名词规范使用手册 / 代晓明，陆嘉琦主编；全国科学技术名词审定委员会事务中心，国家新闻出版署出版专业资格考试办公室编. —北京：商务印书馆，2020
ISBN 978-7-100-18458-8

Ⅰ.①常… Ⅱ.①代…②陆…③全…④国… Ⅲ.①科学技术—名词术语—手册 Ⅳ.①G301-61

中国版本图书馆CIP数据核字（2020）第079755号

CHANGJIAN KEJI MINGCI GUIFAN SHIYONG SHOUCE

常见科技名词规范使用手册

全国科学技术名词审定委员会事务中心
国家新闻出版署出版专业资格考试办公室 编

代晓明 陆嘉琦 主编

责任编辑 乔 永 郭婷婷
责任校对 郭婷婷 葛 玲
封面设计 吴海燕 冯彦青

商 务 印 书 馆 出 版
（北京王府井大街36号 邮政编码100710）
商 务 印 书 馆 发 行
天津旭丰源印刷有限公司印刷
ISBN 978-7-100-18458-8

2020年9月第1版 开本880毫米×1230毫米 1/32
2020年9月第1次印刷 印张 $12^3/_4$
字数400千字

定价：55.00元

前 言

规范使用科技名词，是文化产品体现科学性的一个方面。文化产品的生产者应该根据国家要求，在产品中使用经全国科学技术名词审定委员会（以下简称“名词委”）审定、公布的科技名词。因此，全国出版专业技术人员职业资格考试的《考试大纲》把规范使用科技名词列为考试要求之一。

要做到规范使用科技名词，首先必须知道究竟哪些科技名词是规范的，哪些是限制使用的，哪些是不应使用的。名词委已经按专业门类出版多种科技名词汇编，列出应该使用的规范名词。然而，从使用者的角度来看，一则是如果不能确认某个名词属于哪个专业，就难以查检；二则是遇到不规范的科技名词时，无法知道对应的规范词是什么。诚然，登录名词委开设的“术语在线”（http://www.termonline.cn），可以解决第一个问题，用户不需要选择专业领域，只要输入检索词，就可查检，还能得知该词适用的专业领域。但是，由于“术语在线”查检不到不规范的科技名词，所以第二个问题仍然存在。

编写本手册的宗旨，便是希望有助于使用者解决上述两个问题。因此，本手册具有下列特点：

第一，为适应文化产品生产的实际状况（专业科技类产品涉及的科技名词往往并不限于相应的一个专业，社科人文类产品内也经常会涉及一些科技名词），本手册收词以实用为原则，主要收录各类文化产品中较为常见的、已经在一定程度上见于一般语言交际（或者有进入日常语言交际趋向）的各个专业领域的科技名词。比较专深、仅仅在相应专业领域中使用、一般人士很少遇到的名词则不予收录。同时，物理量名称和计量单位名称与各种文化产品都相关，并且出现频率相对较高，所以本手册在名词委审定的科技名词之外，还补充收录部分物理量名称和计量单位名称。

第二，收录的基本上是存在“实同形异”现象的名词组合，亦即由指称同一个概念（或事物）的若干名词形成的组合。每组以一个规范名词为核心词，其他是与之相关的“简称”“又称”“曾称”和“俗称”等。

第三，所有名词均设立条目，并统一按音序编排。使用者无须事先判断词的专业领域和是否规范，就可按通行的汉语拼音排检法规则进行检索。

第四，体例精到简要，十分方便使用。语言中的词语有不少是多义的，而科技名词的所指必须十分明确。为此，根据现今出版专业技术人员的英语水平都已相当高的实际状况，给每个作为核心词的规范词都注明对应的英文，从而利用两种语言往往存在语义交叉的特点，对汉语词的具体所指有所限定；同时还用缩略词说明适用的专业领域，对词的所指进一步细化。这就不会导致用词时的张冠李戴。此外，仅在作为正条的核心词条目中列出本组全部词，而相关词均设成副条，引向相应的正条，并且所有相关词都只用一个符号标明属性，显然十分简明。使用者查检到某个名词后，能即时知道该词是规范的核心词还是相关词。如是相关词，则可知其属于哪种类型、对应什么核心词及其专业领域，从而判断应该如何选择。每面页脚都简要说明符号含义，则可不劳使用者费心记忆。

需要说明的是，囿于篇幅和名词委组织审定科技名词过程中所积累的资料，本手册内容并没有涵盖所有专业领域，仅涉及通用性较强的部分专业领域，可满足文化产品生产者在处理科技名词方面的一般普适需求。同时，科技名词的体系非常复杂，各专业领域的科技名词之间存在着很多交叉、重叠，甚至相背的关系，而本手册的宗旨只是为文化产品生产者在规范使用科技名词方面提供一些帮助，并非对科技名词的体系进行整合，所以只是客观地展示其中部分名词的状况。有鉴于此，如果某个名词在本手册内标明适用于某一或某些专业领域，而使用者面对的文化产品属于其他专业领域，那么，对科技名词正误的判断、选择，需要登录“术语在线”查考。

编　者

2019年3月

目　录

略语表

【材料】——材料科学技术
【测绘】——测绘学
【船舶】——船舶工程技术
【大气】——大气科学
【地理】——地理学
【地质】——地质学
【电】——电力工程技术
【公路】——公路交通工程技术
【海洋】——海洋科学技术
【航海】——航海科学技术
【航空】——航空科学技术
【航天】——航天科学技术
【化工】——化学工程技术
【化学】——化学
【机械】——机械工程技术
【计量】——计量学，包括物理量和计量单位
【建】——建筑工程技术
【力】——力学
【林】——林学
【煤炭】——煤炭科学技术
【农】——农学
【生物】——生物学
【石油】——石油科学技术
【数】——数学
【水产】——水产科学技术
【水利】——水利科学技术
【天文】——天文学
【铁道】——铁道科学技术
【土壤】——土壤学
【物理】——物理学
【心理】——心理学
【信息】——信息科学技术，包括电子科学技术、计算机技术、通信技术
【药】——药学
【冶金】——冶金学
【医】——医学

凡　例

一、本手册共收录约40个专业领域中存在“实同形异”情况的科技名词4100余组。每组包括核心词一个和一至数个虽指称的概念（或事物）与核心词相同却词形不同的相关词。

二、核心词是全国科学技术名词审定委员会组织审定和发布的规范科技名词。相关词分为三类：其一为“简称”。这类词可与核心词等效使用。其二为“又称”。这类词一般不推荐使用；由于种种因素而尚需使用时，同一作品中必须前后保持一致，不能与其他词形混用。其三为“非规范词”。由“曾称”或“俗称”归并而成，这类词应该不再使用。

三、本书将规范词立为正条，而将三类相关词都立为副条。正条与副条整合为一体，按词目的字符形式统一采用汉语拼音法编排次序（非规范词中表“黏”义的“粘”仍按nian音排序）。词目含有非汉字字符的，排序时统一按先汉字，后依次为数字、拉丁字母、希腊字母的序次排列。

四、词目采用黑体字。右上角有“&”符号的，为“简称”；有“#”符号的，为“又称”；有“*”符号的，为“非规范词”；没有上述符号（即零位标记）的，为核心词。词形相同而属性（或者意义）不同的词目，在右上角加标阿拉伯数字来区分。例如：“原子序数^{1}”和“原子序数$^{2\#}$”，表示该两个词目虽词形相同，但前者为应该使用的规范词，而后者为不推荐使用的又称词；“含片$^{1\&}$”和“含片^{2*}”，表示前者是可以使用的简称规范词语，而后者是不能使用的非规范词语；“导轮^{1}”和“导轮^{2}”，表示两者虽然都是规范词，但所指事物不同。

五、正条释文包括三项。第一项是英文对应词夹注。第二项是常见相关词，以“相关词”三字引出；若相关词不止一个且具有不同属性，按先“简称”，次“又称”，最后为“非规范词”的次序排列；属性相同的相关词若不止一个，按音序分列先后。第三项是适用专业领域说明，以置于方头括号

“【　】”内的汉语缩略词表示；缩略词的含义详见本书“略语表”。

六、副条释文包括两项。第一项是对应词指示，以符号“→”指引到相应的正条词目（即核心词）；若该对应词右上角附有数字，表示应与相应序号的同形词目对应。第二项是适用专业领域说明，与相应正条中的相同。

A

a

阿茨海默病*⟶阿尔茨海默病【心理】【医】

阿茨海默症*⟶阿尔茨海默病【心理】【医】

阿蒂斯现象（Arthus phenomenon）相关词：阿瑟斯现象*，阿图斯氏现象*，阿图斯现象*。【医】

阿尔茨海默病（Alzheimer disease；Alzheimer's disease）相关词：阿茨海默病*，阿茨海默症*，老年性痴呆*。【心理】【医】

阿伏加德罗常数#⟶阿伏伽德罗常量【计量】【物理】

阿伏加德罗数*⟶阿伏伽德罗常量【计量】【物理】

阿伏伽德罗常量（Avogadro constant）相关词：阿伏加德罗常数#；阿伏加德罗数*。【计量】【物理】

阿米巴样细胞*⟶变形细胞【生物】

阿瑟斯现象*⟶阿蒂斯现象【医】

阿图斯氏现象*⟶阿蒂斯现象【医】

阿图斯现象*⟶阿蒂斯现象【医】

锕系后元素#⟶锕后元素【化学】

ai

艾萨克综合征（Isaac syndrome）相关词：连续肌电纤维活动综合征*，神经性肌强直*。【医】

艾滋病&⟶获得性免疫缺陷综合征【医】

爱伦美氏瓶*⟶锥形瓶【化学】

爱伦美氏烧瓶*⟶锥形瓶【化学】

爱滋病*⟶获得性免疫缺陷综合征【医】

an

安培表#⟶电流表【机械】

安培计#⟶电流计【物理】

安培小时表*⟶安时计【电】【机械】

安培小时计*⟶安时计【电】【机械】

安全闭锁装置*⟶安全联锁装置【机械】

安全等级（security level）相关词：安全级别#；安全级*。【信息】

安全核查*⟶安全审计【信息】

安全互锁*⟶安全联锁装置【机械】

安全级*⟶安全等级【信息】

安全级别#⟶安全等级【信息】

安全连锁装置*⟶安全联锁装置【机械】

安全联锁装置（safety interlock）相关词：安全闭锁装置*，安全互锁*，安全连锁装置*，保险联锁装置*。【机械】

安全率*—→安全系数【公路】【航海】【航天】【化工】【力】【水利】【药】

安全审计（security audit）相关词：安全核查*。【信息】

安全系数（safety factor）相关词：安全率*。【公路】【航海】【航天】【化工】【力】【水利】【药】

安全闸*—→安全制动器【机械】

安全制动器（safety brake）相关词：安全闸*，保险闸*，紧急制动器*。【机械】

安时表*—→安时计【电】【机械】

安时计（ampere hour meter）相关词：安培小时表*，安培小时计*，安时表*。【电】【机械】

安息香#—→苯偶姻【化学】

安装公差*—→定位公差【机械】

桉树脑（eucalyptol；cineole）相关词：桉叶脑#，桉叶油素#；桉叶素*，桉油醇*，桉油精*，桉油素*。【林】

桉叶脑#—→桉树脑【林】

桉叶素*—→桉树脑【林】

桉叶油素#—→桉树脑【林】

桉油醇*—→桉树脑【林】

桉油精*—→桉树脑【林】

桉油素*—→桉树脑【林】

氨化&—→氨化作用【生物】【土壤】

氨化物*—→酰胺【化学】

氨化作用（ammonification）相关词：氨化&；氨形成*，成氨*，加氨*。【生物】【土壤】

氨基分解*—→氨解【化学】

氨基交换*—→转氨基作用【生物】

氨基葡萄糖*—→葡糖胺【生物】

氨基葡糖#—→葡糖胺【生物】

氨基酸（amino acid）相关词：胺基酸*。【化工】【化学】【生物】【水产】【药】【医】

氨基转化*—→转氨基作用【生物】

氨基转移*—→转氨基作用【生物】

氨解（aminolysis）相关词：成氨分解*，氨基分解*。【化学】

氨形成*—→氨化作用【生物】【土壤】

鞍鼻（saddle nose）相关词：马鞍鼻*，塌鼻梁*。【医】

铵固定（ammonium fixation）相关词：铵离子固定*。【土壤】

铵离子固定*—→铵固定【土壤】

按摩膏（massage cream）相关词：按摩霜*。【医】

按摩霜*—→按摩膏【医】

按钮开关（push-button switch）相关词：按式开关*。【机械】【信息】

按式开关*—→按钮开关【机械】【信息】

按序存取*—→顺序存取【信息】

按序调度*—→顺序调度【信息】

按序调度系统*—→顺序调度系统【信息】

按序访问*—→顺序存取【信息】

按压治疗*—→压迫疗法1【医】

按帧对准光栅*⟶成帧【信息】

胺基酸*⟶氨基酸【化工】【化学】【生物】【水产】【药】【医】

暗度*⟶不透明度【化工】【天文】【物理】【信息】

ao

凹陷包层光纤 (depressed cladding fiber; depressed clad fiber) 相关词：凹陷内包层型光纤*，沉陷包层光纤*，下陷包层光纤*。【信息】

凹陷内包层型光纤*⟶凹陷包层光纤【信息】

螯合分散剂#⟶络合剂【化学】

螯合剂1#⟶络合剂【化学】

螯合剂2*⟶螯合配体【化学】

螯合配体 (chelating ligand) 相关词：螯合剂*，螯合配位体*，螯形配合基*。【化学】

螯合配位体*⟶螯合配体【化学】

螯形配合基*⟶螯合配体【化学】

B

ba

八比拜*⟶八位位组【信息】

八比特组#⟶八位位组【信息】

八进数位*⟶八进制数字【信息】

八进制数位*⟶八进制数字【信息】

八进制数字 (octal digit) 相关词：八进数位*，八进制数位*。【信息】

八位位组 (octet) 相关词：八位组&；八比特组#；八比拜*，八位字节*。【信息】

八位字节*⟶八位位组【信息】

八位组&⟶八位位组【信息】

八字脚*⟶平跖外翻足【医】

bai

白炽 (incandescence) 相关词：白热*，炽热*。【物理】

白炽灯 (incandescent lamp) 相关词：白热灯*【测绘】【电】【机械】【建】【物理】

白碱土*⟶盐土【土壤】

白口铁*⟶白口铸铁【材料】【机械】【冶金】

白口铸铁 (white cast iron) 相关词：白口铁*。【材料】【机械】【冶金】

白内障摘出术 (extraction of cataract) 相关词：白内障摘除*。【医】

白内障摘除*⟶白内障摘出术【医】

白热*⟶白炽【物理】

白热灯*⟶白炽灯【测绘】【电】【机械】【建】【物理】

白色海绵痣*⟶白色海绵状斑痣【医】

白色海绵状斑痣（white sponge naevus）相关词：白色海绵痣*，白色海绵状痣*。【医】

白色海绵状痣*⟶白色海绵状斑痣【医】

白土*⟶黏土【机械】

白杂讯*⟶白噪声【航天】【机械】【计量】【建】【石油】【数】【物理】【信息】

白噪&⟶白噪声【航天】【机械】【计量】【建】【石油】【数】【物理】【信息】

白噪声（white noise）相关词：白噪&；白杂讯*，白噪音*。【航天】【机械】【计量】【建】【石油】【数】【物理】【信息】

白噪音*⟶白噪声【航天】【机械】【计量】【建】【石油】【数】【物理】【信息】

百克（hectogram；hg）相关词：公两*。【计量】

百米（hectometre；hm）相关词：粨*，公引*。【计量】

百升（hectolitre；hL）相关词：公石*。【计量】

粨*⟶百米【计量】

摆（pendulum）相关词：摆锤*，钟摆*。【测绘】【化工】【力】【物理】

摆锤*⟶摆【测绘】【化工】【力】【物理】

摆动从动件（oscillating follower）相关词：摆动随动件*。【机械】

摆动随动件*⟶摆动从动件【机械】

摆线（cycloid）相关词：旋轮线*，圆滚线*。【机械】【数】

摆线齿轮（cycloidal gear）相关词：摆线轮#，摆线圆柱齿轮#。【机械】

摆线轮#⟶摆线齿轮【机械】

摆线圆柱齿轮#⟶摆线齿轮【机械】

败血病*⟶败血症【医】

败血症（septicemia）相关词：败血病*。【医】

拜*⟶字节【信息】

ban

斑点试验（spot test）相关词：点滴试验*。【化工】【化学】

斑点状角膜营养不良（macular corneal dystrophy）相关词：斑状角膜营养不良#；斑状角膜失养症*。【医】

斑脱*⟶瘢痕性脱发【医】

斑铸铁#⟶麻口铸铁【机械】

斑状角膜失养症*⟶斑点状角膜营养不良【医】

斑状角膜营养不良#⟶斑点状角膜营养不良【医】

瘢痕挛缩（cicatricial contracture）相关词：瘢痕挛缩畸形*。【医】

瘢痕挛缩畸形*⟶瘢痕挛缩【医】

瘢痕性秃发*⟶瘢痕性脱发【医】

瘢痕性脱发（cicatricial alopecia）相关

词：斑脱*，瘢痕性秃发*，油风*。【医】

半侧跳跃症*⟶偏侧舞蹈症【医】

半侧舞蹈症*⟶偏侧舞蹈症【医】

半导体存储器（semiconductor memory）相关词：半导体记忆器*。【信息】

半导体记忆器*⟶半导体存储器【信息】

半导体闸流管*⟶晶闸管【物理】

半对称共振腔（half-symmetric resonator）相关词：半对称腔&；半对称谐振器*。【物理】

半对称腔&⟶半对称共振腔【物理】

半对称谐振器*⟶半对称共振腔【物理】

半腐植质*⟶半腐殖质【林】【生物】【土壤】

半腐殖质（moder）相关词：半腐植质*。【林】【生物】【土壤】

半共焦共振腔（half-confocal resonator; hemi-confocal resonator）相关词：半共焦腔&；半共焦谐振器*。【物理】

半共焦腔&⟶半共焦共振腔【物理】

半共焦谐振器*⟶半共焦共振腔【物理】

半共生*⟶代谢共栖【生物】

半共心共振腔（half-concentric resonator）相关词：半共心腔&；半同心谐振器*。【物理】【信息】

半共心腔&⟶半共心共振腔【物理】【信息】

半厚度（half-thickness）相关词：半值厚度#。【计量】

半脸痉挛*⟶半面痉挛【医】

半面痉挛（hemi-facial spasm）相关词：半脸痉挛*。【医】

半切牙术（tooth hemisection）相关词：牙半切除术*。【医】

半球面共振腔（hemispherical resonator）相关词：半球面腔&；半球面谐振器*。【物理】

半球面腔&⟶半球面共振腔【物理】

半球面谐振器*⟶半球面共振腔【物理】

半生期*⟶半衰期【地理】【电】【海洋】【化工】【化学】【计量】【药】【冶金】【医】

半寿命*⟶半衰期【地理】【电】【海洋】【化工】【化学】【计量】【药】【冶金】【医】

半衰期（half-life）相关词：半生期*，半寿命*。【地理】【电】【海洋】【化工】【化学】【计量】【药】【冶金】【医】

半同心谐振器*⟶半共心共振腔【物理】【信息】

半圆键（woodruff key）相关词：半月键*，半月销*，月牙键*。【机械】

半月键*⟶半圆键【机械】

半月销*⟶半圆键【机械】

半值厚度#⟶半厚度【计量】

伴波（satellite wave）相关词：随伴波*。【物理】

bang

帮浦*—→泵浦【机械】【信息】

bao

包层（cladding）相关词：表面处理*，覆层*。【信息】

包长度*—→分组长度【数】【信息】

包尺寸*—→分组长度【数】【信息】

包大小*—→分组长度【数】【信息】

包过滤#—→分组过滤【信息】

包涵囊体*—→包涵囊肿【医】

包涵囊肿（inclusion cyst）相关词：包涵囊体*。【医】

包涵体急性结膜炎*—→包涵体性结膜炎【医】

包涵体性结膜炎（inclusion conjunctivitis）相关词：包涵体急性结膜炎*，副沙眼*。【医】

包络迟延*—→包络时延【信息】

包络检波（envelope detection）相关词：包络探测*。【信息】

包络时延（envelope delay）相关词：包络迟延*。【信息】

包络探测*—→包络检波【信息】

包囊形成（encystment）相关词：胞囊形成*，成囊*。【生物】

包装配*—→分组装配【信息】

孢囊柱*—→孢子梗【生物】

孢原细胞（sporogonium；archesporium）相关词：孢子囊体*。【生物】

孢子被*—→孢子母细胞【生物】

孢子梗（sporophore）相关词：孢囊柱*，芽胞柄*。【生物】

孢子果（sporocarp）相关词：子实体#；芽胞房囊*。【生物】

孢子母细胞（sporocyte）相关词：孢子被*，造孢细胞*。【生物】

孢子囊体*—→孢原细胞【生物】

胞囊形成*—→包囊形成【生物】

胞外酶（extracellular enzyme）相关词：细胞外酶*。【化工】【生物】【土壤】

薄壁组织（parenchyma）相关词：基本组织#，营养组织#。【生物】【药】

薄层电阻（sheet resistance）相关词：方块电阻#。【材料】【信息】

薄膜负电极*—→薄膜阴极【信息】

薄膜衣（film coat）相关词：膜衣*。【药】

薄膜阴极（film cathode）相关词：薄膜负电极*。【信息】

饱和色*—→彰色【物理】

宝塔轮*—→塔轮【机械】

保藏期*—→贮存期【信息】

保持程式*—→支持程序【信息】

保持软体*—→支持软件【信息】

保存期限*—→储存寿命【机械】【信息】

保存区（save area）相关词：保管区*。【信息】

保管区*—→保存区【信息】

保护带&—→保护频带【信息】

保护方式（protected mode）相关词：保护模式*。【信息】

保护隔离*⟶反向隔离【医】

保护间隔*⟶保护频带【信息】

保护模式*⟶保护方式【信息】

保护频带（guard band）相关词：保护带&；保护间隔*，防护频带*。【信息】

保角天线*⟶共形天线【信息】

保角阵天线*⟶共形阵天线【航空】【信息】

保留林地*⟶封山育林【林】【水利】【土壤】

保密性保护*⟶专用保护【信息】

保险联锁装置*⟶安全联锁装置【机械】

保险闸*⟶安全制动器【机械】

保形天线#⟶共形阵天线【信息】

报警指令*⟶告警指令【信息】

抱闸1*⟶带式制动器【机械】

抱闸2*⟶机械制动器【机械】

抱闸式制动器#⟶外抱式制动器【机械】

爆震性耳聋#⟶爆震性聋【医】

爆震性聋（explosive deafness）相关词：爆震性耳聋#；耳爆震聋*。【医】

bei

贝克痣（Becker nevus）相关词：色素性毛表皮痣#。【医】

贝氏弹簧*⟶碟形弹簧【机械】

备用重复*⟶备用冗余【信息】

备用过剩*⟶备用冗余【信息】

备用冗余（standby redundancy）相关词：备用重复*，备用过剩*。【信息】

背景色（background color）相关词：底色*。【信息】

背景雾*⟶本底灰雾【物理】

背视图*⟶后视图【机械】

倍半萜氧化物*⟶倍半氧化物【化学】

倍半氧化物（sesquioxide）相关词：倍半萜氧化物*。【化学】

倍数体*⟶多倍体【生物】

被测变量（measured variable）相关词：测量变量*，量测变量*。【信息】

被动成像系统*⟶无源成像系统【物理】

被动齿轮*⟶从动齿轮【机械】

被动摩擦轮*⟶从动带轮【机械】

被动探测*⟶无源探测【信息】

被动谐振腔*⟶无源谐振腔【信息】

被俘电子&⟶被俘获电子【化学】

被俘获电子（trapped electron）相关词：被俘电子&；陷落电子#；入陷电子*，陷俘电子*。【化学】

ben

本底灰雾（background fog）相关词：背景雾*。【物理】

本地场理论*⟶局域场论【物理】

本地环路（local loop）相关词：本地回路#。【信息】

本地回路#⟶本地环路【信息】

▲无标记且有英文对译的，为"规范词"。▲标"&"的为"简称"，可与规范词等效使用。
▲标"#"的为"又称"，不推荐使用。▲标"*"的为"非规范词"，不能使用。

本地应用*⟶局部应用【信息】

本地终端（local terminal）相关词：当地终端机*。【铁道】【信息】

本体法聚合#⟶本体聚合【材料】【化工】【化学】

本体聚合（bulk polymerization）相关词：本体法聚合#；整体聚合*。【材料】【化工】【化学】

本征电阻率*⟶内禀电阻率【物理】

本征方程式*⟶内禀方程【物理】

本征粘度*⟶固有黏度【机械】

本征线宽*⟶内禀线宽【物理】

本征载流子浓度（volumic intrinsic number）相关词：本征载流子数密度#。【计量】

本征载流子数密度#⟶本征载流子浓度【计量】

本质函数*⟶内部函数【信息】

本质粘度*⟶固有黏度【机械】

本质黏度*⟶固有黏度【机械】

苯酚（phenol）相关词：石碳酸*。【化工】【化学】

苯偶姻（benzoin）相关词：安息香#。【化学】

beng

崩积土（colluvial soil）相关词：崩塌土*。【土壤】

崩塌土*⟶崩积土【土壤】

泵浦（pumping）相关词：抽运#；帮浦*。【机械】【信息】

bi

鼻窦支气管综合征（sinobronchial syndrome）相关词：鼻旁窦支气管综合征*，鼻旁窦支气管综合症*。【医】

鼻旁窦支气管综合征*⟶鼻窦支气管综合征【医】

鼻旁窦支气管综合症*⟶鼻窦支气管综合征【医】

鼻咽纤维血管瘤*⟶鼻咽血管纤维瘤【医】

鼻咽血管纤维瘤（nasopharyngeal angiofibroma）相关词：鼻咽纤维血管瘤*。【医】

比*⟶二进制位[1]【信息】

比饱和热容#⟶质量饱和热容【计量】

比电导*⟶电导率【电】【机械】【计量】【物理】【信息】

比电容（specific capacitance）相关词：单位电容*。【信息】

比定容热容#⟶质量定容热容【计量】

比定压热容#⟶质量定压热容【计量】

比亥姆霍兹函数#⟶质量亥姆霍兹自由能【计量】

比亥姆霍兹自由能#⟶质量亥姆霍兹自由能【计量】

比焓#⟶质量焓【计量】

比活度#⟶质量活度【计量】

比吉布斯函数#⟶质量吉布斯自由能【计量】

比吉布斯自由能#⟶质量吉布斯自由能

【计量】

比较测量#→相对测量【航天】【机械】

比较显微镜（comparison microscope）相关词：比较用显微镜*，对比显微镜*。【机械】

比较用显微镜*→比较显微镜【机械】

比结合能（specific binding energy）相关词：平均结合能#。【电】【计量】【物理】

比例带*→比例度【化工】

比例度（proportional band）相关词：比例带*。【化工】

比例阀&→比例控制阀【机械】

比例控制阀（proportional control valve）相关词：比例阀&。【机械】

比例指令（proportional command）相关词：均衡指令*。【信息】

比能#→质量能【计量】

比浓对数粘度*→比浓对数黏度【材料】【化学】

比浓对数黏度（inherent viscosity）相关词：比浓对数粘度*。【材料】【化学】

比浓粘度*→比浓黏度【材料】

比浓黏度（reduced viscosity）相关词：比浓粘度*，对比粘度*。【材料】

比热比#→质量热容比【计量】

比热力学能#→质量热力学能【计量】

比热容#→质量热容【计量】

比热容比#→质量热容比【计量】

比容*→质量体积【计量】

比色测温仪*→比色高温计【物理】

比色高温计（colorimetric pyrometer）相关词：比色测温仪*。【物理】

比熵#→质量熵【计量】

比特#→二进制位¹【信息】

比特差错（bit error）相关词：误码#；位元错误*。【信息】

比特差错率（bit error ratio）相关词：误比特率#。【信息】

比特滑动（bit slip）相关词：滑码#。【信息】

比特间隔（bit interval）相关词：位元区间*，位元时宽*。【信息】

比特交织（bit interleaving）相关词：位交织#；位隔行*，位频谱交叉*。【信息】

比特流（bit stream）相关词：位流#；位元流*。【信息】

比特密度*→位密度【信息】

比特填充（bit stuffing）相关词：位填充#。【信息】

比特图案（bit pattern）相关词：位组合格式*。【信息】

比体积#→质量体积【计量】

比旋*→旋光率【物理】

比旋光本领#→质量旋光本领【计量】

比旋光度*→旋光率【物理】

比照标准*→参考标准【化工】【计量】

比照态*→对应态【物理】

吡喃木糖*→木糖【化学】【生物】

闭合档案*→已闭文件【信息】

闭合回路（closed loop）相关词：闭回

▲无标记且有英文对译的，为"规范词"。▲标"&"的为"简称"，可与规范词等效使用。
▲标"#"的为"又称"，不推荐使用。▲标"*"的为"非规范词"，不能使用。

路&；闭路回路*。【物理】

闭合伤&⟶闭合性损伤【医】

闭合系*⟶封闭系统【化学】

闭合性损伤（closed injury）相关词：闭合伤&。【医】

闭回路&⟶闭合回路【物理】

闭路回路*⟶闭合回路【物理】

闭壳肌（adductor muscle）相关词：肉柱*。【海洋】【生物】【水产】

闭式容器（closed vessel）相关词：密闭容器*。【化工】

闭胸按压*⟶闭胸心脏按压【医】

闭胸心脏按压（close chest cardiac massage）相关词：闭胸按压*。【医】

壁状角膜病变*⟶丝状角膜炎【医】

臂丛神经阻滞*⟶臂神经丛阻滞【医】

臂神经丛阻滞（brachial plexus block）相关词：臂丛神经阻滞*。【医】

bian

边带（sideband）相关词：边频带*。【信息】

边界润滑（boundary lubrication）相关词：界面润滑*。【航海】【机械】【力】

边界条件（boundary condition）相关词：界面条件*。【材料】【大气】【航天】【化工】【石油】【物理】【信息】

边界效应*⟶边缘效应【地理】【海洋】【化工】【机械】【建】【力】【林】【生物】【天文】【物理】【信息】

边频带*⟶边带【信息】

边坡侵蚀*⟶坡面侵蚀【土壤】

边缘效应（edge effect）相关词：边界效应*。【地理】【海洋】【化工】【机械】【建】【力】【林】【生物】【天文】【物理】【信息】

边缘性龈炎（marginal gingivitis）相关词：单纯性龈炎*，慢性龈缘炎*。【医】

编程（programming）相关词：程序设计#；程式规划*。【化工】【信息】

编程语言（programming language）相关词：程序设计语言#；程式规划语言*。【信息】

编辑程序（editor）相关词：编辑器#【信息】

编辑器#⟶编辑程序【信息】

编解码器（codec）相关词：编码译码器*，编译码器*。【信息】

编码1（coding；encoding）相关词：写码*。【地理】【生物】【数】【铁道】【心理】【信息】【药】

编码2*⟶代码【信息】

编码板*⟶编码掩模【物理】

编码块*⟶码组【信息】

编码模板*⟶编码掩模【物理】

编码掩模（encoding mask）相关词：编码板*，编码模板*。【物理】

编码译码器*⟶编解码器【信息】

编码字符（coded character）相关词：编码字元*。【信息】

编码字符集（coded character set）相关词：编码字元集*。【信息】

▲无标记且有英文对译的，为“规范词”。▲标“&”的为“简称”，可与规范词等效使用。
▲标“#”的为“又称”，不推荐使用。▲标“*”的为“非规范词”，不能使用。

编码字元*⟶编码字符【信息】

编码字元集*⟶编码字符集【信息】

编译程序（compiler）相关词：编译器#。【信息】

编译码器*⟶编解码器【信息】

编译器#⟶编译程序【信息】

编织平带（cotton belt）相关词：棉织皮带*。【机械】

编制程序*⟶程序设计1【信息】

鞭天线*⟶鞭状天线【船舶】【航空】【信息】

鞭状天线（whip antenna）相关词：鞭天线*。【船舶】【航空】【信息】

扁平电缆（flat cable）相关词：平扁电缆*。【石油】【信息】

扁桃酸#⟶苦杏仁酸【化学】

扁形电池（button cell）相关词：纽扣电池*。【信息】

苄基（benzyl group）相关词：苄甲基*。【化学】

苄甲基*⟶苄基【化学】

变动载荷*⟶变载荷【机械】

变方分析*⟶方差分析【大气】【化学】【生物】【数】【药】【冶金】

变换*⟶迁移【心理】

变换定理*⟶交错定理【信息】

变换系数*⟶转换系数【机械】

变量分析*⟶方差分析【大气】【化学】【生物】【数】【药】【冶金】

变频（frequency conversion）相关词：频率变换#。【信息】

变容二极管（varactor）相关词：可变电抗二极管*，可变电容二极体*。【物理】

变色酸（chromotropic acid）相关词：铬变酸*。【化学】

变态反应1（allergy；allergic reaction）相关词：过敏反应#。【生物】【药】【医】

变态反应2*⟶过敏反应1【药】

变态反应性鼻炎#⟶变应性鼻炎【医】

变态反应性结膜炎#⟶变应性结膜炎【医】

变形参数*⟶形变参量【物理】

变形功*⟶形变能【物理】

变形抗力（deformation stress）相关词：变形应力*，形变应力*。【材料】【机械】

变形能*⟶形变能【物理】

变形细胞（amoebocyte）相关词：阿米巴样细胞*。【生物】

变形性骨炎*⟶畸形性骨炎【医】

变形应力*⟶变形抗力【材料】【机械】

变性近视（degenerative myopia）相关词：病理性近视*。【医】

变压比（transformation ratio）相关词：变压器变比#；变压系数*。【信息】

变压器变比#⟶变压比【信息】

变压系数*⟶变压比【信息】

变异数分析#⟶方差分析【大气】【化学】【生物】【数】【药】【冶金】

变异旋光（multi-rotation）相关词：多

异旋光*。【物理】

变异因素分析*⟶方差分析【大气】【化学】【生物】【数】【药】【冶金】

变应性鼻炎（allergic rhinitis）相关词：变态反应性鼻炎#，过敏性鼻炎#。【医】

变应性间质性肾炎（allergic interstitial nephritis）相关词：过敏性间质性肾炎#。【医】

变应性结膜炎（allergic conjunctivitis）相关词：变态反应性结膜炎#，过敏性结膜炎#。【医】

变应性血管炎（hypersensitivity angiitis）相关词：皮肤白细胞破碎性血管炎#；超敏感性血管炎*。【医】

变应性紫癜（allergic purpura）相关词：过敏性紫癜#；舒-亨综合征*。【医】

变应原（allergen）相关词：过敏原#。【医】

变应原性（allergenicity）相关词：过敏性#；致敏性*。【医】

变载荷（fluctuating load）相关词：变动载荷*，波动负荷*，脉动载荷*。【机械】

变址标记*⟶索引标志【信息】

辨距不良*⟶辨距困难【医】

辨距困难（dysmetria）相关词：辨距不良*，辨距障碍*。【医】

辨距障碍*⟶辨距困难【医】

biao

标称电压（nominal voltage）相关词：标准电压*，额定电压*。【信息】

标称通径*⟶公称直径【机械】

标称直径#⟶公称直径【机械】

标定转矩（rated torque）相关词：额定转矩*。【机械】

标度范围（scale range）相关词：刻度范围*。【机械】

标号（label）相关词：标记*，标签*，标识符*。【信息】

标记1*⟶标号【信息】

标记2*⟶标志【信息】

标记语言#⟶置标语言【信息】

标签1*⟶标号【信息】

标签2*⟶标志【信息】

标识*⟶标志【信息】

标识符*⟶标号【信息】

标态分布*⟶正态分布【化学】【农】

标志（tag）相关词：标记*，标签*，标识*。【信息】

标准测试*⟶基准测试【信息】

标准磁矩*⟶正常磁矩【物理】

标准电压*⟶标称电压【信息】

标准立方米*⟶立方米【计量】

标准模式*⟶简正模式【物理】

标准模振动*⟶简正振动【物理】

标准粘度计*⟶标准黏度计【机械】

标准黏度计（master viscometer）相关词：标准粘度计*。【机械】

▲无标记且有英文对译的，为“规范词”。▲标“&”的为“简称”，可与规范词等效使用。
▲标“#”的为“又称”，不推荐使用。▲标“*”的为“非规范词”，不能使用。

标准偏差*——→标准误差【化工】【数】

标准频率*——→简正频率【物理】

标准平衡常数（standard equilibrium constant）相关词：热力学平衡常数*。【化工】【计量】

标准升*——→升【计量】

标准声功率*——→参考声功率【机械】

标准条件*——→参比条件【电】【化工】

标准误差（standard error）相关词：标准偏差*。【化工】【数】

标准线*——→参比线【机械】

标准响应*——→正常响应【信息】

标准形式*——→范式【信息】

标准自感*——→标准自感器【机械】

标准自感器（standard self inductor）相关词：标准自感*。【机械】

标准坐标*——→简正坐标【物理】

膘胶*——→明胶【化学】【生物】

表层点状角膜炎*——→浅层点状角膜炎【医】

表层结构*——→表面结构【物理】

表浮生物*——→水漂生物【海洋】【生物】

表观检查*——→外观检查【机械】

表观硬度（apparent hardness）相关词：视硬度*。【电】【机械】

表面冲蚀*——→片状侵蚀【地理】

表面处理*——→包层【信息】

表面点状角膜病变*——→浅层点状角膜病变【医】

表面电荷密度（surface charge density; surface density of charge）相关词：面电荷密度&；电荷面密度#，面积电荷#。【电】【计量】【物理】

表面分裂*——→表面离解【物理】

表面改性（surface modification）相关词：表面饰变*。【机械】

表面活化剂*——→表面活性剂【机械】

表面活性剂（surfactant）相关词：表面活化剂*。【机械】

表面结构（surface structure）相关词：表层结构*。【物理】

表面离解（dissociation on surface）相关词：表面分裂*。【物理】

表面强化*——→表面硬化【航海】【化工】【机械】【林】【水产】

表面饰变*——→表面改性【机械】

表面硬化（surface hardening）相关词：表面强化*。【航海】【化工】【机械】【林】【水产】

表面预处理（surface pretreatment）相关词：表面制备#。【机械】

表面制备#——→表面预处理【机械】

bie

别名[1]（alias）相关词：他名*，替换名*。【信息】

别名[2]*——→绰号【信息】

bin

髌骨（patella）相关词：膝盖骨*。【生物】【医】

髌骨低位*——→低位髌骨【医】

▲无标记且有英文对译的，为“规范词”。▲标“&”的为“简称”，可与规范词等效使用。
▲标“#”的为“又称”，不推荐使用。▲标“*”的为“非规范词”，不能使用。

髌骨高位*⟶高位髌骨【医】

髌骨软骨软化（chondromalacia patellae）相关词：髌骨软骨软化症#；髌骨软化病*，髌骨软化症*。【医】

髌骨软骨软化症#⟶髌骨软骨软化【医】

髌骨软化病*⟶髌骨软骨软化【医】

髌骨软化症*⟶髌骨软骨软化【医】

bing

冰晶*⟶冰式晶体【物理】

冰式晶&⟶冰式晶体【物理】

冰式晶体（ice crystal）相关词：冰式晶&；冰晶*。【物理】

冰沼土（tundra soil）相关词：冻原土*。【土壤】

饼分图*⟶饼形图【信息】

饼图#⟶饼形图【信息】

饼形图（pie chart）相关词：饼图#；饼分图*，圆饼图*。【信息】

并串行转换器#⟶串化器【信息】

并发程序设计（concurrent programming）相关词：并行程式设计*，并行规划*。【信息】

并发故障检测（concurrent fault detection）相关词：并行故障检测*，同作故作检测*。【信息】

并发进程（concurrent process）相关词：并行进程*，同作处理*。【信息】

并发控制（concurrency control）相关词：并行控制*，同作控制*。【信息】

并和原理*⟶组合原理【物理】

并联传输*⟶并行传输【信息】

并联运行*⟶并行操作【信息】

并列操作*⟶并行操作【信息】

并列处理*⟶并行处理【信息】

并列运算*⟶并行操作【信息】

并行编程语言（parallel programming language）相关词：并行程式设计语言*。【信息】

并行操作（parallel operation）相关词：并联运行*，并列操作*，并列运算*，并行运行*，平行运算*。【信息】

并行程式设计*⟶并发程序设计【信息】

并行程式设计语言*⟶并行编程语言【信息】

并行处理（parallel processing）相关词：并列处理*，平行处理*。【信息】

并行传输（parallel transmission）相关词：并联传输*，平行传输*。【信息】

并行二元连接#⟶并行二元联结【信息】

并行二元联结（parallel two-way join）相关词：并行二元连接#。【信息】

并行仿真#⟶并行模拟【信息】

并行故障检测*⟶并发故障检测【信息】

并行规划*⟶并发程序设计【信息】

并行进程*⟶并发进程【信息】

并行控制*⟶并发控制【信息】

并行连接#⟶并行联结【信息】

并行联结（parallel join）相关词：并行连接#；平行连接*。【信息】

并行模拟（parallel simulation）相关词：并行仿真#；平行模拟*。【信息】
并行收缩（parasystole）相关词：并行心律*。【医】
并行心律*⟶并行收缩【医】
并行运行*⟶并行操作【信息】
病窦综合征&⟶病态窦房结综合征【医】
病毒粒体（virion）相关词：病毒体&；病毒粒子#。【农】
病毒粒子#⟶病毒粒体【农】
病毒体&⟶病毒粒体【农】
病理性近视*⟶变性近视【医】
病态窦房结综合征（sick sinus syndrome）相关词：病窦综合征&；窦房结功能不全*。【医】
病态细胞综合征*⟶病细胞综合征【医】
病细胞综合征（sick cell syndrome）相关词：病态细胞综合征*。【医】
病原性*⟶致病性【生物】

bo

波长变换*⟶波长转换【信息】
波长计（wavemeter）相关词：波频计*。【信息】
波长转换（wavelength conversion）相关词：波长变换*。【信息】
波场磁控管*⟶脉动场磁控管【信息】
波导（wave guide；waveguide）相关词：电磁波导*。【信息】
波导管激光器*⟶波导激光器【机械】
波导激光器（waveguide laser）相关词：波导管激光器*。【机械】
波道效应*⟶沟道效应【化学】【信息】
波动场理论*⟶涨落场论【物理】
波动负荷*⟶变载荷【机械】
波动函数*⟶波函数【化学】【物理】
波动开关（seesaw switch）相关词：跷板式开关*。【机械】
波动压力*⟶激动压力【石油】
波段（band）相关词：波谱带*，波谱段*。【信息】
波函数（wave function）相关词：波动函数*。【化学】【物理】
波率#⟶波数【计量】【信息】
波频计*⟶波长计【信息】
波谱带*⟶波段【信息】
波谱段*⟶波段【信息】
波数（wave number）相关词：波率#。【计量】【信息】
波纹管*⟶螺纹管【医】
波形（waveform）相关词：信号频宽*。【信息】
波型耦合*⟶模式耦合【信息】
玻璃膜疣*⟶玻璃疣【医】
玻璃温度计（liquid-in-glass thermometer）相关词：玻璃液体温度计#。【机械】
玻璃液体温度计#⟶玻璃温度计【机械】
玻璃疣（drusen）相关词：玻璃膜疣*，黄斑玻璃膜疣*。【医】

播叫*→寻呼【信息】

播种床*→苗床【农】

泊松比（Poisson ratio）相关词：横向变形系数#。【材料】【计量】【力】【物理】

勃起功能障碍（erectile dysfunction; ED）相关词：阳痿#；阳萎*。【医】

博弈（game）相关词：对策#。【数】【信息】

博弈论（game theory）相关词：对策论#。【地理】【海洋】【信息】

搏动性突眼*→搏动性眼球突出【医】

搏动性眼球突出（pulsating exophthalmos）相关词：搏动性突眼*。【医】

bu

补偿器*→补偿装置【机械】

补偿装置（compensation device）相关词：补偿器*。【机械】

补浇#→点冒口【机械】

补浇冒口*→点冒口【机械】

补码（complement）相关词：补数*。【信息】

补色（complementary color）相关词：互补色#；余色*。【物理】【心理】【信息】

补数*→补码【信息】

补体活化*→补体激活【医】

补体激活（complement activation）相关词：补体活化*。【医】

补液（fluid replacement）相关词：输液*。【医】

补液公式*→补液量计算公式【医】

补液量计算公式（fluid replacement formula）相关词：补液公式*。【医】

捕获面*→陷俘面【物理】

捕食性真菌*→食虫真菌【土壤】

不饱和色*→非彰色【物理】

不典型增生（atypical hyperplasia）相关词：异型增生#。【医】

不定胚（adventitious embryo）相关词：异位胚胎*。【生物】

不发育（aplasia）相关词：发育不全*。【医】

不返回阀*→单向阀【机械】

不规则场*→混沌场【物理】

不规则畸变（fortuitous distortion）相关词：偶然性畸变*。【信息】

不可逆回火脆性#→第一类回火脆性【机械】

不明原因不育*→特发性不育症【医】

不匹配*→失配【信息】

不破坏性试验*→无损检验【机械】

不全角化#→角化不全【医】

不透明度（opacity）相关词：暗度*，不透明性*。【化工】【天文】【物理】【信息】

不透明性*→不透明度【化工】【天文】【物理】【信息】

不完全淬火*→欠速淬火【机械】

不完全减数分裂*→未减数孢子生殖【生物】

不完全结晶退火*→不完全退火【机械】

不完全退火（partial annealing）相关词：不完全结晶退火*，局部退火*。【机械】

不完整晶体*⟶缺陷晶体【化学】

不稳定态*⟶非定态【化工】【物理】

不稳定状态*⟶非稳态1【化工】

不稳态*⟶非稳态1【化工】

不稳状态1*⟶非定态【化工】【物理】

不稳状态2*⟶非稳态1【化工】

不相干性*⟶非相干性【物理】

不匀系*⟶非均相系统【化工】【化学】【信息】【冶金】

不匀系统*⟶非均相系统【化工】【化学】【信息】【冶金】

布尔表达式（Boolean expression）相关词：布耳表达式*，布林表式*。【信息】

布尔查找（Boolean search）相关词：布尔逻辑检索#，布尔搜索#；布林搜寻*，逻辑搜索*。【信息】

布尔逻辑检索#⟶布尔查找【信息】

布尔搜索#⟶布尔查找【信息】

布尔运算（Boolean operation）相关词：布耳运算*，布林运算*。【信息】

布耳表达式*⟶布尔表达式【信息】

布耳运算*⟶布尔运算【信息】

布林表式*⟶布尔表达式【信息】

布林搜寻*⟶布尔查找【信息】

布林运算*⟶布尔运算【信息】

布线*⟶路由【信息】

步阶天线*⟶阶梯天线【信息】

步进电动机（stepping motor）相关词：步进电机&；步进马达*，脉冲电动机*。【机械】

步进电机&⟶步进电动机【机械】

步进马达*⟶步进电动机【机械】

步进衰减器（step attenuator）相关词：分级衰减器*。【信息】

步进运动机构（step mechanism）相关词：阶跃机构*。【机械】

步冷曲线*⟶冷却曲线【化学】

部分不育#⟶部分不育性【农】

部分不育性（partial sterility）相关词：部分不育#。【农】

部分拮抗剂*⟶部分拮抗药【药】

部分拮抗药（partial antagonist）相关词：部分拮抗剂*。【药】

部件（assembly unit；subassembly）相关词：装配单元#；装配件*，组件*，组装件*。【机械】

部位阻滞*⟶区域阻滞【医】

C

ca

擦除磁头（erase head）相关词：擦除头&；抹头#；清洗磁头*，清洗头*，消磁头*。【信息】

擦除头&⟶擦除磁头【信息】

擦剂#⟶搽剂【药】

cai

采样（sampling）相关词：抽样#；取样*。【信息】

采样控制（sampling control）相关词：取样控制*。【机械】

采样误差（sampling error）相关词：抽样误差*。【信息】

彩色平衡*⟶色平衡【信息】

菜单#⟶选单【信息】

菜鸟*⟶网上新手【信息】

can

参比标准#⟶参考标准【化工】【计量】

参比条件（reference condition）相关词：参考条件#；标准条件*，正常条件*。【电】【化工】

参比线（reference line）相关词：参考线#，基准线#；标准线*，基线*。【机械】

参变量#⟶参量【物理】

参考标准（reference standard）相关词：参比标准#；比照标准*。【化工】【计量】

参考波束（reference wave beam）相关词：基准波束*。【信息】

参考电路（reference circuit）相关词：基准电路*。【信息】

参考角（reference angle）相关词：基准角*。【物理】

参考码（reference code）相关词：基准码#。【信息】

参考声功率（reference sound power）相关词：标准声功率*，基准声功率*。【机械】

参考声强（reference sound intensity）相关词：基准声强*。【机械】

参考时钟*⟶基准时钟【信息】

参考条件#⟶参比条件【电】【化工】

参考系（reference frame）相关词：参考坐标系#。【力】【天文】【物理】

参考线#⟶参比线【机械】

参考载波（reference carrier）相关词：基准载波*。【信息】

参考值标尺#⟶约定参考标尺【物理】

参考坐标系#—→参考系【力】【天文】【物理】

参量（parameter）相关词：参数#，参变量#。【物理】

参量估计*—→参数估值【化工】

参量化（parametrization）相关词：参数化#。【物理】

参数#—→参量【物理】

参数估值（parameter estimation）相关词：参量估计*。【化工】

参数化#—→参量化【物理】

残差熵*—→残余熵【化工】

残毒（residual toxicity）相关词：农药残毒*。【农】

残角子宫妊娠*—→子宫残角妊娠【医】

残留边带（vestigial sideband）相关词：残余边带*。【信息】

残留熵*—→残余熵【化工】

残留应力*—→残余应力【机械】【力】

残液*—→萃余液【化工】【冶金】

残油液*—→萃余液【化工】【冶金】

残余边带*—→残留边带【信息】

残余熵（residual entropy）相关词：剩余熵#；残差熵*，残留熵*。【化工】

残余应力（residual stress）相关词：残留应力*，剩余应力*。【机械】【力】

蚕食性角膜溃疡（rodent corneal ulcer）相关词：蚕蚀角膜溃疡#；慢性匍行性角膜溃疡*。【医】

蚕蚀角膜溃疡#—→蚕食性角膜溃疡【医】

粲夸克#—→c 夸克【物理】

cao

操纵阀*—→控制阀【机械】

操纵杆（joy stick）相关词：控制杆*。【信息】

操纵开关*—→操作开关【信息】

操作编码*—→操作码【信息】

操作部件*—→功能部件【信息】

操作测试（operational testing）相关词：运行测试#。【信息】

操作代码*—→操作码【信息】

操作单元*—→功能部件【信息】

操作开关（joyswitch）相关词：操纵开关*，控制开关*。【信息】

操作码（operation code）相关词：操作编码*，操作代码*，运算码*，作业码*。【信息】

操作系统（operating system；OS）相关词：运行系统*。【信息】

糙皮病（pellagra）相关词：烟酸缺乏症#，玉米红斑病#；粗皮症*。【医】

草本层*—→地被层【大气】【林】【土壤】

草肥*—→秸秆肥【土壤】

草莓舌（strawberry tongue）相关词：草莓状舌*。【医】

草莓状舌*—→草莓舌【医】

ce

测地雷达*—→地图测绘雷达【信息】

▲无标记且有英文对译的，为“规范词”。▲标“&”的为“简称”，可与规范词等效使用。
▲标“#”的为“又称”，不推荐使用。▲标“*”的为“非规范词”，不能使用。

测定误差*⟶测量误差【测绘】【机械】【计量】

测辐射热仪*⟶辐射热计【物理】

测光法*⟶光度学【电】【海洋】【化工】【机械】【计量】【物理】【信息】

测光学*⟶光度学【电】【海洋】【化工】【机械】【计量】【物理】【信息】

测厚计*⟶厚度计【机械】【信息】

测厚仪*⟶厚度计【机械】【信息】

测绘雷达&⟶地图测绘雷达【信息】

测力传感器*⟶力传感器【机械】

测量变量*⟶被测变量【信息】

测量电势计*⟶测量电位差计【电】【机械】【计量】

测量电位差计（measuring potentiometer）相关词：电位差计&；测量电势计*。【电】【机械】【计量】

测量误差（measurement error）相关词：测定误差*，量测误差*。【测绘】【机械】【计量】

测频（frequency measurement）相关词：频率测量*。【信息】

测球仪*⟶球径仪【机械】

测热计*⟶热量计【化学】【机械】【生物】

测声计*⟶声强计【物理】

测试报告（test report）相关词：试验报告*。【信息】

测试程式*⟶测试程序【信息】

测试程序（test program）相关词：测试程式*，检验程序*，试验程序*。【信息】

测试次序*⟶测试顺序【信息】

测试带*⟶校准带【信息】

测试点（test point）相关词：检验点*，试验点*。【信息】

测试规范*⟶测试规约【信息】

测试规约（test specification）相关词：测试规范*，测试技术要求*。【信息】

测试环路（test loop）相关词：测试回路#；测试循环*。【信息】

测试回路#⟶测试环路【信息】

测试记录*⟶测试日志【信息】

测试技术要求*⟶测试规约【信息】

测试日志（test log）相关词：测试记录*。【信息】

测试时间（testing time）相关词：检测时间*。【信息】

测试数据（test data）相关词：测试资料*。【信息】

测试顺序（test sequence）相关词：测试次序*，测试序列*。【信息】

测试序列*⟶测试顺序【信息】

测试循环*⟶测试环路【信息】

测试运行（test run）相关词：试机*，试验性运行*，试运行*。【信息】

测试资料*⟶测试数据【信息】

测微分光光度计（microspectrophotometer）相关词：显微分光光度计*。【物理】

测微光度计（microphotometer）相关词：显微光度计*。【物理】

▲无标记且有英文对译的，为"规范词"。▲标"&"的为"简称"，可与规范词等效使用。
▲标"#"的为"又称"，不推荐使用。▲标"*"的为"非规范词"，不能使用。

ceng

层次（hierarchy）相关词：分层*，分级*。【信息】

层次结构（hierarchical structure）相关词：层级结构*，分层结构*，分级结构*，阶组结构*。【信息】

层次式文件系统（hierarchical file system）相关词：层级式文件系统*，分级文件系统*。【信息】

层次数据库（hierarchical database）相关词：层级数据库*，分层数据库*。【信息】

层次网#→分级网络【信息】

层次网络*→分级网络【信息】

层叠辐射*→级联辐射【物理】

层叠衰变*→级联衰变【物理】

层叠跃迁*→级联跃迁【物理】

层级结构*→层次结构【信息】

层级式文件系统*→层次式文件系统【信息】

层级数据库*→层次数据库【信息】

层析成像#→层析X射线照相术【机械】【信息】

层析X射线照相术（tomography）相关词：层析成像#；断层摄影法*，断层X射线照相法*，X线断层摄影术*，X线体层照相术*。【机械】【信息】

层状相（smectic phase）相关词：碟状液晶分子相*，近晶相*，脂状相*。【物理】

cha

差错比特（error bit）相关词：误码#；误比特*。【信息】

差错处理*→出错处理【信息】

差错恢复（error recovery）相关词：出错恢复*，错误复原*，错误恢复*，错误校正*。【信息】

差错检测#→检错【信息】

差错检验*→差错校验【数】【信息】

差错检验码#→错误检验码【信息】

差错校验（error checking and correction；ECC）相关词：差错检验*。【数】【信息】

差错控制#→错误控制【信息】

差错潜伏期（error latency）相关词：错误潜伏期*，错误潜时*。【信息】

差错诊断#→错误诊断【信息】

差错中断*→出错中断【信息】

差电效应*→温差电效应【物理】

差动电路*→微分电路【信息】

差动电容*→差动电容器【信息】

差动电容器（differential capacitor）相关词：差动电容*，差分电容*。【信息】

差动放大器*→差分放大器【信息】

差动机构1（differential mechanism）相关词：差速机构*，差速器*。【机械】

差动机构2*→差速器1【机械】

差动调制*→差分调制【信息】

差分电路*→微分电路【信息】

差分电容*→差动电容器【信息】

差分放大器（differential amplifier）相关词：差动放大器*。【信息】

差分调制（differential modulation）相关词：差动调制*。【信息】

差热分析（differential thermal analysis）相关词：差示热分析*。【材料】【化学】【计量】【信息】【药】【冶金】

差示热分析*⟶差热分析【材料】【化学】【计量】【信息】【药】【冶金】

差式反应器*⟶微分反应器【化工】

差速机构*⟶差动机构1【机械】

差速器1（differential）相关词：差动机构*。【机械】

差速器2*⟶差动机构1【机械】

差压铸造（counter-pressure casting）相关词：反压铸造#；压差铸造*。【机械】

插入损耗（insertion loss）相关词：介入损耗#。【计量】【建】【信息】

插头*⟶转插头【信息】

茶单宁#⟶儿茶素【生物】【医】

查号服务*⟶目录服务【信息】

查找树*⟶搜索树【信息】

查找算法*⟶搜索算法【信息】

搽剂（liniment）相关词：擦剂#。【药】

chan

掺和剂*⟶添加剂【机械】

产道裂伤（laceration of birth canal）相关词：软产道损伤*。【医】

产妇（parturient）相关词：临产妇*，孕产妇*。【医】

产前保健（antenatal care）相关词：产前护理*，孕产期保健*。【医】

产前护理*⟶产前保健【医】

chang

长波波动*⟶长波涨落【物理】

长波涨落（long wave fluctuation）相关词：长波波动*。【物理】

长程生命支持*⟶延续生命支持【医】

长径法兰#⟶整体法兰【机械】

长途通讯*⟶电信【信息】

肠壁疝（parietal hernia）相关词：肠管壁疝*。【医】

肠促胰岛素*⟶肠降血糖素【生物】

肠管壁疝*⟶肠壁疝【医】

肠降血糖素（incretin）相关词：肠促胰岛素*。【生物】

肠系膜上动脉压迫综合征*⟶肠系膜上动脉综合征【医】

肠系膜上动脉综合征（superior mesenteric artery syndrome）相关词：肠系膜上动脉压迫综合征*。【医】

常规计算机*⟶通用计算机【信息】

常量元素#⟶大量元素【土壤】

常态分布*⟶正态分布【化学】【农】

场级&⟶场量级【计量】

场级差*⟶场量级【计量】

场量级（level of field quantity）相关词：场级&；场级差*，振幅级差*。【计量】

场强*⟶磁场强度【测绘】【电】【海

洋】【计量】【石油】【物理】【信息】【医】

场效管&——→场效应晶体管【电】【物理】

场效应管&——→场效应晶体管【电】【物理】

场效应晶体管（field effect transistor）相关词：场效管&，场效应管&。【电】【物理】

场致发光*——→电致发光【化工】【化学】【物理】【信息】

敞开系统（open system）相关词：开放系统*。【化工】

chao

超锕系*——→锕后元素【化学】

超饱和*——→过饱和【化学】【物理】

超长文本（super-length text）相关词：超长正文#；超文本*。【信息】

超长正文#——→超长文本【信息】

超场（superfield）相关词：扩张域*。【物理】

超导玻璃&——→超导电玻璃【物理】

超导磁浮（superconducting magnetic levitation）相关词：超导磁悬浮*。【物理】

超导磁悬浮*——→超导磁浮【物理】

超导电玻璃（superconducting glass）相关词：超导玻璃&；超导金属玻璃*，无电阻率玻璃*。【物理】

超导电膜*——→超导膜【物理】

超导金属玻璃*——→超导电玻璃【物理】

超导膜（superconducting film）相关词：超导电膜*。【物理】

超导能隙&——→超导体能隙参数【计量】

超导热开关（superconductor thermal switch）相关词：超导热控开关*。【物理】

超导热控开关*——→超导热开关【物理】

超导体能隙参数（superconductor energy gap; superconducting energy gap）相关词：超导能隙&。【计量】

超低温保存（cryopreservation）相关词：低温保存*，冷冻保存*。【农】

超电荷*——→超荷【物理】

超电势#——→过电势【化学】

超轭*——→超共轭【化学】

超高速缓冲存储器共享*——→高速缓存共享【信息】

超高速缓存共享*——→高速缓存共享【信息】

超高速缓存相关性*——→高速缓存一致性【信息】

超高速计算*——→超级计算【信息】

超共轭（hyperconjugation）相关词：超轭*。【化学】

超固结（overconsolidation）相关词：超压密*，过度固结*。【土壤】

超光速粒子#——→快子【物理】

超过业务量路由*——→溢呼路由【信息】

超荷（hypercharge）相关词：超电荷*。【物理】

▲无标记且有英文对译的，为“规范词”。▲标“&”的为“简称”，可与规范词等效使用。
▲标“#”的为“又称”，不推荐使用。▲标“*”的为“非规范词”，不能使用。

超基因（super gene）相关词：超级基因*。【医】

超级编译程序（supercompiler）相关词：超级编译器#。【信息】

超级编译器#⟶超级编译程序【信息】

超级基因*⟶超基因【医】

超级计算（supercomputing）相关词：超高速计算*。【信息】

超级链接*⟶超链接【信息】

超级链路*⟶超链接【信息】

超级文本*⟶超文本1【地理】【信息】

超级小型计算机（super-minicomputer）相关词：超小型计算机*。【信息】

超链接（hyperlink）相关词：超级链接*，超级链路*。【信息】

超量电度表*⟶超量电能表【机械】

超量电能表（excess energy meter）相关词：超量电度表*。【机械】

超流动性（superfluidity）相关词：超流性&。【物理】

超流性&⟶超流动性【物理】

超敏感性（hypersensitivity）相关词：过敏性#，超敏性#。【医】

超敏感性血管炎*⟶变应性血管炎【医】

超敏性#⟶超敏感性【医】

超声波（ultrasonic wave; supersonic wave; ultrasound wave）相关词：超音波*。【航海】【物理】【医】

超声波焊（ultrasonic welding）相关词：超声波焊接*，超声焊接*，超音波焊接*。【机械】

超声波焊接*⟶超声波焊【机械】

超声波键合*⟶超声键合【信息】

超声波脱脂*⟶超声脱脂【机械】

超声焊接*⟶超声波焊【机械】

超声监测（ultrasonic monitoring）相关词：超声监视*，超音监测*。【医】

超声监视*⟶超声监测【医】

超声检测（ultrasonic testing）相关词：超声探伤#；超音检测*，超音探伤*。【冶金】

超声键合（ultrasonic bonding）相关词：超声波键合*，超音键合*。【信息】

超声探伤#⟶超声检测【冶金】

超声脱脂（ultrasonic degreasing）相关词：超声波脱脂*，超音波脱脂*。【机械】

超声心肌造影*⟶心脏超声造影术【医】

超石英*⟶斯氏石英【物理】

超时传输*⟶逾限传输【信息】

超时传输控制*⟶逾限控制【信息】

超时控制*⟶逾限控制【信息】

超速保护*⟶过速保护【机械】

超文本1（hypertext）相关词：超级文本*。【地理】【信息】

超文本2*⟶超长文本【信息】

超文本标记语言*⟶超文本置标语言【信息】

超文本标识语言*⟶超文本置标语言【信息】

超文本置标语言（hypertext markup language；HTML）相关词：超文本标记语言*，超文本标识语言*。【信息】

超限*⟶溢出【信息】

超限传输*⟶逾限传输【信息】

超限控制*⟶逾限控制【信息】

超小型计算机*⟶超级小型计算机【信息】

超压密*⟶超固结【土壤】

超氧化物1（superoxide）相关词：过氧化物*。【化学】

超氧化物2*⟶过氧化物1【化工】【化学】【医】

超音波*⟶超声波【航海】【物理】【医】

超音波焊接*⟶超声波焊【机械】

超音波脱脂*⟶超声脱脂【机械】

超音监测*⟶超声监测【医】

超音检测*⟶超声检测【冶金】

超音键合*⟶超声键合【信息】

超音探伤*⟶超声检测【冶金】

超铀元素#⟶铀后元素【化学】【物理】

超越离合器1（overrunning clutch）相关词：单向离合器*，过速离合器*。【机械】

超越离合器2*⟶楔块离合器【机械】

超载点*⟶过载点【信息】

潮砂*⟶湿砂型【机械】

che

掣爪*⟶棘爪【机械】

chen

沉淀性抗体（precipitating antibody）相关词：可沉淀抗体*。【医】

沉淀硬化（precipitation hardening）相关词：析出强化#，析出硬化#；淀积脱溶硬化*，淀积硬化*。【机械】

沉积层*⟶淀积层【土壤】

沉浸钎焊*⟶浸渍钎焊【机械】

沉头铆钉（countersunk head rivet）相关词：埋头铆钉*。【机械】

沉陷包层光纤*⟶凹陷包层光纤【信息】

陈化（aging）相关词：老化*。【化工】【化学】【计量】【药】

陈谢*⟶分解代谢【化工】【生物】

衬比度#⟶反差【信息】

cheng

成氨*⟶氨化作用【生物】【土壤】

成氨分解*⟶氨解【化学】

成齿骨质细胞*⟶成牙骨质细胞【医】

成叠退火*⟶装箱退火【机械】

成对不等性码（paired-disparity code）相关词：成对不均衡码*。【信息】

成对不均衡码*⟶成对不等性码【信息】

成核&⟶成核作用【化学】

成核作用（nucleation）相关词：成核&；形核*。【化学】

成红血细胞（erythroblast）相关词：红

血球母细胞*，有核红血球*，幼红细胞*。【生物】

成浆细胞（plasmablast）相关词：浆母细胞#，原浆细胞#。【生物】【医】

成矿作用*⟶矿化作用【土壤】

成囊*⟶包囊形成【生物】

成年型糖尿病（maturity-onset diabetes）相关词：成人型糖尿病*，成熟早发型糖尿病*。【医】

成批处理系统*⟶批处理系统【信息】

成批文件*⟶批处理文件【信息】

成人呼吸窘迫综合征*⟶成人型呼吸窘迫综合征【医】

成人型呼吸窘迫综合征（adult respiratory distress syndrome）相关词：成人呼吸窘迫综合征*，急性呼吸窘迫综合症*。【医】

成人型糖尿病*⟶成年型糖尿病【医】

成熟早发型糖尿病*⟶成年型糖尿病【医】

成酸性*⟶酸化【化学】

成土过程*⟶土壤形成【土壤】

成纤维细胞（fibroblast）相关词：纤维母细胞*，纤维原细胞*。【生物】

成象*⟶成像【信息】

成像（imaging）相关词：成象*，图像形成*。【信息】

成形电路（forming circuit）相关词：成型电路*。【信息】

成型电路*⟶成形电路【信息】

成牙骨质细胞（cementoblast）相关词：成齿骨质细胞*。【医】

成釉细胞瘤（adamantinoma；ameloblastoma）相关词：造釉细胞瘤*。【医】

成晕现象*⟶光晕【信息】

成帧（framing）相关词：按帧对准光栅*。【信息】

成帧面*⟶成帧图案【信息】

成帧模式*⟶成帧图案【信息】

成帧模型*⟶成帧图案【信息】

成帧图案（framing pattern）相关词：成帧面*，成帧模式*，成帧模型*。【信息】

成组编码#⟶群编码【信息】

成组传送（block transfer）相关词：块传送*，块转移*，整块传送*。【信息】

成组地址（group address）相关词：组地址&；群组位址*，组位址*。【信息】

承载面积（load area）相关词：负荷面积*，负载面积*，受压面积*。【机械】

承载通路*⟶承载信道【信息】

承载信道（bearer channel）相关词：承载通路*，荷载信道*，集合信道*。【信息】

程式*⟶程序【信息】

程式变换*⟶程序转换【信息】

程式重置*⟶程序重定位【信息】

程式调换*⟶程序对换【信息】

程式馆*⟶程序库【信息】

程式规划*⟶编程【化工】【信息】

程式规划语言*⟶编程语言【信息】

程式库*⟶程序库【信息】

程式块*⟶程序块【信息】

程式排程器*⟶程序调度程序【信息】

程式设计*⟶程序设计[1]【信息】

程序（program）相关词：程式*。【信息】

程序重定位（program relocation）相关词：程式重置*，程序再定位*。【信息】

程序调度*⟶程序调度程序【信息】

程序调度程序（program scheduler）相关词：程式排程器*，程序调度*。【信息】

程序对换（program swapping）相关词：程式调换*。【信息】

程序分析*⟶过程分析【化工】

程序库（program library）相关词：程式馆*，程式库*。【信息】

程序块（program block）相关词：程式块*。【信息】

程序块测试*⟶模块测试【信息】

程序框图*⟶流程图【机械】【信息】

程序模拟*⟶过程模拟【化工】

程序确认（program validation）相关词：程序验证*。【信息】

程序设计[1]（program design）相关词：编制程序*，程式设计*。【信息】

程序设计[2]#⟶编程【化工】【信息】

程序设计语言#⟶编程语言【信息】

程序验证*⟶程序确认【信息】

程序再定位*⟶程序重定位【信息】

程序转换（program conversion）相关词：程式变换*。【信息】

程序最适化*⟶过程优化【化工】

chi

弛豫法（relaxation method）相关词：松弛法#；驰豫法*。【化工】【化学】

弛豫模量（relaxation modulus）相关词：松弛模量*，松弛模数*。【化学】

弛豫时间#⟶时间常数【计量】

驰豫法*⟶弛豫法【化工】【化学】

持久电流*⟶持续电流【物理】

持久限度*⟶疲劳极限【材料】【机械】【建】

持续电流（persistent current）相关词：持久电流*。【物理】

持续生命支持*⟶延续生命支持【医】

齿斑*⟶牙菌斑【医】

齿测微计*⟶公法线千分尺【机械】【计量】

齿轮比*⟶齿数比【机械】

齿轮联合器*⟶齿形离合器【机械】

齿轮千分尺*⟶公法线千分尺【机械】【计量】

齿轮式僵直*⟶齿轮样强直【医】

齿轮样强直（cogwheel rigidity）相关词：齿轮式僵直*。【医】

齿数比（gear ratio）相关词：齿轮比*，传动比*。【机械】

齿形离合器（toothed clutch）相关词：齿轮联合器*，齿型离合器*。【机械】

齿型离合器*⟶齿形离合器【机械】

齿龈口腔炎*⟶龈口炎【医】

炽热*⟶白炽【物理】

chong

冲淡热*⟶稀释热【化工】
冲击安培计*⟶冲击电流计【计量】【物理】
冲击淬火（impulse hardening）相关词：脉冲加热淬火#。【机械】
冲击电流*⟶浪涌电流【信息】
冲击电流计（ballistic galvanometer）相关词：冲击安培计*，弹道电流计*。【计量】【物理】
冲击电压*⟶浪涌电压【信息】
冲击激励管*⟶激波管【航天】【化学】【计量】【力】
冲剂*⟶颗粒剂【药】
冲蚀*⟶流体浸蚀【机械】
冲突检出*⟶碰撞检测【信息】
冲突解决*⟶冲突消解【信息】
冲突消除*⟶冲突消解【信息】
冲突消解（conflict resolution）相关词：冲突解决*，冲突消除*。【信息】
充电电流*⟶电性流【物理】
充气性视网膜固定术（pneumatic retinopexy）相关词：视网膜脱离眼内注气术*。【医】
充气止血带（pneumatic tourniquet）相关词：气囊止血带*。【医】
充溢性尿失禁（overflow incontinence）相关词：充盈性尿失禁*。【医】
充盈性尿失禁*⟶充溢性尿失禁【医】
虫胶#⟶紫胶【林】
虫胶片#⟶紫胶片【林】
虫漆*⟶紫胶片【林】
重地址检验（duplicate address check）相关词：重复地址检验*。【信息】
重迭*⟶叠加【信息】
重叠感染（superinfection）相关词：二重感染*。【医】
重定时（retiming）相关词：再定时*。【信息】
重定向（redirection）相关词：再定向*。【信息】
重读（reread）相关词：再读*。【信息】
重发段*⟶中继段【信息】
重复地址检验*⟶重地址检验【信息】
重复信息*⟶冗余信息【信息】
重构*⟶重建【信息】
重合光谱*⟶符合光谱【物理】
重合棱镜*⟶叠像棱镜【物理】
重合率*⟶符合率【物理】
重合性*⟶可重复性【信息】
重睑成形术*⟶双重睑术【医】
重睑术*⟶双重睑术【医】
重建（reconstruction）相关词：重构*，重新构建*。【信息】
重接*⟶重新连接【信息】
重颏（double chins）相关词：双下巴*。【医】
重启*⟶重新启动【信息】
重设*⟶复位【航海】【化工】【信息】
重设脉波*⟶复位脉冲【信息】

▲无标记且有英文对译的，为"规范词"。▲标"&"的为"简称"，可与规范词等效使用。
▲标"#"的为"又称"，不推荐使用。▲标"*"的为"非规范词"，不能使用。

重始*⟶重新启动【信息】

重试（retry）相关词：复执#。【信息】

重写*⟶盖写【信息】

重新安装（reinstallation）相关词：重新装入*。【信息】

重新构建*⟶重建【信息】

重新接入*⟶重新连接【信息】

重新连接（reconnection）相关词：重接*，重新接入*。【信息】

重新启动（restart）相关词：再启动#；重启*，重始*。【信息】

重新设置*⟶复位【航海】【化工】【信息】

重新装入*⟶重新安装【信息】

重置*⟶复位【航海】【化工】【信息】

重组激光器*⟶复合激光器【物理】

冲裁（blanking）相关词：冲割*，冲切*，冲压*。【机械】

冲割*⟶冲裁【机械】

冲切*⟶冲裁【机械】

冲天炉（cupola）相关词：化铁炉#；熔铁炉*。【机械】【冶金】

冲压*⟶冲裁【机械】

chou

抽吸浇注*⟶真空吸铸【机械】

抽象代码*⟶抽象码【数】【信息】

抽象码（abstract code）相关词：抽象代码*。【数】【信息】

抽样#⟶采样【信息】

抽样误差*⟶采样误差【信息】

抽余液#⟶萃余液【化工】【冶金】

抽运#⟶泵浦【机械】【信息】

抽脂*⟶脂肪抽吸术【医】

稠度（consistency）相关词：粘稠度*。【地质】【航海】【化工】【机械】【建】【力】

臭氧分析器*⟶臭氧分析仪【机械】

臭氧分析仪（ozone analyzer）相关词：臭氧分析器*。【机械】

chu

出错处理（error handling）相关词：差错处理*，错误处理*。【信息】

出错登记程序（error logger）相关词：错误登记程序*。【信息】

出错恢复*⟶差错恢复【信息】

出错率（error rate）相关词：故障率*，错误率*。【信息】

出错中断（error interrupt）相关词：差错中断*，误差岔断*，误差中断*。【信息】

出入口代码*⟶接入码【信息】

出射度#⟶光出射度【计量】

出血斑（ecchymosis）相关词：血斑*，淤血斑*。【医】

出血性梗塞*⟶出血性梗死【医】

出血性梗死（hemorrhagic infarct）相关词：出血性梗塞*。【医】

出芽*⟶芽生【生物】

初步清洁*⟶初清【农】

初产妇*⟶初孕妇【医】

初级速率接口*⟶基群速率接口【信息】

初级语言*⟶低级语言【信息】

初启程序（initiator）相关词：起始器*，启动程序*。【信息】

初清（preliminary cleaning）相关词：初步清洁*，预净化*。【农】

初始符号*⟶开始符号【信息】

初始负载*⟶初始装入【信息】

初始光源*⟶原光源【物理】

初始耐药（initial drug resistance）相关词：起始耐药*。【医】

初始条件（initial condition）相关词：初值条件*。【大气】【电】【海洋】【化工】

初始装入（initial load）相关词：初始负载*。【信息】

初始状态（initial state）相关词：初态*，起始状态*。【信息】

初态*⟶初始状态【信息】

初孕妇（primigravida）相关词：初产妇*。【医】

初值条件*⟶初始条件【大气】【电】【海洋】【化工】

除错协助*⟶调试工具【信息】

除蜡*⟶脱蜡【化工】【机械】【农】

除涝#⟶地面排水【水利】【铁道】【土壤】

处女膜修复&⟶处女膜修复术【医】

处女膜修复术（hymen repair）相关词：处女膜修复&。【医】

储备式阴极（dispenser cathode）相关词：分配式负电极*，扩散型阴极*。【信息】

储存堆叠*⟶存储栈【信息】

储存和转送交换*⟶存储转发交换【信息】

储存库（repository）相关词：资料档案库*。【信息】

储存配置*⟶存储器分配【信息】

储存期*⟶贮存期【信息】

储存器*⟶存储器【信息】

储存容量*⟶存储容量【信息】

储存寿命（storage life）相关词：保存期限*，存储寿命*。【机械】【信息】

储存微型组件*⟶存储模块【信息】

触点（contact point）相关词：接触点*。【机械】

触发电极*⟶触发极【信息】

触发极（trigger electrode）相关词：触发电极*。【信息】

触感屏*⟶触摸屏【信息】

触摸屏（touch screen）相关词：触屏&；触感屏*。【信息】

触屏&⟶触摸屏【信息】

chuan

穿孔伤1*⟶穿透伤【医】

穿孔伤2*⟶贯通伤【医】

穿破伤1*⟶穿透伤【医】

穿破伤2*⟶贯通伤【医】

穿通伤1*⟶穿透伤【医】

穿通伤2*⟶贯通伤【医】

穿透淬火*⟶透淬【机械】

穿透伤（perforating wound）相关词：穿孔伤*，穿破伤*，穿通伤*。【医】

穿透硬化*⟶透淬【机械】

传播时延（propagation delay）相关词：传播延迟*。【信息】

传播延迟*⟶传播时延【信息】

传导率*⟶电导率【电】【机械】【计量】【物理】【信息】

传递函数（transfer function）相关词：转移函数*。【数】

传动比1（transmission ratio）相关词：速比#。【机械】

传动比2*⟶齿数比【机械】

传动齿轮*⟶主动齿轮【机械】

传动带（driving belt）相关词：传动皮带*。【机械】

传动力矩*⟶驱动力矩【机械】

传动皮带*⟶传动带【机械】

传动皮带轮*⟶主动带轮【机械】

传感开关*⟶微动开关【机械】

传呼*⟶寻呼【信息】

传能线密度（linear energy transfer）相关词：线性能量转移*。【化学】【农】【生物】

传染性非典型肺炎#⟶严重急性呼吸道综合征【医】

传染性伤口（infectious wound）相关词：感染伤口*，感染性伤口*。【医】

传热（heat transfer）相关词：热传递*。【电】【化工】【建】【信息】【冶金】

传热系数（heat transfer coefficient ）相关词：热传系数*。【电】【化工】【建】【冶金】

传声邮件*⟶话音邮件【信息】

传输控制/网际协议*⟶TCP/IP 协议【信息】

传输控制/网间协议*⟶TCP/IP 协议【信息】

传输控制协议/网际协议*⟶TCP/IP 协议【信息】

传输控制协议/网间协议*⟶TCP/IP 协议【信息】

传输控制协议/因特网协议*⟶TCP/IP 协议【信息】

传输率*⟶传输速率【信息】

传输媒介#⟶传输媒体【信息】

传输媒体（transmission medium）相关词：传输媒介#，传输媒质#。【信息】

传输媒质#⟶传输媒体【信息】

传输实体*⟶传送实体【信息】

传输速率（transmission rate）相关词：传输率*，传输效率*，传送速度*。【信息】

传输网*⟶传送网【信息】

传输线（transmission line）相关词：传送线路*，输电线*。【物理】【信息】

传输效率*⟶传输速率【信息】

传送电子显微镜*⟶透射电子显微镜【机械】

传送链*⟶输送链【机械】

传送实体（transport entity）相关词：传输实体*。【信息】
传送速度*⟶传输速率【信息】
传送网（transport network）相关词：传输网*。【信息】
传送线路*⟶传输线【物理】【信息】
传讯*⟶信令【信息】
传真存储转发（facsimile storage and forwarding）相关词：传真存储转送*。【信息】
传真存储转送*⟶传真存储转发【信息】
船舶雷达*⟶航海雷达【信息】
船用电话（marine telephone）相关词：海上电话*。【信息】
船用雷达*⟶船载雷达【信息】
船载雷达（shipborne radar）相关词：船用雷达*。【信息】
串行出入口*⟶串行端口【信息】
串行传递*⟶串行传输【信息】
串行传输（serial transmission）相关词：串行传递*，串行传送*，串口传输*，串联传输*。【信息】
串行传送*⟶串行传输【信息】
串行打印机（serial printer）相关词：串列印字机*。【信息】
串行端口（serial port）相关词：串行出入口*，串行口*，串口*。【信息】
串行分类*⟶串行排序【信息】
串行口*⟶串行端口【信息】
串行排序（serial sort）相关词：串行分类*，串列排序*。【信息】
串行线路接口协议*⟶串行线路网际协议【信息】
串行线路网际协议（serial line internet protocol；SLIP）相关词：串行线路接口协议*，串行线 Internet 协议*。【信息】
串行线 Internet 协议*⟶串行线路网际协议【信息】
串化器（serializer）相关词：并串行转换器#；串联器*。【信息】
串话#⟶串扰1【信息】
串级磁镜*⟶串接磁镜【物理】
串级辐射*⟶级联辐射【物理】
串级镜*⟶串接磁镜【物理】
串级循环#⟶级联循环【化工】
串接磁镜（tandem mirror）相关词：串级磁镜*，串级镜*，串镜*，串联磁镜*，串列磁镜*。【物理】
串镜*⟶串接磁镜【物理】
串口*⟶串行端口【信息】
串口传输*⟶串行传输【信息】
串联传输*⟶串行传输【信息】
串联磁镜*⟶串接磁镜【物理】
串联器*⟶串化器【信息】
串列磁镜*⟶串接磁镜【物理】
串列排序*⟶串行排序【信息】
串列印字机*⟶串行打印机【信息】
串扰1（crosstalk）相关词：串话#，串音#。【信息】
串扰2*⟶干扰【电】【机械】【心理】

【信息】【医】

串音#⟶串扰1【信息】

串音衰减比*⟶衰减串话比【信息】

chuang

创伤后脑综合征（post-traumatic brain syndrome）相关词：脑外伤后综合征*。【医】

创伤性窒息（traumatic asphyxia）相关词：损伤性窒息*，外伤性窒息*。【医】

chui

槌状指（mallet finger）相关词：锤状指*。【医】

锤状指*⟶槌状指【医】

chun

纯半导体*⟶内禀半导体【物理】

纯粹型性腺发育不全#⟶单纯性性腺发育障碍症【医】

纯度（purity）相关词：含量*。【化工】【化学】【计量】【药】

纯红细胞再生障碍（pure red cell aplasia）相关词：纯红血球再生障碍*。【医】

纯红血球再生障碍*⟶纯红细胞再生障碍【医】

纯碱（soda）相关词：苏打#。【化学】

醇化（alcoholization）相关词：酒精饱和*。【化学】

chuo

戳伤（stab wound）相关词：刺伤*。【医】

绰号（nickname）相关词：别名*，昵称*。【信息】

ci

词频（word frequency）相关词：字频*，字频率*。【信息】

词切分（word segmentation）相关词：分词#；词语切分*。【信息】

词语切分*⟶词切分【信息】

磁保持继电器（magnetic latching relay）相关词：磁封闭继电器*。【信息】

磁波振子（magnon）相关词：磁波子&；磁量子*，磁振子*。【物理】

磁波子&⟶磁波振子【物理】

磁常数#⟶真空磁导率【计量】

磁场电流效应（galvanomagnetic effect）相关词：电磁效应*。【物理】

磁场流体动力学*⟶磁流体动力学【航空】【化工】【力】

磁场能密度（magnetic field energy density）相关词：体积磁场能#。【计量】

磁场强度（magnetic field strength；magnetic field intensity）相关词：场强*。【测绘】【电】【海洋】【计量】【石油】【物理】【信息】【医】

磁场热流效应（thermomagnetic effect）

▲无标记且有英文对译的，为"规范词"。▲标"&"的为"简称"，可与规范词等效使用。
▲标"#"的为"又称"，不推荐使用。▲标"*"的为"非规范词"，不能使用。

相关词：热磁效应*。【物理】

磁场图*⟶磁谱【物理】

磁陈化*⟶磁老化【信息】

磁存储（magnetic storage）相关词：磁存储器*。【物理】

磁存储器[1]（magnetic memory）相关词：磁记忆器*。【信息】

磁存储器[2]*⟶磁存储【物理】

磁导率（magnetic permeability；permeability）相关词：导磁系数*。【材料】【计量】【物理】【信息】

磁道（magnetic track）相关词：磁路*。【信息】

磁道宽度（track width）相关词：磁轨宽*，磁迹宽度*。【信息】

磁道中心距（track center-to-center spacing）相关词：磁轨中心间距*，磁轨中心距*。【信息】

磁电管溅射*⟶磁控溅射【物理】

磁动势*⟶磁通势【计量】【物理】

磁封闭继电器*⟶磁保持继电器【信息】

磁感强度[1#]⟶磁感应强度[1]【电】【石油】【物理】

磁感强度[2#]⟶磁通量密度【计量】

磁感应强度[1]（magnetic induction density）相关词：磁感强度#。【电】【石油】【物理】

磁感应强度[2#]⟶磁通量密度【计量】

磁共振成象*⟶磁共振成像【化学】【物理】【心理】【信息】【医】

磁共振成像（magnetic resonance imaging；MRI）相关词：核磁共振成像#；磁共振成象*，磁共振造影*。【化学】【物理】【心理】【信息】【医】

磁共振造影*⟶磁共振成像【化学】【物理】【心理】【信息】【医】

磁轨⟶磁迹【计量】【信息】

磁轨宽*⟶磁道宽度【信息】

磁轨中心间距*⟶磁道中心距【信息】

磁轨中心距*⟶磁道中心距【信息】

磁化（magnetization）相关词：磁化作用*。【测绘】【电】【物理】【信息】

磁化电流（magnetizing current）相关词：磁激电流*，励磁电流*，起磁电流*。【电】【机械】

磁化线圈（magnetizing coil）相关词：激磁线圈*，励磁线圈*。【机械】

磁化作用*⟶磁化【测绘】【电】【物理】【信息】

磁迹（magnetic track）相关词：磁轨*。【计量】【信息】

磁迹宽度*⟶磁道宽度【信息】

磁激电流*⟶磁化电流【电】【机械】

磁记录介质（magnetic recording medium）相关词：磁记录媒体*。【机械】【信息】

磁记录媒体*⟶磁记录介质【机械】【信息】

磁记忆器*⟶磁存储器[1]【信息】

磁矩&⟶面磁矩【计量】

磁控电子管*⟶磁控管【物理】【信息】

▲无标记且有英文对译的，为“规范词”。▲标“&”的为“简称”，可与规范词等效使用。
▲标“#”的为“又称”，不推荐使用。▲标“*”的为“非规范词”，不能使用。

磁控管（magnetron）相关词：磁控电子管*。【物理】【信息】

磁控溅射（magnetron sputtering）相关词：磁电管溅射*。【物理】

磁老化（magnetic aging）相关词：磁陈化*，磁时效*。【信息】

磁量子*⟶磁波子【物理】

磁流力学&⟶磁流体动力学【航空】【化工】【力】

磁流体动力学（magnetohydrodynamics；magnetofluid dynamics）相关词：磁流力学&；磁流体力学#；磁场流体动力学*。【航空】【化工】【力】

磁流体力学#⟶磁流体动力学【航空】【化工】【力】

磁路*⟶磁道【信息】

磁密*⟶磁通量密度【计量】

磁敏二极管（magneto diode）相关词：磁性二极管*。【机械】

磁粘性*⟶磁黏性【物理】

磁黏性（magnetic viscosity）相关词：磁粘性*。【物理】

磁盘（magnetic disk）相关词：盘&。【信息】

磁盘高速缓冲区*⟶磁盘高速缓存【信息】

磁盘高速缓存（disk cache）相关词：磁盘高速缓冲区*。【信息】

磁盘机*⟶软盘驱动器【信息】

磁盘镜象*⟶磁盘镜像【信息】

磁盘镜像（disk mirroring）相关词：磁盘镜象*。【信息】

磁盘驱动器[1]（magnetic disk drive）相关词：盘驱&，盘驱动器&。【信息】

磁盘驱动器[2]*⟶软盘驱动器【信息】

磁盘阵列（disk array）相关词：盘阵列*。【信息】

磁谱（magnetic spectrum）相关词：磁场图*。【物理】

磁时效*⟶磁老化【信息】

磁矢势#⟶磁矢位【电】【计量】

磁矢位（magnetic vector potential）相关词：磁矢势#，矢量磁位#；向量磁位*。【电】【计量】

磁势差*⟶磁位差【电】【计量】

磁弹波（magnetoelastic wave）相关词：磁致弹性波*。【物理】

磁弹性*⟶磁致伸缩【物理】

磁体（magnet）相关词：磁铁*。【物理】

磁铁*⟶磁体【物理】

磁通#⟶磁通量【测绘】【计量】【物理】

磁通量（magnetic flux）相关词：磁通#。【测绘】【计量】【物理】

磁通量密度（magnetic flux density）相关词：磁通密度&；磁感强度#，磁感应强度#；磁密*。【计量】

磁通密度&⟶磁通量密度【计量】

磁通密度矢量*⟶流密度矢量【物理】

磁通势（magnetomotive force；MMF）相关词：磁动势*。【计量】【物理】

磁头定位区*⟶磁头起落区【信息】

磁头起落区（head landing zone）相关

▲无标记且有英文对译的，为“规范词”。▲标“&”的为“简称”，可与规范词等效使用。
▲标“#”的为“又称”，不推荐使用。▲标“*”的为“非规范词”，不能使用。

词：磁头定位区*。【信息】

磁位差（magnetic potential difference）相关词：磁势差*，磁压*。【电】【计量】

磁性二极管*⟶磁敏二极管【机械】

磁压*⟶磁位差【电】【计量】

磁振子*⟶磁波子【物理】

磁致伸缩（magnetostriction）相关词：磁弹性*。【物理】

磁致弹性波*⟶磁弹波【物理】

雌激素（estrin；estrogen）相关词：雌性激素*，雌性素*，女性激素*。【生物】

雌性激素*⟶雌激素【生物】

雌性素*⟶雌激素【生物】

次段*⟶辅助段【信息】

次级代谢#⟶次生代谢【生物】

次级结晶*⟶二次结晶【化学】

次级晶化*⟶二次结晶【化学】

次级溶酶体（secondary lysosome）相关词：二级溶酶体*。【生物】

次级系统*⟶子系统【化工】【信息】

次键*⟶二级密钥【信息】

次晶格*⟶亚晶格【物理】

次晶界*⟶亚晶界【材料】【机械】【冶金】

次晶粒*⟶亚晶粒【材料】【地质】【机械】【物理】【冶金】

次密钥#⟶二级密钥【信息】

次生代谢（secondary metabolism）相关词：次级代谢#。【生物】

次生污染*⟶继发性污染【医】

次声波（infrasonic wave）相关词：亚声波*。【物理】

次声速*⟶亚声速【物理】

次铁磁性*⟶亚铁磁性【电】【化学】【物理】【信息】【冶金】

次系统*⟶子系统【化工】【信息】

次序控制*⟶顺序控制【机械】

次氧化物*⟶低氧化物【化学】

次要系统*⟶子系统【化工】【信息】

次音速*⟶亚声速【物理】

伺服电动机（servomotor）相关词：伺服电机&；伺服马达#。【电】【机械】【建】

伺服电机&⟶伺服电动机【电】【机械】【建】

伺服马达#⟶伺服电动机【电】【机械】【建】

伺服系统（servo-system）相关词：随动系统*。【机械】

刺青*⟶文身术【医】

刺伤*⟶戳伤【医】

cong

枞烷（abietane）相关词：松香烷#。【林】

枞烯（abietene）相关词：松香烯#。【林】

从动齿轮（driven gear）相关词：被动齿轮*。【机械】

从动带轮（driven pulley）相关词：被动摩擦轮*，从动轮*，从动摩擦轮*，

从动皮带轮*。【机械】

从动轮*⟶从动带轮【机械】

从动摩擦轮*⟶从动带轮【机械】

从动皮带轮*⟶从动带轮【机械】

cu

粗晶*⟶宏晶体【物理】

粗皮症*⟶糙皮病【医】

促红细胞生成素原*⟶红细胞生成素原【医】

促甲状腺激素（thyrotropin; thyroid stimulating hormone）相关词：促甲状腺素&；甲状腺刺激激素*。【生物】【医】

促甲状腺素&⟶促甲状腺激素【生物】【医】

促胸腺生成素*⟶胸腺生成素【生物】

簇（cluster）相关词：群集*。【大气】【海洋】【生物】

簇群集*⟶机群【信息】

簇群集器*⟶机群【信息】

cui

催产素激惹试验（oxytocin challenge test）相关词：缩宫素应激试验*。【医】

催化固化#⟶催化聚合干燥【机械】

催化聚合干燥（catalysis polymerization drying）相关词：催化固化#。【机械】

脆料&⟶脆性断裂【材料】【船舶】【电】【力】

脆裂&⟶脆性断裂【材料】【船舶】【电】【力】

脆性断裂（brittle fracture）相关词：脆料&，脆裂&；脆性破裂*。【材料】【船舶】【电】【力】

脆性破裂*⟶脆性断裂【材料】【船舶】【电】【力】

萃余液（raffinate）相关词：抽余液#；残液*，残油液*，剩余液*。【化工】【冶金】

淬火（quench hardening; quenching）相关词：淬火硬化#，淬硬#；急冷硬化*，骤冷*。【材料】【化工】【机械】【冶金】

淬火变形#⟶淬火冷却畸变【机械】

淬火畸变*⟶淬火冷却畸变【机械】

淬火剂*⟶固化剂【船舶】【机械】

淬火冷却畸变（quenching distortion）相关词：淬火变形#；淬火畸变*。【机械】

淬火硬化#⟶淬火【材料】【化工】【机械】【冶金】

淬透*⟶透淬【机械】

淬硬#⟶淬火【材料】【化工】【机械】【冶金】

cun

存储板（memory board）相关词：存储器板*，内存板*。【信息】

存储保护（memory protection）相关

词：记忆体保护*。【信息】

存储层次#→存储器层次【信息】

存储冲突1#→存储器冲突1【信息】

存储冲突2*→存储干扰【信息】

存储单元（memory cell）相关词：记忆单元*，记忆格*。【信息】

存储堆栈*→存储栈【信息】

存储分配*→存储器分配【信息】

存储覆盖区（storage overlay area）相关词：内存覆盖区*。【信息】

存储干扰（storage interference）相关词：存储冲突*，存储器冲突*，存储器干扰*，内存冲突*。【信息】

存储管理（storage management；memory management）相关词：存储器管理*，记忆管理*，内存管理*。【信息】

存储记忆效应*→记忆效应【信息】

存储介质*→存储媒体【信息】

存储空间分配*→存储器分配【信息】

存储媒体（storage media）相关词：存储介质*。【信息】

存储密度*→位密度【信息】

存储模块（memory module）相关词：储存微型组件*，记忆装置微型组件*。【信息】

存储内存分配*→静态存储分配【信息】

存储撇态分配*→静态存储分配【信息】

存储器（memory；storage）相关词：储存器*，记忆体*。【信息】

存储器板*→存储板【信息】

存储器保护*→内存保护【信息】

存储器层次（memory hierarchy）相关词：存储层次#；存储器分级体系*，分级存储器体系*，记忆阶组*。【信息】

存储器冲突1（memory conflict）相关词：存储冲突#。【信息】

存储器冲突2*→存储干扰【信息】

存储器重新配置*→存储再配置【信息】

存储器分级体系*→存储器层次【信息】

存储器分配（storage allocation）相关词：储存配置*，存储分配*，存储空间分配*，存储器配置*，内存分配*，内存配置*。【信息】

存储器分配程序（storage allocator）相关词：内存分配程序*。【信息】

存储器干扰*→存储干扰【信息】

存储器管理*→存储管理【信息】

存储器配置*→存储器分配【信息】

存储器再重构*→存储再配置【信息】

存储容量（memory capacity；storage capacity）相关词：储存容量*，记忆容量*。【信息】

存储示波器（storage oscilloscope）相关词：记忆存储示波镜*。【信息】

存储寿命*→储存寿命【机械】【信息】

存储碎片（storage fragmentation）相关词：内存碎片*。【信息】

存储体（memory bank）相关词：记忆

库*，内存条*。【信息】

存储再配置（storage reconfiguration）相关词：存储器重新配置*，存储器再重构*，空间重新配置*。【信息】

存储栈（storage stack）相关词：储存堆叠*，存储堆栈*。【信息】

存储转发交换（store and forward switching）相关词：储存和转送交换*。【信息】

存取#→访问【地理】【信息】

存取表（access list）相关词：访问表#。【信息】

存取层*→访问级别【信息】

存取冲突（access conflict）相关词：访问冲突#。【信息】

存取范畴#→访问范畴【信息】

存取方法（access method）相关词：访问法*，访问方法*，接达法*。【信息】

存取级别#→访问级别【信息】

存取拒绝（access denial）相关词：访问否定*，访问拒绝*。【信息】

存取孔*→读写孔【信息】

存取类型（access type）相关词：访问类型#。【信息】

存取码*→接入码【信息】

存取权#→访问权【信息】

存取权限1*→访问授权【信息】

存取权限2*→访问许可【信息】

存取时间（access time）相关词：访问时间*，接达时间*，选取时间*。【信息】

存取授权*→访问授权【信息】

存取特许*→访问授权【信息】

存取协议*→接入协议【信息】

存取许可#→访问许可【信息】

存取许可权*→访问许可【信息】

存取许可性*→访问许可【信息】

存取周期*→访问周期【信息】

CUO

痤疮样痣*→黑头粉刺样痣【医】

错合物*→络合物【化学】

错离子*→络离子【化学】

错位原子（misplaced atoms）相关词：误位原子*。【化学】

错误处理*→出错处理【信息】

错误代码（error code）相关词：误码#。【信息】

错误登记程序*→出错登记程序【信息】

错误复原*→差错恢复【信息】

错误恢复*→差错恢复【信息】

错误检测*→检错【信息】

错误检测代码*→检错码1【信息】

错误检测码*→检错码1【信息】

错误检验码（error checking code）相关词：差错检验码#，检错码#；检查码*，误差检验码*。【信息】

错误校正*→差错恢复【信息】

错误控制（error control）相关词：差错控制#；误差控制*。【信息】

错误跨度（error span）相关词：误差

▲无标记且有英文对译的，为“规范词”。▲标“&”的为“简称”，可与规范词等效使用。
▲标“#”的为“又称”，不推荐使用。▲标“*”的为“非规范词”，不能使用。

间距*，误差距离*，误差跨度*。【信息】

错误类型*⟶错误模式【信息】

错误率*⟶出错率【信息】

错误模式（error pattern）相关词：错误型#；错误类型*，错误型样*，误差类型*，误差模式*，误差型式*。【信息】

错误潜伏期*⟶差错潜伏期【信息】

错误潜时*⟶差错潜伏期【信息】

错误容差*⟶容错【信息】

错误树分析*⟶故障树分析【电】【航天】【机械】【数】【信息】

错误条件（error condition）相关词：错误状态*，误差条件*。【信息】

错误型#⟶错误模式【信息】

错误型样*⟶错误模式【信息】

错误诊断（error diagnosis）相关词：差错诊断#；误诊*。【信息】

错误状态*⟶错误条件【信息】

D

da

打顶*⟶摘心【农】

打谷*⟶脱粒【农】

打火石玻璃*⟶火石玻璃【物理】

打尖*⟶摘心【农】

打开的文件*⟶已开文件【信息】

打印行密度*⟶线密度1【信息】

打印头（print head）相关词：印字头*。【信息】

大豆粉（soybean meal）相关词：黄豆粉*。【农】

大分子#⟶高分子【材料】【化学】

大股骨头*⟶髋增大【医】

大径&⟶螺纹大径【机械】

大块结晶*⟶宏晶体【物理】

大理石骨病#⟶骨硬化症【医】

大量储存器*⟶海量存储器【信息】

大量元素（macroelement）相关词：常量元素#。【土壤】

大脑性瘫痪（cerebral palsy）相关词：脑瘫&；脑性瘫痪*。【医】

大屏幕显示器（large scale display）相关词：大型平板显示器*。【信息】

大气环流（atmospheric circulation）相关词：大气循环*。【农】

大气循环*⟶大气环流【农】

大区域网*⟶广域网【地理】【铁道】【信息】

大容量存贮器*⟶海量存储器【信息】

大腿骨*⟶股骨【生物】

大网膜移植*⟶网膜移植【医】

大型电脑*→大型计算机【信息】

大型计算机 (large-scale computer) 相关词：大型电脑*。【信息】

大型平板显示器*→大屏幕显示器【信息】

大月份流产*→晚期流产【医】

大直径*→螺纹大径【机械】

dai

代号表*→代码表【信息】

代码 (code) 相关词：码&；编码*。【信息】

代码变换器*→代码转换器【机械】【信息】

代码表 (code table) 相关词：代号表*，码表*。【信息】

代码检查*→代码审查1【信息】

代码检验*→代码审查1【信息】

代码块*→码组【信息】

代码扩充 (code extension) 相关词：代码扩展*，码延伸*。【信息】

代码扩展*→代码扩充【信息】

代码审查1 (code inspection) 相关词：代码检查*，代码检验*，码检验*。【信息】

代码审查2*→代码审计【信息】

代码审计 (code audit) 相关词：代码审查*，码稽核*。【信息】

代码移出#→代码移动【信息】

代码移动 (code motion) 相关词：代码移出#；码动*。【信息】

代码优化 (code optimization) 相关词：码优化*，码最佳化*。【信息】

代码转换器 (code converter) 相关词：代码变换器*，码变换器*，码转换器*，译码器*。【机械】【信息】

代入复合 (composition of substitution) 相关词：置换合成*。【信息】

代谢共栖 (metabiosis) 相关词：互生#；半共生*，后继共生*。【生物】

代谢拮抗物*→抗代谢物【生物】

带传动 (belt drive) 相关词：皮带传动*，皮带驱动*。【机械】

带电载体粒子*→载流子【物理】【信息】

带锯机*→锯机【林】

带宽 (bandwidth) 相关词：频带宽度*，通带宽度*。【信息】

带式制动器 (band brake) 相关词：抱闸*，带闸*。【机械】

带速 (belt speed) 相关词：皮带转速*。【机械】

带闸*→带式制动器【机械】

带中心距 (center distance) 相关词：中心距&；轴间距*。【机械】

带状角膜病变*→角膜带状变性【医】

带状疱疹性眼病*→眼带状疱疹【医】

待处理中断*→待命中断【信息】

待处理状态*→待命状态【信息】

待命间断*→待命中断【信息】

待命中断 (armed interrupt) 相关词：待处理中断*，待命间断*。【信息】

▲无标记且有英文对译的，为“规范词”。▲标“&”的为“简称”，可与规范词等效使用。
▲标“#”的为“又称”，不推荐使用。▲标“*”的为“非规范词”，不能使用。

待命状态（armed state）相关词：待处理状态*。【信息】
戴奥辛*⟶二噁英【化工】【化学】

dan

丹宁*⟶单宁【化学】【生物】
丹宁酶*⟶鞣酸酶【生物】
丹宁酸*⟶单宁酸1【林】
单胞（unit cell）相关词：晶胞#；单位晶胞*，单位晶格*。【物理】
单处理机*⟶单处理器【信息】
单处理器（uniprocessor）相关词：单处理机*，单机*。【信息】
单纯疱疹病毒性角膜炎#⟶单纯疱疹性角膜炎【医】
单纯疱疹性角膜炎（herpes simplex keratitis）相关词：疱疹病毒性角膜炎#，单纯疱疹病毒性角膜炎#；单疱病毒性角膜炎*。【医】
单纯性骨囊肿*⟶单一性骨囊肿【医】
单纯性乳房早发育*⟶青春期前乳房发育【医】
单纯性性腺发育不全*⟶单纯性性腺发育障碍症【医】
单纯性性腺发育障碍症（pure gonadal dysgenesis）相关词：纯粹型性腺发育不全#，XY 完全型性腺发育不全#；单纯性性腺发育不全*，XY 女性*，XY 性反转*。【医】
单纯性龈炎*⟶边缘性龈炎【医】
单错校正双错检测*⟶单校双检【信息】
单错校正双错检测法*⟶单校双检【信息】
单故障（single fault）相关词：单一故障*。【信息】
单管单元存储器（single transistor memory）相关词：单晶体管内存*。【信息】
单核巨噬细胞系统*⟶单核吞噬细胞系统【医】
单核吞噬细胞系统（mononuclear phagocyte system）相关词：单核巨噬细胞系统*，单核细胞吞噬系统*。【医】
单核细胞吞噬系统*⟶单核吞噬细胞系统【医】
单机*⟶单处理器【信息】
单极电晶体*⟶单极晶体管【信息】
单极晶体管（unipolar transistor）相关词：单极电晶体*。【信息】
单校双检（single error correction-double error detection）相关词：单错校正双错检测*，单错校正双错检测法*。【信息】
单晶体管内存*⟶单管单元存储器【信息】
单抗*⟶单克隆抗体【化工】【生物】【药】【医】
单克隆抗体（monoclonal antibody）相关词：单抗*，单源抗体*，单株抗体*。【化工】【生物】【药】【医】
单块集成电路*⟶单片集成电路【信息】
单流阀*⟶单向阀【机械】
单目显微镜（monocular microscope）相

关词：单筒显微镜*。【机械】

单宁（tannin）相关词：鞣质#；丹宁*，单宁酸*，鞣酸*。【化学】【生物】

单宁萃*⟶栲胶【林】

单宁酸1（tannic acid）相关词：鞣酸#；丹宁酸*。【林】

单宁酸2*⟶单宁【化学】【生物】

单疱病毒性角膜炎*⟶单纯疱疹性角膜炎【医】

单片机&⟶单片计算机【信息】

单片集成电路（monolithic integrated circuit）相关词：单块集成电路*。【信息】

单片计算机（single-chip computer; computer on a chip）相关词：单片机&。【信息】

单频激光振荡#⟶单频率激光振荡【机械】

单频雷射振荡*⟶单频率激光振荡【机械】

单频镭射振荡*⟶单频率激光振荡【机械】

单频率激光振荡（single-frequency laser oscillation）相关词：单频激光振荡#；单频雷射振荡*，单频镭射振荡*。【机械】

单色显示（monochrome display）相关词：单显*。【信息】

单筒显微镜*⟶单目显微镜【机械】

单透镜（einzel lens; simple lens）相关词：简单透镜*。【信息】

单位电容*⟶比电容【信息】

单位晶胞*⟶单胞【物理】

单位晶格*⟶单胞【物理】

单位摩擦功（unit friction work）相关词：滑摩功#，制动功#。【机械】

单位摩擦功率（unit friction power）相关词：滑摩功率#，制动功率#。【机械】

单显*⟶单色显示【信息】

单线圈变压器*⟶自耦变压器【物理】

单向阀（check valve; unidirectional valve; nonreturn valve）相关词：不返回阀*，单流阀*，非换向阀*，止回阀*，止逆阀*。【机械】

单向反射*⟶规则反射【计量】

单向反射率*⟶规则反射比【计量】

单向离合器*⟶超越离合器1【机械】

单相反应*⟶均相反应【化学】

单选按钮（radio button）相关词：单选钮*，小圆按钮*。【信息】

单选钮*⟶单选按钮【信息】

单一故障*⟶单故障【信息】

单一性骨囊肿（solitary bone cyst）相关词：单纯性骨囊肿*，孤立性骨囊肿*。【医】

单一总线*⟶单总线【信息】

单元反应*⟶单元过程【化工】

单元过程（unit process）相关词：单元反应*，单元作业*，基本过程*。【化工】

单元作业*⟶单元过程【化工】

单源抗体*⟶单克隆抗体【化工】【生物】【药】【医】

单质结*⟶同质结【物理】

单株抗体*⟶单克隆抗体【化工】【生物】【药】【医】

单总线（unibus）相关词：单一总线*，计算机总线*，统一汇流排*，统一总线*。【信息】

胆道闪烁显像&⟶胆道闪烁显像术【医】

胆道闪烁显像术（cholescintigraphy）相关词：胆道闪烁显像&；胆流闪烁摄影*。【医】

胆流闪烁摄影*⟶胆道闪烁显像术【医】

胆囊积水（hydrops of gallbladder）相关词：胆囊积液*，胆囊水肿*。【医】

胆囊积液*⟶胆囊积水【医】

胆囊收缩素（cholecystokinin）相关词：缩胆囊素#。【生物】【医】

胆囊水肿*⟶胆囊积水【医】

胆汁粘稠综合征*⟶胆汁浓缩综合征【医】

胆汁黏稠综合征*⟶胆汁浓缩综合征【医】

胆汁浓缩综合征（inspissated bile syndrome）相关词：胆汁黏稠综合征*，胆汁粘稠综合征*，浓缩胆汁症候群*，浓缩胆汁综合征*，浓缩胆汁综合症*。【医】

淡出（fade-out）相关词：淡没*，渐隐*，消失*。【信息】

淡没*⟶淡出【信息】

淡入（fade- in）相关词：渐现*。【信息】

弹道电流计*⟶冲击电流计【计量】【物理】

蛋白酶&⟶蛋白水解酶【生物】

蛋白酶解（proteolysis）相关词：蛋白水解*，蛋白质水解*。【药】

蛋白色光*⟶乳光【物理】

蛋白水解*⟶蛋白酶解【药】

蛋白水解酶（protease）相关词：蛋白酶&；朊酶*。【生物】

蛋白脂*⟶蛋白脂质【药】

蛋白脂类*⟶蛋白脂质【药】

蛋白脂质（proteolipid）相关词：蛋白脂*，蛋白脂类*，含蛋白脂质*。【药】

蛋白质水解*⟶蛋白酶解【药】

蛋黄素1*⟶卵磷脂1【化工】【生物】

蛋黄素2*⟶卵黄磷蛋白【生物】

氮固定*⟶固氮作用【地理】【海洋】【化工】【农】【生物】【土壤】

氮化#⟶渗氮【机械】

氮化气氛*⟶渗氮气氛【机械】

dang

当地终端机*⟶本地终端【铁道】【信息】

当量电导（equivalent conductance）相关词：等效电导*。【机械】

当量负荷*⟶当量载荷【机械】

当量力*⟶等效力【机械】

当量应变*⟶等效应变【机械】

当量载荷 (equivalent load) 相关词：当量负荷*，等效负载*，等效荷载*，等效载荷*。【机械】

当前默认目录 (current default directory) 相关词：当前系统设定的目录*，当前系统设定目录*。【信息】

当前目录 (current directory) 相关词：现用目录*。【信息】

当前系统设定的目录*⟶当前默认目录【信息】

当前系统设定目录*⟶当前默认目录【信息】

当前页*⟶活动页【信息】

档案定义*⟶文件定义【信息】

档案接达*⟶文件存取【信息】

档案名称*⟶文件名【信息】

档案属性*⟶文件属性【信息】

档保护*⟶文件保护【信息】

档名*⟶文件名【信息】

档名扩大*⟶文件名扩展【信息】

dao

刀补*⟶刀具偏置【机械】

刀具半径补偿*⟶刀具偏置【机械】

刀具补偿*⟶刀具偏置【机械】

刀具偏置 (tool offset) 相关词：刀具位置补偿#；刀补*，刀具半径补偿*，刀具补偿*，刀具轴向偏置*。【机械】

刀具位置补偿#⟶刀具偏置【机械】

刀具轴向偏置*⟶刀具偏置【机械】

刀伤*⟶切伤【医】

导磁系数*⟶磁导率【材料】【计量】【物理】【信息】

导电率*⟶电导率【电】【机械】【计量】【物理】【信息】

导杆 (guide bar; guide link) 相关词：导环*，导向杆*，导向滑环*。【机械】

导管植物*⟶维管植物【生物】

导环*⟶导杆【机械】

导块 (guide block) 相关词：导向块*。【机械】

导轮[1] (regulating wheel) 相关词：导向轮*，方向轮*，调节轮*，调整轮*。【机械】

导轮[2] (idler pulley) 相关词：惰轮*，空转轮*，托滚*。【机械】

导频通道*⟶导频信道【信息】

导频信道 (pilot channel) 相关词：导频通道*，导向信道*，引导信道*。【信息】

导频信号 (pilot signal) 相关词：监控信号*，领示信号*。【信息】

导热性真空计*⟶热传导真空计【机械】【信息】

导向杆*⟶导杆【机械】

导向滑环*⟶导杆【机械】

导向块*⟶导块【机械】

导向轮*⟶导轮[1]【机械】

导向信道*⟶导频信道【信息】

导向增益*⟶方向性增益【信息】

到院死亡 (dead on arrival) 相关词：

院前死亡*。【医】

倒格#⟶倒易点阵【冶金】

倒睫（trichiasis）相关词：睫毛倒生*。【医】

倒谱（cepstrum）相关词：对数倒频谱*。【力】【信息】

倒向天线（retrodirective antenna）相关词：反向天线*，方向回溯天线*，自定向天线*。【信息】

倒相线系*⟶PAL制【信息】

倒焰炉*⟶反射炉【机械】

倒易点阵（reciprocal lattice）相关词：倒格#，倒易格#。【冶金】

倒易格#⟶倒易点阵【冶金】

倒置信道*⟶逆信道【信息】

deng

登陆*⟶注册【信息】

登录#⟶注册【信息】

登入*⟶注册【信息】

等长收缩*⟶等张收缩【医】

等待状态（waiting state）相关词：等候状态*。【信息】

等地温线（geoisotherms）相关词：等温线*，地内等温线*。【农】

等动力学温度（isokinetic temperature）相关词：等速温度*。【化学】

等概率基本定理*⟶等概率假设【物理】

等概率基本条件*⟶等概率假设【物理】

等概率假设（postulate of equal a priori probabilities）相关词：等概率基本定理*，等概率基本条件*。【物理】

等高图*⟶等高线图【测绘】【大气】

等高线地图*⟶等高线图【测绘】【大气】

等高线图（contour map; contour chart）相关词：等高图*，等高线地图*。【测绘】【大气】

等候状态*⟶等待状态【信息】

等价系统*⟶等效系统【航天】【机械】【计量】

等解冻线（isotac）相关词：同时解冻线*。【农】

等离体护层*⟶等离子体鞘【物理】

等离体鞘&⟶等离子体鞘【物理】

等离体扰动*⟶等离子体湍动【物理】

等离体湍动&⟶等离子体湍动【物理】

等离体湍流*⟶等离子体湍动【物理】

等离子刀*⟶等离子体刀【医】

等离子电弧切割*⟶等离子弧切割【机械】

等离子堆焊（plasma surfacing）相关词：等离子弧堆焊#，粉末等离子弧堆焊#；电浆堆焊*。【机械】

等离子腐蚀*⟶等离子体刻蚀【信息】

等离子轰击热处理（plasma heat treatment）相关词：等离子热处理&；辉光放电热处理#；电浆热处理*。【机械】

等离子弧堆焊#⟶等离子堆焊【机械】

等离子弧切割（plasma arc cutting）相

关词：等离子电弧切割*，等离子火焰切割*。【机械】

等离子火焰切割*⟶等离子弧切割【机械】

等离子刻蚀&⟶等离子体刻蚀【信息】

等离子喷镀*⟶等离子喷涂【机械】

等离子喷涂（plasma spraying）相关词：等离子喷镀*，等离子体喷镀*。【机械】

等离子热处理&⟶等离子轰击热处理【机械】

等离子体（plasma）相关词：电浆*。【电】【化工】【化学】

等离子体刀（plasma scalpel）相关词：等离子刀*，电浆刀*。【医】

等离子体护层*⟶等离子体鞘【物理】

等离子体刻蚀（plasma etching）相关词：等离子刻蚀&；等离子腐蚀*。【信息】

等离子体喷镀*⟶等离子喷涂【机械】

等离子体鞘（plasma sheath）相关词：等离体鞘&；等离体护层*，等离子体护层*。【物理】

等离子体扰动*⟶等离子体湍动【物理】

等离子体湍动（plasma turbulence）相关词：等离体湍动&；等离体扰动*，等离体湍流*，等离子体扰动*，等离子体湍流*。【物理】

等离子体湍流*⟶等离子体湍动【物理】

等容过程（isochoric process）相关词：等体积过程#；等体过程*，定容过程*。【化学】

等容线#⟶等体积线【物理】

等时摆（isochronous pendulum）相关词：同步摆*。【物理】

等速温度*⟶等动力学温度【化学】

等速运动*⟶匀速运动【物理】

等体过程*⟶等容过程【化学】

等体积过程#⟶等容过程【化学】

等体积线（isochore）相关词：等体线&；等容线#。【物理】

等体线&⟶等体积线【物理】

等温线*⟶等地温线【农】

等相面（cophasal surface; surface of constant phase）相关词：同相表面*，同相面*。【物理】

等效电导*⟶当量电导【机械】

等效负载*⟶当量载荷【机械】

等效荷载*⟶当量载荷【机械】

等效力（equivalent force）相关词：当量力*，等效应力*。【机械】

等效系*⟶等效系统【航天】【机械】【计量】

等效系统（equivalent system）相关词：等价系统*，等效系*，等值系统*。【航天】【机械】【计量】

等效应变（equivalent strain）相关词：当量应变*。【机械】

等效应力*⟶等效力【机械】

等效载荷*⟶当量载荷【机械】

等压程序*→等压过程【电】【化工】【物理】【冶金】

等压过程（isobaric process）相关词：等压程序*。【电】【化工】【物理】【冶金】

等优先权*→分派优先级【信息】

等张收缩（isotonic contraction）相关词：等长收缩*。【医】

等值图*→等值线图【测绘】【地理】【水利】【信息】

等值系统*→等效系统【航天】【机械】【计量】

等值线图（isoline map; isarithmic map）相关词：等值图*。【测绘】【地理】【水利】【信息】

镫骨撼动术*→镫骨松动术【医】

镫骨松动术（stapediolysis）相关词：镫骨撼动术*。【医】

di

低层级语言*→低级语言【信息】

低共熔点（eutectic point）相关词：共熔点&；低共熔温度#，低熔点#；共结点*。【材料】【化工】【化学】【冶金】

低共熔混合物（eutectic mixture）相关词：低共熔物&，共熔物&；低熔混和物*，低熔物*，共晶混合物*。【化工】【化学】【药】

低共熔温度#→低共熔点【材料】【化学】【化学】【冶金】

低共熔物&→低共熔混合物【化工】【化学】【药】

低活性强酸土（Acrisol）相关词：强淋溶土*。【地理】【土壤】

低级语言（low level language）相关词：初级语言*，低层级语言*，低阶语言*。【信息】

低阶语言*→低级语言【信息】

低聚反应（oligomerization）相关词：低聚合*，低元聚合反应*，齐聚*，齐聚反应*。【化学】

低聚合*→低聚反应【化学】

低聚合物*→低聚物【材料】【化工】【化学】【生物】【药】

低聚糖#→寡糖【化工】【化学】【林】【生物】【药】

低聚体*→低聚物【材料】【化工】【化学】【生物】【药】

低聚物（oligomer）相关词：低聚合物*，低聚体*，寡聚物*，齐聚物*。【材料】【化工】【化学】【生物】【药】

低磷软骨病*→骨软化症【医】

低磷酸酶血症*→低磷酸酯酶症【医】

低磷酸酯酶症（hypophosphatasia）相关词：低磷酸酶血症*。【医】

低密度电子光学*→弱流电子光学【信息】

低排综合征*→低心排血量综合征【医】

低熔点#→低共熔点【材料】【化工】【化学】【冶金】

低熔混和物*→低共熔混合物【化工】

【化学】【药】

低熔物*⟶低共熔混合物【化工】【化学】【药】

低糖*⟶寡糖【化工】【化学】【林】【生物】【药】

低位髌骨（patella baja; low patella）相关词：髌骨低位*。【医】

低温保持器*⟶低温恒温器【物理】

低温保存*⟶超低温保存【农】

低温恒温器（cryostat）相关词：低温保持器*。【物理】

低温回火脆性#⟶第一类回火脆性【机械】

低温碳氮共渗#⟶碳氮共渗【机械】

低温吸附（cryosorption）相关词：冷凝吸附*。【物理】

低温压力焊接*⟶冷压焊【机械】

低限能*⟶阈能【物理】

低心排血量综合征（low cardiac output syndrome）相关词：低排综合征*，低心排综合征*，低心输出量综合征*。【医】

低心排综合征*⟶低心排血量综合征【医】

低心输出量综合征*⟶低心排血量综合征【医】

低压汞灯（low pressure mercury lamp）相关词：低压水银灯*。【机械】

低压水银灯*⟶低压汞灯【机械】

低氧化物（suboxide）相关词：次氧化物*，低值氧化物*。【化学】

低元聚合反应*⟶低聚反应【化学】

低噪声光*⟶寂静光【物理】

低值氧化物*⟶低氧化物【化学】

低置胎盘（low-lying placenta）相关词：胎盘低置*。【医】

滴虫性阴道炎*⟶滴虫阴道炎【医】

滴虫阴道炎（trichomonal vaginitis）相关词：滴虫性阴道炎*。【医】

滴定度（titer）相关词：滴定浓度*。【化学】

滴定管（buret）相关词：滴管*。【化学】

滴定剂（titrant）相关词：滴定用标准液*。【化学】

滴定浓度*⟶滴定度【化学】

滴定用标准液*⟶滴定剂【化学】

滴管*⟶滴定管【化学】

滴油润滑（drop feed lubrication）相关词：注油润滑*。【机械】

滴状银屑病（psoriasis guttata）相关词：点状银屑病*，点滴状牛皮癣*，点滴状银屑病*。【医】

狄魁文氏狭窄性腱鞘炎*⟶桡骨茎突狭窄性腱鞘炎【医】

笛卡儿坐标（cartesian coordinates）相关词：直角坐标#；笛卡尔座标*。【测绘】【大气】【数】

笛卡尔座标*⟶笛卡儿坐标【测绘】【大气】【数】

底脚螺栓*⟶地脚螺栓【机械】

底夸克#⟶b夸克【物理】

底色*→背景色【信息】
底视图*→仰视图【机械】
骶管封闭*→骶管阻滞【医】
骶管阻滞（caudal block）相关词：骶管封闭*。【医】
地被层（ground layer）相关词：近地面层#，贴地层#；草本层*，地面层*。【大气】【林】【土壤】
地表浸蚀*→面蚀【土壤】
地表排水#→地面排水【水利】【铁道】【土壤】
地表植被*→活地被物层【生物】
地脚螺钉*→地脚螺栓【机械】
地脚螺栓（foundation bolt）相关词：底脚螺栓*，地脚螺钉*，基础螺栓*。【机械】
地景学*→园林学【林】
地力*→土壤生产力【土壤】
地霉病（geotrichosis）相关词：地霉菌病*，地丝菌病*。【医】
地霉菌病*→地霉病【医】
地面层*→地被层【大气】【林】【土壤】
地面接收站*→地球站【信息】
地面排水（surface drainage）相关词：除涝#，地表排水#，排涝#。【水利】【铁道】【土壤】
地面站*→地球站【信息】
地面转播站*→地球站【信息】
地内等温线*→等地温线【农】
地贫*→地中海贫血【医】
地栖生物*→土壤生物【生物】
地球站（earth station）相关词：地面接收站*，地面站*，地面转播站*。【信息】
地丝菌病*→地霉病【医】
地图测绘雷达（mapping radar）相关词：测绘雷达&；测地雷达*。【信息】
地图舌&→地图样舌【医】
地图样舌（geographic tongue）相关词：地图舌&；局限性剥脱性舌炎#，游走性舌炎#。【医】
地下灌溉（subirrigation）相关词：渗灌#。【建】【农】【生物】【水利】
地址（address）相关词：位址*。【信息】
地址变换1（address translation）相关词：地址翻译*，地址转换*。【信息】
地址变换2*→地址映射【信息】
地址代换（address substitution）相关词：地址替换*。【信息】
地址翻译*→地址变换1【信息】
地址分辨协议*→地址解析协议【信息】
地址格式（address format）相关词：地址形式*，位址格式*。【信息】
地址寄存器（address register）相关词：位址暂存器*。【信息】
地址解析协议（address resolution protocol；ARP）相关词：地址分辨协议*。【信息】
地址空间（address space）相关词：位

址空格*。【信息】

地址母线*⟶地址总线【信息】

地址替换*⟶地址代换【信息】

地址形式*⟶地址格式【信息】

地址映射（address mapping）相关词：地址变换*。【信息】

地址域*⟶地址字段【信息】

地址转换*⟶地址变换¹【信息】

地址字段（address field）相关词：地址域*，位址栏*。【信息】

地址总线（address bus）相关词：地址母线*，位址汇流排*。【信息】

地质罗盘*⟶地质罗盘仪【机械】

地质罗盘仪（geologic compass）相关词：地质罗盘*。【机械】

地中海贫血（thalassemia）相关词：珠蛋白生成障碍性贫血#；地贫*，地中海型贫血*。【医】

地中海型贫血*⟶地中海贫血【医】

递次衰变*⟶级联衰变【物理】

递归函数（recursive function）相关词：递回函数*。【化工】【数学】【信息】

递归语言（recursive language）相关词：循环语言*。【信息】

递回函数*⟶递归函数【化工】【数学】【信息】

递阶控制（hierarchical control）相关词：分级控制#；分层控制*。【化工】【数】【信息】

第二级缓存*⟶二级高速缓存【信息】

第二类回火脆性（type Ⅱ temper brittleness）相关词：高温回火脆性#，可逆回火脆性#；Ⅱ型回火脆性*。【机械】

第二类摩擦*⟶滚动摩擦【机械】【力】【物理】

第四胃*⟶皱胃【生物】

第一类回火脆性（type Ⅰ temper brittleness）相关词：不可逆回火脆性#，低温回火脆性#；Ⅰ型回火脆性*。【机械】

dian

癫痫（epilepsy）相关词：羊癫疯*，羊角疯*，羊痫疯*。【医】

点测头千分尺*⟶尖头千分尺【机械】

点滴试验*⟶斑点试验【化工】【化学】

点滴状牛皮癣*⟶滴状银屑病【医】

点滴状银屑病*⟶滴状银屑病【医】

点定焊*⟶定位焊【机械】

点对点网络*⟶对等网络【信息】

点固焊*⟶定位焊【机械】

点火能（ignition energy）相关词：点火能量#；引燃能*，着火能*。【电】【航空】【物理】

点火能量#⟶点火能【电】【航空】【物理】

点火源（incendiary source）相关词：燃烧源*。【物理】

点矩阵列印机*⟶点阵打印机【信息】

点矩阵印字机*⟶点阵打印机【信息】

点冒口（teeming）相关词：补浇#；补浇冒口*，夹冒口*。【机械】

点阵打印机（dot matrix printer）相关词：点矩阵列印机*，点矩阵印字机*，点阵式打印机*，点阵式字模打印机*。【信息】

点阵动力学*⟶晶格动力学【物理】

点阵基矢&⟶点阵基矢量【计量】

点阵基矢量（fundamental lattice vector）相关词：点阵基矢&；晶格基矢#，晶格基矢量#。【计量】

点阵理论*⟶晶格理论【化工】

点阵面#⟶格面【化学】

点阵平面*⟶格面【化学】

点阵平面间距（lattice plane spacing）相关词：格面间距#，晶面间距#。【计量】

点阵缺陷*⟶晶格缺陷【信息】

点阵散射*⟶晶格散射【物理】

点阵矢#⟶格矢【化学】【物理】

点阵矢量#⟶格矢【化学】【物理】

点阵式打印机*⟶点阵打印机【信息】

点阵式字模打印机*⟶点阵打印机【信息】

点阵振动模式密度（spectral concentration of vibrational modes in terms of angular frequency）相关词：晶格振动模式密度#。【计量】

点状银屑病*⟶滴状银屑病【医】

碘还原滴定*⟶碘量法【化学】

碘甲状腺功能减退症（iodine hypothyroidism）相关词：碘性甲减&；碘致性甲状腺功能减退症#。【医】

碘甲状腺功能亢进症（iodine-induced hyperthyroidism）相关词：碘性甲亢&；碘致性甲状腺功能亢进症#；碘致性甲亢*，碘致性甲状腺机能亢进*。【医】

碘价*⟶碘值【化工】【石油】【药】

碘量滴定法*⟶碘量法【化学】

碘量法（iodimetry）相关词：碘还原滴定*，碘量滴定法*。【化学】

碘性甲减&⟶碘甲状腺功能减退症【医】

碘性甲亢&⟶碘甲状腺功能亢进症【医】

碘值（iodine value）相关词：碘价*。【化工】【石油】【药】

碘致性甲亢*⟶碘甲状腺功能亢进症【医】

碘致性甲状腺功能减退症#⟶碘甲状腺功能减退症【医】

碘致性甲状腺功能亢进症#⟶碘甲状腺功能亢进症【医】

碘致性甲状腺机能亢进*⟶碘甲状腺功能亢进症【医】

电扳手&⟶电动扳手【机械】

电波传播（radio-wave propagation）相关词：电波传输*。【信息】

电波传输*⟶电波传播【信息】

电擦除可编程只读存储器（electrically-erasable programmable ROM; EPROM）相关词：电规划仅读记忆器*，电可编程只读存储器*。【信息】

电测湿度表*⟶电气湿度计【机械】

电场发光*→电致发光【化工】【化学】【物理】【信息】

电场能量密度*→电场能密度【计量】

电场能密度（electric field energy density）相关词：体积电场能#；电场能量密度*。【计量】

电抽搐治疗#→电休克疗法【医】

电传打字机*→电传机【信息】

电传服务*→用户终端业务【信息】

电传机（teleprinter）相关词：电传打字机*。【信息】

电传教育*→远程教育【信息】

电磁波导*→波导【信息】

电磁场能量密度*→电磁能密度【计量】

电磁阀（electromagnetically operated valve）相关词：电磁控制阀*。【机械】【信息】

电磁感应（electromagnetic induction）相关词：诱导电磁*。【电】【物理】

电磁兼容&→电磁兼容性【船舶】【电】【航空】【计量】【铁道】【信息】

电磁兼容性（electromagnetic compatibility）相关词：电磁兼容&；电磁适应性*。【船舶】【电】【航空】【计量】【铁道】【信息】

电磁矩#→面磁矩【计量】

电磁控制阀*→电磁阀【机械】【信息】

电磁离合器（electromagnetic clutch）相关词：电磁联轴节*。【机械】

电磁联轴节*→电磁离合器【机械】

电磁量计*→电磁流量计【化工】【机械】【医】

电磁流量计（electromagnetic flowmeter）相关词：电磁量计*。【化工】【机械】【医】

电磁能量密度*→电磁能密度【计量】

电磁能密度（electromagnetic energy density）相关词：体积电磁能#；电磁场能量密度*，电磁能量密度*。【计量】

电磁适应性*→电磁兼容性【船舶】【电】【航空】【计量】【铁道】【信息】

电磁线圈*→螺线管【物理】

电磁效应*→磁场电流效应【物理】

电磁闸*→电磁制动器【机械】

电磁制动器（electromagnetic brake）相关词：电磁闸*。【机械】

电刺激&→电刺激术【医】

电刺激术（electrostimulation）相关词：电刺激&；电脉冲刺激*。【医】

电导池（conductivity cell）相关词：电导电池*。【机械】

电导电池*→电导池【机械】

电导定量分析*→电量分析法【机械】

电导分析*→电量分析法【机械】

电导率（conductivity）相关词：比电导*，传导率*，导电率*。【电】【机械】【计量】【物理】【信息】

电动*→电气传动【电】【机械】

电动扳手（electric wrench）相关词：电扳手&。【机械】

电动传声器（electrodynamic micro-

▲无标记且有英文对译的，为"规范词"。▲标"&"的为"简称"，可与规范词等效使用。
▲标"#"的为"又称"，不推荐使用。▲标"*"的为"非规范词"，不能使用。

phone; moving conductor mic）相关词：电动扩音器*，电动麦克风*。【信息】

电动电位*⟶流动起电势【物理】

电动剪切机*⟶电剪刀【机械】

电动扩音器*⟶电动传声器【信息】

电动螺丝刀（electric screw driver）相关词：电动螺丝起子*，电动起子*。【机械】

电动螺丝起子*⟶电动螺丝刀【机械】

电动麦克风*⟶电动传声器【信息】

电动起子*⟶电动螺丝刀【机械】

电动砂轮机（electric grinder）相关词：电磨*，电磨机*。【机械】

电动势1（electromotive force; EMF）相关词：电势*。【电】【计量】【物理】【信息】

电动势2*⟶流动起电势【物理】

电动位*⟶流动起电势【物理】

电镀薄膜磁盘（plating film disk; electroplated film disk）相关词：电镀膜盘&。【信息】

电镀膜盘&⟶电镀薄膜磁盘【信息】

电发光*⟶电致发光【化工】【化学】【物理】【信息】

电感&⟶电感器【电】【生物】【物理】【信息】

电感表（inductance meter）相关词：电感测量计*，电感计*，亨利计*。【电】【机械】

电感测量计*⟶电感表【电】【机械】

电感测微计#⟶电感式测微计【机械】

电感传感器*⟶电感式传感器【机械】

电感计*⟶电感表【电】【机械】

电感器（inductor）相关词：电感&。【电】【生物】【物理】【信息】

电感式测微计（inductive micrometer）相关词：电感测微计#；感应测微计*。【机械】

电感式传感器（inductive transducer）相关词：电感传感器*，感应传感器*，感应换能器*。【机械】

电感应强度#⟶电通量密度【电】【计量】【信息】

电隔神经式呼吸*⟶膈神经电刺激呼吸【医】

电膈呼吸*⟶膈神经电刺激呼吸【医】

电光偏差*⟶电光偏转【物理】

电光偏转（electrooptical deflection）相关词：电光偏差*。【物理】

电规划仅读记忆器*⟶电擦除可编程只读存储器【信息】

电荷量（quantity of electric charge）相关词：电量#；电荷数*。【计量】

电荷密度&⟶体电荷密度【电】【化学】【计量】【物理】【药】

电荷面密度#⟶表面电荷密度【电】【计量】【物理】

电荷数*⟶电荷量【计量】

电荷体密度#⟶体电荷密度【电】【化学】【计量】【物理】【药】

电荷转移（charge transfer）相关词：

▲无标记且有英文对译的，为“规范词”。▲标“&”的为“简称”，可与规范词等效使用。
▲标“#”的为“又称”，不推荐使用。▲标“*”的为“非规范词”，不能使用。

电子转移*，荷移*。【化学】【药】

电弧焊（arc welding）相关词：弧焊&。【机械】

电弧焊机（arc welding machine）相关词：弧焊机&。【机械】

电化保护*⟶电化学保护【船舶】【海洋】【建】【石油】

电化换能器*⟶电化学式传感器【机械】

电化学保护（electrochemical protection）相关词：电化保护*，电化学防腐法*。【船舶】【海洋】【建】【石油】

电化学变换器*⟶电化学式传感器【机械】

电化学防腐法*⟶电化学保护【船舶】【海洋】【建】【石油】

电化学加工#⟶电解加工【船舶】【航天】【机械】

电化学疗法（electrochemotherapy）相关词：电化学治疗*。【医】

电化学清砂（electrochemical cleaning）相关词：电化学清洗*。【机械】

电化学清洗*⟶电化学清砂【机械】

电化学式传感器（electrochemical transducer）相关词：电化换能器*，电化学变换器*。【机械】

电化学治疗*⟶电化学疗法【医】

电话上班*⟶家庭办公【信息】

电击疗法*⟶电休克疗法【医】

电击治疗*⟶电休克疗法【医】

电积*⟶电解提取【化学】【冶金】

电激发光*⟶电致发光【化工】【化学】【物理】【信息】

电价键*⟶离子键【化学】

电剪*⟶电剪刀【机械】

电剪刀（electric shears）相关词：电动剪切机*，电剪*。【机械】

电键开关*⟶键式开关【机械】

电浆*⟶等离子体【电】【化工】【化学】

电浆刀*⟶等离子体刀【医】

电浆堆焊*⟶等离子堆焊【机械】

电浆热处理*⟶等离子轰击热处理【机械】

电接触淬火#⟶接触电阻加热淬火【机械】

电解（electrolysis）相关词：电解作用*。【物理】

电解沉积*⟶电解提取【化学】【冶金】

电解池（electrolytic cell）相关词：电解电池*。【机械】

电解淬火&⟶电解液淬火【机械】

电解电池*⟶电解池【机械】

电解加工（electrolytic machining; electrochemical machining）相关词：电化学加工#。【船舶】【航天】【机械】

电解精炼（electrorefining）相关词：电解净化*，电精炼*。【电】【化学】【石油】【冶金】

电解净化*⟶电解精炼【电】【化学】【石油】【冶金】

电解抛光*⟶电抛光【电】【航天】【化

学】【信息】

电解提炼#→电解提取【化学】【冶金】

电解提取（electrowinning）相关词：电解提炼#，湿法冶金#；电积*，电解沉积*，电解冶金*。【化学】【冶金】

电解冶金*→电解提取【化学】【冶金】

电解液淬火（electrolytic hardening）相关词：电解淬火&；电解硬化*。【机械】

电解硬化*→电解液淬火【机械】

电解作用*→电解【物理】

电介体扩音器*→驻极体传声器【信息】

电介质天线*→介质天线【信息】

电晶体*→晶体管【物理】

电精炼*→电解精炼【电】【化学】【石油】【冶金】

电痉挛休克（electroconvulsive shock; ECK）相关词：电休克&。【医】

电痉挛治疗#→电休克疗法【医】

电可编程只读存储器*→电擦除可编程只读存储器【信息】

电扩音听诊器*→电子听诊器【信息】

电缆（cable）相关词：多芯导线*。【信息】

电缆电视*→有线电视【信息】

电烙术#→电灼术【医】

电离（ionization）相关词：电离作用#；电离化*，游离*。【大气】【电】【航天】【化工】【化学】【物理】【信息】【药】

电离化*→电离【大气】【电】【航天】【化工】【化学】【物理】【信息】【药】

电离真空规*→电离真空计【机械】

电离真空计（ionization vacuum gauge）相关词：电离真空规*。【机械】

电离作用#→电离【大气】【电】【航天】【化工】【化学】【物理】【信息】【药】

电力电子学#→功率电子学【信息】

电力驱动*→电气传动【电】【机械】

电量#→电荷量【计量】

电量分析&→电量分析法【机械】

电量分析法（method of coulometric analysis）相关词：电量分析&；库仑分析#，库仑分析法#；电导定量分析*，电导分析*。【机械】

电量密度*→电流密度【电】【化学】【计量】【石油】【物理】【冶金】

电流（electric current）相关词：电流强度*。【计量】【物理】

电流表（ammeter）相关词：安培表#。【机械】

电流计（galvanometer）相关词：安培计#。【物理】

电流密度（current density）相关词：电量密度*，面积电流*。【电】【化学】【计量】【石油】【物理】【冶金】

电流强度*→电流【计量】【物理】

电流线密度（linear electric current density）相关词：线电流*。【计量】

电路（circuit）相关词：回路*，线路*。【信息】

▲无标记且有英文对译的，为“规范词”。▲标“&”的为“简称”，可与规范词等效使用。
▲标“#”的为“又称”，不推荐使用。▲标“*”的为“非规范词”，不能使用。

电路交换（circuit switching）相关词：线路交换*，线路转接*。【信息】

电路图（circuit diagram）相关词：回路图*，线路图*。【机械】

电脉冲刺激*⟶电刺激术【医】

电铆焊*⟶塞焊【机械】

电磨*⟶电动砂轮机【机械】

电磨光*⟶电抛光【电】【航天】【化学】【信息】

电磨机*⟶电动砂轮机【机械】

电磨损*⟶电蚀【电】

电脑程式*⟶计算机程序【信息】

电脑程式注释*⟶计算机程序注释【信息】

电脑程序*⟶计算机程序【信息】

电脑犯罪*⟶计算机犯罪【信息】

电脑辅助电子设计*⟶计算机辅助电子设计【信息】

电脑辅助工程设计*⟶计算机辅助工程设计【信息】

电脑辅助机械设计*⟶计算机辅助机械设计【信息】

电脑辅助建筑设计*⟶计算机辅助建筑设计【信息】

电脑辅助设计*⟶计算机辅助设计【信息】

电脑化*⟶计算机化【信息】

电脑集成制造系统*⟶计算机集成制造系统【机械】

电脑科学*⟶计算机科学【信息】

电脑控制*⟶计算机控制【信息】

电脑欺骗*⟶计算机诈骗【信息】

电脑体系架构*⟶计算机体系结构【信息】

电脑图形图像*⟶计算机图形学【信息】

电脑图形学*⟶计算机图形学【信息】

电脑网络*⟶计算机网络【信息】

电脑系统*⟶计算机系统【信息】

电抛光（electropolishing）相关词：电解抛光*，电磨光*。【电】【航天】【化学】【信息】

电平密度*⟶能级密度【物理】

电气传动（electric drive）相关词：电动*，电力驱动*。【电】【机械】

电气湿度计（electrical hygrometer）相关词：电测湿度表*，电湿度计*。【机械】

电容表（capacitance meter）相关词：电容测量计*，电容测试器*，电容计*。【机械】

电容测量计*⟶电容表【机械】

电容测试器*⟶电容表【机械】

电容传感器*⟶电容式传感器【机械】

电容分压器&⟶电容式分压器【电】【机械】

电容计*⟶电容表【机械】

电容控制#⟶幅相控制 1【电】

电容率 1（permittivity）相关词：介电常量#；介电系数*，诱电率*。【物理】

电容率 2#⟶介电常数【计量】

电容式传感器（capacitive transducer）

▲无标记且有英文对译的，为"规范词"。▲标"&"的为"简称"，可与规范词等效使用。
▲标"#"的为"又称"，不推荐使用。▲标"*"的为"非规范词"，不能使用。

相关词：电容传感器*。【机械】

电容式分压器（capacitor voltage divider）相关词：电容分压器&。【电】【机械】

电伸缩*⟶电致伸缩【物理】

电湿度计*⟶电气湿度计【机械】

电蚀（electrical erosion）相关词：电磨损*。【电】

电势1（electric potential）相关词：电位势*。【化工】【物理】

电势2*⟶电动势1【电】【计量】【物理】【信息】

电势测定法*⟶电位法【化工】【机械】【计量】

电势差（electric potential difference）相关词：势差*。【物理】

电势差计（potentiometer）相关词：电位计*，分压器*。【物理】

电势法*⟶电位法【化工】【机械】【计量】

电势分析法*⟶电位法【化工】【机械】【计量】

电视会议#⟶视频会议【信息】

电视通信*⟶视像通信【信息】

电缩*⟶电致伸缩【物理】

电通&⟶电通量【电】【计量】【物理】【信息】

电通量（electric flux）相关词：电通&；电位移通量#。【电】【计量】【物理】【信息】

电通量密度（electric flux density）相关词：电通密度&；电感应强度#，电位移#。【电】【计量】【信息】

电通密度&⟶电通量密度【电】【计量】【信息】

电透药法（electromedication）相关词：定向药透疗法*。【医】

电位测定法*⟶电位法【化工】【机械】【计量】

电位差*⟶电压【信息】

电位差计&⟶测量电位差计【电】【机械】【计量】

电位法（potentiometry）相关词：电势测定法*，电势法*，电势分析法*，电位测定法*。【化工】【机械】【计量】

电位计*⟶电势差计【物理】

电位势*⟶电势1【化工】【物理】

电位移#⟶电通量密度【电】【计量】【信息】

电位移通量#⟶电通量【电】【计量】【物理】【信息】

电信（telecommunication）相关词：长途通讯*，电讯*，无线电通讯*。【信息】

电信管制（telecommunications regulation）相关词：电信监管*，电信调节*。【信息】

电信监管*⟶电信管制【信息】

电信调节*⟶电信管制【信息】

电信业务（telecommunication services）相关词：电讯服务*，电讯业务*。【信息】

电性流（charged current）相关词：充电电流*，荷电流*。【物理】

电休克&⟶电痉挛休克【医】

电休克疗法（electric shock therapy; electroconvulsive therapy; ECT）相关词：电抽搐治疗#，电痉挛治疗#，电休克治疗#；电击疗法*，电击治疗*。【医】

电休克治疗#⟶电休克疗法【医】

电讯*⟶电信【信息】

电讯服务*⟶电信业务【信息】

电讯业务*⟶电信业务【信息】

电压（voltage）相关词：电位差*。【信息】

电压表（voltmeter）相关词：伏特表#；伏特计*。【电】【机械】【信息】

电泳涂漆*⟶电泳涂装【机械】

电泳涂装（electro-coating）相关词：电泳涂漆*。【机械】

电涌电压*⟶浪涌电压【信息】

电致发光（electroluminescence）相关词：EL&；场致发光*，电场发光*，电发光*，电激发光*，电致冷光*。【化工】【化学】【物理】【信息】

电致冷光*⟶电致发光【化工】【化学】【物理】【信息】

电致伸缩（electrostriction）相关词：电伸缩*，电缩*，电致应变*。【物理】

电致应变*⟶电致伸缩【物理】

电灼术（electrocautery）相关词：电烙术#。【医】

电子半径*⟶经典电子半径【计量】

电子秤*⟶电子天平【化学】【机械】【计量】

电子电压表（electronic voltmeter）相关词：电子伏特计*。【信息】

电子对键*⟶共价键【材料】【化学】【生物】【药】【冶金】

电子伏特计*⟶电子电压表【信息】

电子辐射固化*⟶电子束固化【机械】

电子函件#⟶电子邮件【信息】

电子喉（electronic larynx）相关词：电子人工喉*。【医】

电子介质*⟶电子媒体【信息】

电子媒体（electronic media; E-media）相关词：电子介质*，电子宣传工具*。【信息】

电子能谱术*⟶电子能谱学【物理】

电子能谱学（electron spectroscopy）相关词：电子能谱术*。【物理】

电子浓度（volumic electron number）相关词：电子数密度#。【计量】

电子平台秤（electronic platform scale）相关词：电子台秤*。【机械】

电子亲合性*⟶电子亲和势【化学】

电子亲和势（electron affinity）相关词：电子亲和性#；电子亲合性*。【化学】

电子亲和性#⟶电子亲和势【化学】

电子群*⟶电子束【电】【物理】

电子人工喉*⟶电子喉【医】

电子射线固化*⟶电子束固化【机械】

电子束（electron beam）相关词：电子注#；电子群*，电子线束*。【电】【物理】

电子束固化（electron beam curing）相关词：电子束聚合干燥#；电子辐射固化*，电子射线固化*，电子束硫化*。【机械】

电子束焊（electron beam welding）相关词：电子束焊接*，电子束熔焊*，电子线束焊接*。【机械】

电子束焊接*⟶电子束焊【机械】

电子束聚合干燥#⟶电子束固化【机械】

电子束硫化*⟶电子束固化【机械】

电子束熔焊*⟶电子束焊【机械】

电子数密度#⟶电子浓度【计量】

电子顺磁共振#⟶电子自旋共振【生物】

电子速测仪（electronic tacheometer）相关词：全站仪#。【测绘】

电子台秤*⟶电子平台秤【机械】

电子天平（electronic balance）相关词：电子秤*。【化学】【机械】【计量】

电子听诊器（electrostethophone）相关词：电扩音听诊器*。【信息】

电子透射显微镜*⟶透射电子显微镜【机械】

电子线束*⟶电子束【电】【物理】

电子线束焊接*⟶电子束焊【机械】

电子信函#⟶电子邮件【信息】

电子宣传工具*⟶电子媒体【信息】

电子银行业务（electronic banking）相关词：网络银行业务*，网上银行业务*。【信息】

电子邮件（electronic mail; E-mail）相关词：电子函件#，电子信函#；伊妹儿*。【信息】

电子注#⟶电子束【电】【物理】

电子注强度*⟶束流强度【物理】

电子转移*⟶电荷转移【化学】【药】

电子资金转移结算体系*⟶电子资金转账系统【信息】

电子资金转账系统（electronic funds transfer system; EFTS）相关词：电子资金转移结算体系*。【信息】

电子自旋共振（electron spin resonance）相关词：电子顺磁共振#。【生物】

电阻点焊（resistance spot welding）相关词：接触点焊*。【机械】

电阻对焊（upset welding）相关词：电阻对焊接*，电阻对接焊*。【机械】

电阻对焊接*⟶电阻对焊【机械】

电阻对接焊*⟶电阻对焊【机械】

电阻焊（resistance welding）相关词：电阻焊接*，接触焊*。【机械】

电阻焊接*⟶电阻焊【机械】

电阻式温度计*⟶电阻温度计【机械】

电阻温度计（resistance thermometer）相关词：电阻式温度计*。【机械】

淀积&⟶淀积作用【土壤】

淀积层（illuvial horizon）相关词：沉

积层*。【土壤】

淀积粘化层*⟶淀积黏化层【土壤】

淀积黏化层（argillic horizon）相关词：淀积粘化层*。【土壤】

淀积脱溶硬化*⟶沉淀硬化【机械】

淀积硬化*⟶沉淀硬化【机械】

淀积作用（illuviation）相关词：淀积&；淋积作用*。【土壤】

diao

调度算法（scheduling algorithm）相关词：排程演算法*，排程运算*。【信息】

调度优先级*⟶分派优先级【信息】

调度优先数*⟶分派优先级【信息】

调换程式*⟶对换程序【信息】

调换程序*⟶对换程序【信息】

调换集*⟶对换集【信息】

调换模式*⟶对换方式【信息】

调换模态*⟶对换方式【信息】

调换时间*⟶对换时间【信息】

调进调出*⟶转入转出【信息】

调用#⟶启用【信息】

die

跌伤（falling injury）相关词：摔跌伤*。【医】

跌水侵蚀（waterfall erosion）相关词：瀑布侵蚀*。【土壤】

迭代法（iterative method）相关词：迭代渐近法*，叠代法*，叠代渐近法*。【海洋】【化工】【天文】【冶金】

迭代渐近法*⟶迭代法【海洋】【化工】【天文】【冶金】

叠代法*⟶迭代法【海洋】【化工】【天文】【冶金】

叠代渐近法*⟶迭代法【海洋】【化工】【天文】【冶金】

叠加（superposition）相关词：重迭*。【信息】

叠像棱镜（coincidence prism）相关词：重合棱镜*，复合棱镜*，合像棱镜*。【物理】

喋呤*⟶蝶呤【生物】

碟形弹簧（belleville spring）相关词：贝氏弹簧*，盘形弹簧*。【机械】

碟状液晶分子相*⟶层状相【物理】

蝶呤（pterin）相关词：喋呤*【生物】

蝶螺钉帽*⟶翼形螺母【机械】

蝶形螺钉#⟶翼形螺钉【机械】

蝶形螺帽*⟶翼形螺母【机械】

蝶形螺母*⟶翼形螺母【机械】

ding

丁香烯*⟶石竹烯【林】

丁子香烯*⟶石竹烯【林】

顶视图*⟶俯视图【机械】

定比化合物*⟶整比化合物【化学】

定标频率（beacon frequency）相关词：无线电指向标频率*，信标频率*。【信息】

定界符（delimiter）相关词：定义符号*，分界符*。【信息】

定浓溶解热*⟶微分溶解热【化工】

定容过程*⟶等容过程【化学】

定湿计*⟶干湿球湿度计【机械】【物理】

定时限制*⟶定时约束【信息】

定时约束（timing constraint）相关词：定时限制*。【信息】

定态近似（steady-state approximation）相关词：稳态近似*。【化工】

定态误差*⟶稳态误差【信息】

定位点焊*⟶定位焊【机械】

定位公差（location tolerance）相关词：安装公差*，位置公差*，装置公差*。【机械】

定位焊（tack welding）相关词：点定焊*，点固焊*，定位点焊*，平头焊*，平头焊接*。【机械】

定位螺丝*⟶紧定螺钉【机械】

定位信标*⟶航向信标【信息】

定向传声器（directional microphone）相关词：定向扩音器*，定向麦克风*。【信息】

定向干扰*⟶引导式干扰【信息】

定向扩音器*⟶定向传声器【信息】

定向麦克风*⟶定向传声器【信息】

定向天线（directional antenna）相关词：指向天线*。【信息】

定向药透疗法*⟶电透药法【医】

定向增益#⟶方向性增益【信息】

定义符号*⟶定界符【信息】

定址*⟶寻址【信息】

定址模式*⟶寻址方式【信息】

定址模态*⟶寻址方式【信息】

锭剂（lozenge）相关词：含片*。【药】

dong

动电势&⟶流动起电势【物理】

动电位#⟶流动起电势【物理】

动负荷#⟶动载荷【机械】

动负载*⟶动载荷【机械】

动荷载*⟶动载荷【机械】

动理方程&⟶动理学方程【物理】

动理学（kinetics）相关词：动力学*。【物理】

动理学方程（kinetic equation）相关词：动理方程&；动力论方程*。【物理】

动力电子学*⟶功率电子学【信息】

动力负载*⟶动载荷【机械】

动力荷载*⟶动载荷【机械】

动力荷重*⟶动载荷【机械】

动力计量*⟶动态测量【机械】

动力论方程*⟶动理学方程【物理】

动力磨擦*⟶动摩擦【机械】

动力粘度*⟶动力黏度【机械】

动力粘滞系数*⟶动力黏度【机械】

动力黏度（dynamic viscosity）相关词：动力粘度*，动力粘滞系数*，动态粘度*，动态粘滞度*，绝对粘度*。【机械】

动力消耗*⟶功率消耗【化工】【机械】

动力学1（dynamics）相关词：动态特性*，动态学*。【物理】

▲无标记且有英文对译的，为“规范词”。▲标“&”的为“简称”，可与规范词等效使用。
▲标“#”的为“又称”，不推荐使用。▲标“*”的为“非规范词”，不能使用。

动力学2*——→动理学【物理】

动力学同位素效应（kinetic isotope effect）相关词：动态同位素效应*。【化学】

动量传递（momentum transfer）相关词：动量转移*。【化工】

动量矩（moment of momentum）相关词：角动量#。【计量】【力】【水利】

动量转移*——→动量传递【化工】

动脉瘤性骨囊肿（aneurysmal bone cyst）相关词：动脉瘤样骨囊肿*。【医】

动脉瘤样骨囊肿*——→动脉瘤性骨囊肿【医】

动摩擦（kinetic friction）相关词：动力磨擦*，动磨擦*，运动摩擦*。【机械】

动摩擦系数（coefficient of kinetic friction）相关词：滑动摩擦系数#。【机械】

动摩擦因数（dynamic friction factor）相关词：摩擦系数#。【计量】

动磨擦*——→动摩擦【机械】

动圈传声器（moving coil microphone）相关词：动圈扩音器*，动圈麦克风*。【信息】

动圈扩音器*——→动圈传声器【信息】

动圈麦克风*——→动圈传声器【信息】

动态测定*——→动态测量【机械】

动态测量（dynamic measurement）相关词：动力计量*，动态测定*。【机械】

动态重定位（dynamic relocation）相关词：动态复置*，动态再定位*，动态再分配*。【信息】

动态重构（dynamic restructuring）相关词：动态重新构造*，动态重新组合*。【信息】

动态重新构造*——→动态重构【信息】

动态重新组合*——→动态重构【信息】

动态存储分配（dynamic memory allocation）相关词：动态存储分配法*，动态存储器分配*，动态存储器分配法*，动态记忆器配置*。【信息】

动态存储分配法*——→动态存储分配【信息】

动态存储管理（dynamic memory management）相关词：动态记忆器管理*，动态内存管理*，动态内存管理程序*。【信息】

动态存储器（dynamic memory）相关词：动态记忆器*。【信息】

动态存储器分配*——→动态存储分配【信息】

动态存储器分配法*——→动态存储分配【信息】

动态负荷#——→动载荷【机械】

动态复置*——→动态重定位【信息】

动态缓冲分配*——→动态缓冲区分配【信息】

动态缓冲器分配*——→动态缓冲区分配【信息】

动态缓冲区分配（dynamic buffer allocation）相关词：动态缓冲分配*，动态缓冲器分配*。【信息】

动态记忆器*⟶动态存储器【信息】

动态记忆器管理*⟶动态存储管理【信息】

动态记忆器配置*⟶动态存储分配【信息】

动态路由选择*⟶动态选路【信息】

动态内存管理*⟶动态存储管理【信息】

动态内存管理程序*⟶动态存储管理【信息】

动态粘度*⟶动力黏度【机械】

动态粘滞度*⟶动力黏度【机械】

动态特性1（dynamic characteristic）相关词：动特性*。【机械】

动态特性2*⟶动力学1【物理】

动态同位素效应*⟶动力学同位素效应【化学】

动态选路（dynamic routing）相关词：动态路由选择*。【信息】

动态学*⟶动力学1【物理】

动态优先级算法（dynamic priority algorithm）相关词：动态优先权算法*。【信息】

动态优先权算法*⟶动态优先级算法【信息】

动态再定位*⟶动态重定位【信息】

动态再分配*⟶动态重定位【信息】

动态资源分配（dynamic resource allocation）相关词：动态资源配置*。【信息】

动态资源配置*⟶动态资源分配【信息】

动特性*⟶动态特性1【机械】

动物胶*⟶明胶【化学】【生物】

动物明胶#⟶明胶【化学】【生物】

动载&⟶动载荷【机械】

动载荷（dynamic load）相关词：动载&；动负荷#，动态负荷#；动负载*，动荷载*，动力负载*，动力荷载*，动力荷重*。【机械】

冻干物料*⟶冷冻干燥制品【药】

冻伤*⟶冷伤【医】

冻原土*⟶冰沼土【土壤】

dou

豆蛋白*⟶豆球蛋白【生物】

豆科蔬菜*⟶豆类蔬菜【农】

豆类蔬菜（leguminous vegetables）相关词：豆科蔬菜*。【农】

豆球蛋白（legumin）相关词：豆蛋白*，豆素*。【生物】

豆素*⟶豆球蛋白【生物】

痘痕（pockmark）相关词：麻点*，麻子*。【医】

痘苗*⟶牛痘【医】

窦房传导阻滞（sinoatrial block）相关词：窦房阻滞*。【医】

窦房结功能不全*⟶病态窦房结综合征【医】

窦房阻滞*⟶窦房传导阻滞【医】

du

毒败血症*⟶毒血症【医】

毒素（toxin）相关词：毒质*。【生物】

毒性噬菌体*⟶烈性噬菌体【药】

毒血症（toxemia）相关词：毒败血症*，血毒症*。【医】

毒蕈中毒*⟶蕈中毒【医】

毒质*⟶毒素【生物】

独立导航*⟶自主导航【信息】

读度显微镜*⟶读数显微镜【机械】

读访问（read access）相关词：读取#。【信息】

读取#⟶读访问【信息】

读数电子枪*⟶泛射式电子枪【信息】

读数放大镜*⟶读数显微镜【机械】

读数显微镜（reading microscope）相关词：读度显微镜*，读数放大镜*。【机械】

读写孔（access hole）相关词：存取孔*。【信息】

堵纸*⟶卡纸【信息】

度量衡*⟶计量【物理】【信息】

度盘（dial）相关词：刻度盘*。【机械】

渡槽（flume）相关词：高架渠*，过水桥*，输水桥*，引水沟*。【农】【水利】

渡越辐射（transition radiation）相关词：过渡辐射*，跃迁辐射*。【物理】

镀钛*⟶渗钛【机械】

镀锌粉*⟶渗锌【机械】

镀氧化物负电极*⟶氧化物阴极【信息】

duan

端回移位*⟶循环移位【信息】

端面密封*⟶机械密封【机械】

短程化疗&⟶短程化学疗法【医】

短程化学疗法（short course chemotherapy）相关词：短程化疗&。【医】

短链聚合*⟶调聚反应【化学】

段式存储系统（segmented memory system）相关词：分段式存储系统*。【信息】

断层摄影法*⟶层析X射线照相术【机械】【信息】

断层X射线照相法*⟶层析X射线照相术【机械】【信息】

断点*⟶关节点【信息】

断割点*⟶关节点【信息】

断裂基因#⟶割裂基因【生物】【医】

断续淬火1*⟶双介质淬火【机械】

断续淬火2*⟶欠速淬火【机械】

断续焊（intermittent welding）相关词：断续焊接*，间断焊*。【机械】

断续焊接*⟶断续焊【机械】

断续误差*⟶间发错误【信息】

煅接*⟶锻接【机械】

煅造*⟶锻造【机械】

锻焊*⟶锻接【机械】

锻件图（forging drawing）相关词：锻造图*。【机械】

锻接（forging welding）相关词：煅接*，

锻焊*。【机械】

锻铁*—→铸铁【机械】

锻造（forging）相关词：煅造*。【机械】

锻造图*—→锻件图【机械】

dui

堆叠*—→栈【信息】

堆垛退火*—→装箱退火【机械】

堆栈*—→栈【信息】

堆栈底层*—→栈底【信息】

堆栈区*—→栈区【信息】

对胺*—→烯胺【化学】

对比粘度*—→比浓黏度【材料】

对比温度（reduced temperature）相关词：换算温度*，简化温度*。【化工】

对比显微镜*—→比较显微镜【机械】

对比压力（reduced pressure）相关词：减压*。【化工】

对策#—→博弈【数】【信息】

对策论#—→博弈论【地理】【海洋】【信息】

对称电路*—→平衡电路【信息】

对称码*—→平衡码【信息】

对称振子天线（doublet antenna）相关词：偶极天线*，双天线*。【信息】

对冲伤*—→对冲性损伤【医】

对冲性损伤（contrecoup injury）相关词：对冲伤*，对撞伤*。【医】

对等网&—→对等网络【信息】

对等网络（peer-to-peer network）相关词：对等网&；点对点网络*，P2P网络*。【信息】

对地静止卫星（geostationary satellite）相关词：对地同步卫星*。【信息】

对地同步卫星*—→对地静止卫星【信息】

对光反应变色*—→光赋色性【物理】

对焊法兰（welding neck flange）相关词：焊接带颈法兰*，焊颈法兰*。【机械】

对话方式*—→交互方式【信息】

对话语言*—→交互式语言【信息】

对换程序（swapper）相关词：调换程式*，调换程序*，交换程序*。【信息】

对换方式（swap mode）相关词：调换模式*，调换模态*，交换方式*，交换模式*，交换态*。【信息】

对换集（swap set）相关词：调换集*，交换集*。【信息】

对换时间（swap time）相关词：调换时间*，交换时间*。【信息】

对抗*—→拮抗作用【生物】

对抗反应*—→对峙反应【化学】

对力（pairing force）相关词：对偶力*。【物理】

对流电流*—→运流电流【物理】

对流干燥（convection drying）相关词：直接干燥*。【机械】

对偶场（dual field）相关词：二重场*，双场*。【物理】

对偶力*—→对力【物理】

对偶网络（dual network）相关词：联用网络*。【信息】

对偶性（duality）相关词：二元性*。【物理】

对数倒频谱*→倒谱【力】【信息】

对数减缩率（logarithmic decrement）相关词：对数衰减率#；对数缩减*。【计量】

对数能降（lethargy）相关词：勒*。【计量】

对数谱#→同态谱【石油】

对数衰减率#→对数减缩率【计量】

对数缩减*→对数减缩率【计量】

对象式#→面向对象的【信息】

对象式编程语言#→面向对象编程语言【信息】

对象式程序设计#→面向对象程序设计【信息】

对象式方法#→面向对象方法【信息】

对象式分析#→面向对象分析【信息】

对象式设计#→面向对象设计【信息】

对象式语言#→面向对象语言【信息】

对应态（corresponding state）相关词：比照态*，相对态*。【物理】

对映单形（enantiomorphous form）相关词：对映形态*，镜像性形*。【物理】

对映地址*→映射地址【信息】

对映方式*→映射方式【信息】

对映模式*→映射方式【信息】

对映位址*→映射地址【信息】

对映形态*→对映单形【物理】

对峙反应（opposing reaction）相关词：对抗反应*。【化学】

对撞伤*→对冲性损伤【医】

dun

吨（tonne；t）相关词：公吨*，米制吨*。【计量】

钝挫伤*→钝伤【医】

钝化剂（passivator）相关词：减活剂*。【机械】

钝化状态*→钝态【机械】

钝伤（blunt trauma）相关词：钝挫伤*。【医】

钝态（passive state）相关词：钝性#；钝化状态*。【机械】

钝性#→钝态【机械】

duo

多胺（polyamine）相关词：聚胺*。【生物】

多倍体（polyploid）相关词：倍数体*，有多倍数染色体*。【生物】

多波段分析器*→多道分析器【信息】

多层光刻胶（multilevel resist）相关词：多级光刻胶*。【信息】

多层吸附（multilayer adsorption）相关词：多分子层吸附*。【物理】

多层印刷电路版*→多层印制板【信息】

多层印制板（multilayer printed circuit

board）相关词：多层印刷电路版*。【信息】

多重访问*⟶多址接入【信息】

多重绕射*⟶多次衍射【化学】【物理】

多重任务*⟶多任务【信息】

多重任务处理*⟶多任务处理【信息】

多重态（multiplet）相关词：多态*。【化工】【物理】

多次绕射*⟶多次衍射【化学】【物理】

多次衍射（multiple diffraction）相关词：多重绕射*，多次绕射*。【化学】【物理】

多道分光计（multichannel spectrometer）相关词：多道光谱仪*，多道谱仪*，多通道光谱仪*。【物理】

多道分析器（multichannel analyser）相关词：多波段分析器*，多路分析器*，多通道分析仪*。【信息】

多道光谱仪*⟶多道分光计【物理】

多道谱仪*⟶多道分光计【物理】

多点标记（polymarker）相关词：多点记号#。【信息】

多点记号#⟶多点标记【信息】

多端口存储器（multiport memory）相关词：多进出口存储器*，多口存储器*。【信息】

多发创伤*⟶多发伤【医】

多发脑梗塞性痴呆*⟶多发性脑梗死性痴呆【医】

多发伤（multiple injury）相关词：多发创伤*，多发性创伤*。【医】

多发性创伤*⟶多发伤【医】

多发性脑梗塞性痴呆*⟶多发性脑梗死性痴呆【医】

多发性脑梗死性痴呆（multi-infarct dementia）相关词：多发脑梗塞性痴呆*，多发性脑梗塞性痴呆*。【医】

多发性内分泌腺瘤*⟶多内分泌腺瘤病【医】

多方电信（multi-party telecommunication）相关词：多方通信*。【信息】

多方通信*⟶多方电信【信息】

多房性肾囊肿*⟶多囊肾【医】

多分子层吸附*⟶多层吸附【物理】

多父本杂交*⟶多系杂交[1]【农】

多光谱扫描仪（multispectral scanner）相关词：多谱扫描器*。【机械】【农】【信息】

多核粒细胞*⟶多形核白细胞【医】

多核体#⟶多核细胞【生物】

多核体细胞*⟶多核细胞【生物】

多核细胞（coenocyte）相关词：多核体#；多核体细胞*，共浆体*。【生物】

多环控制*⟶多回路控制【信息】

多回路控制（multiloop control）相关词：多环控制*，多路控制*。【信息】

多级光刻胶*⟶多层光刻胶【信息】

多级优先*⟶多优先级【信息】

多交系*⟶复合杂交【农】

多结晶*⟶多晶【电】【化学】【物理】【信息】

多进出口存储器*⟶多端口存储器

▲无标记且有英文对译的，为“规范词”。▲标“&”的为“简称”，可与规范词等效使用。
▲标“#”的为“又称”，不推荐使用。▲标“*”的为“非规范词”，不能使用。

【信息】

多晶（polycrystal）相关词：多结晶*。【电】【化学】【物理】【信息】

多晶金刚石*⟶聚晶金刚石【材料】【机械】

多晶体金刚石#⟶聚晶金刚石【材料】【机械】

多聚体（polymer）相关词：高分子聚合物*，聚合体*。【生物】【药】

多孔介质（porous medium）相关词：疏松介质*。【地质】【化工】【力】【生物】【石油】【水利】

多口存储器*⟶多端口存储器【信息】

多离子聚合物*⟶离子交联聚合物【材料】

多量程测量仪表*⟶万用电表【机械】

多量程仪表*⟶万用电表【机械】

多路传输*⟶多通道传输【信息】

多路存取*⟶多址接入【信息】

多路分解*⟶分用【信息】

多路分解器*⟶多路分配器【信息】

多路分配器（demultiplexer）相关词：多路分解器*，多路分用器*，多路输出选择器*，分接器*。【信息】

多路分析器*⟶多道分析器【信息】

多路分用器*⟶多路分配器【信息】

多路控制*⟶多回路控制【信息】

多路输出选择器*⟶多路分配器【信息】

多路信号分解*⟶分用【信息】

多路信号分解器*⟶分用器【信息】

多路信号分离器*⟶分用器【信息】

多毛&⟶多毛症【生物】【医】

多毛症（hypertrichosis）相关词：多毛&；毛过多*。【生物】【医】

多囊肾（multilocular cyst of kidney; polycystic kidney）相关词：多房性肾囊肿*，囊胞肾*，先天性肾囊肿瘤病*，Perlmann综合征*，Potter(Ⅰ)综合征*。【医】

多内分泌腺瘤病（multiple endocrine adenomatosis）相关词：多发性内分泌腺瘤*。【医】

多频道传输*⟶多通道传输【信息】

多频网*⟶宽带网【信息】

多谱扫描器*⟶多光谱扫描仪【机械】【农】【信息】

多器官功能不全综合征#⟶多器官功能障碍综合征【医】

多器官功能衰竭*⟶多器官功能障碍综合征【医】

多器官功能障碍*⟶多器官功能障碍综合征【医】

多器官功能障碍综合征（multiple organ dysfunction syndrome）相关词：多器官功能不全综合征#；多器官功能衰竭*，多器官功能障碍*，多脏器功能障碍综合症*。【医】

多任务（multitask）相关词：多重任务*。【信息】

多任务处理（multitasking）相关词：多重任务处理*。【信息】

▲无标记且有英文对译的，为"规范词"。▲标"&"的为"简称"，可与规范词等效使用。
▲标"#"的为"又称"，不推荐使用。▲标"*"的为"非规范词"，不能使用。

多色光*⟶杂色光【物理】

多酸（polyacid）相关词：多元酸*，缩多酸*。【化学】

多态*⟶多重态【化工】【物理】

多通道传输（multichannel transmission）相关词：多路传输*，多频道传输*。【信息】

多通道分析仪*⟶多道分析器【信息】

多通道光谱仪*⟶多道分光计【物理】

多系天然杂交*⟶多系杂交1【农】

多系杂交1（polycross）相关词：多父本杂交*，多系天然杂交*，多向杂交*。【农】

多系杂交2*⟶复合杂交【农】

多系种*⟶混系品种【农】

多向杂交*⟶多系杂交1【农】

多芯导线1*⟶电缆【信息】

多芯导线2*⟶绞合导线【电】【信息】

多形核白细胞（polymorphonuclear leukocyte）相关词：多核粒细胞*，多形核中性粒细胞*，中性粒细胞*。【医】

多形核中性粒细胞*⟶多形核白细胞【医】

多异旋光*⟶变异旋光【物理】

多饮#⟶烦渴【医】

多用表（multimeter）相关词：万用表#；万能表*。【电】【计量】【物理】【信息】

多用途计量器*⟶万用电表【机械】

多优先级（multipriority）相关词：多级优先*，多优先权*。【信息】

多优先权*⟶多优先级【信息】

多余肾*⟶额外肾【医】

多余自由度*⟶局部自由度【机械】

多元联结*⟶多址接入【信息】

多元酸*⟶多酸【化学】

多脏器功能障碍综合症*⟶多器官功能障碍综合征【医】

多址方式*⟶多址接入【信息】

多址接入（multiple access）相关词：多重访问*，多路存取*，多元联结*，多址方式*，多址联接*。【信息】

多址联接*⟶多址接入【信息】

惰轮*⟶导轮2【机械】

惰性半径*⟶回转半径【机械】

惰性气体保护焊（inert-gas arc welding; inert-gas shielded arc welding）相关词：惰性气体电弧焊*，惰性气体弧焊*。【航天】【机械】

惰性气体电弧焊*⟶惰性气体保护焊【航天】【机械】

惰性气体弧焊*⟶惰性气体保护焊【航天】【机械】

E

e

额定电压*→标称电压【信息】

额定转矩*→标定转矩【机械】

额外肾（supernumerary kidney）相关词：附加肾#；多余肾*。【医】

扼流关节（choke joint）相关词：扼流接头*。【信息】

扼流接头*→扼流关节【信息】

扼流圈&→扼流线圈【物理】

扼流线圈（choking coil）相关词：扼流圈&；阻塞圈*。【物理】

腭垂（uvula）相关词：悬雍垂#。【生物】

颚口类*→颌口类【生物】

颚式离合器*→牙嵌离合器【机械】

er

儿茶精*→儿茶素【生物】【医】

儿茶素（catechin）相关词：茶单宁#；儿茶精*，儿茶酸*。【生物】【医】

儿茶酸*→儿茶素【生物】【医】

耳爆震聋*→爆震性聋【医】

耳背式助听器*→耳后助听器【医】

耳毒性聋（ototoxic deafness）相关词：中毒性耳聋*。【医】

耳郭（auricle）相关词：耳廓#。【医】

耳郭假囊肿（pseudocyst of auricle）相关词：耳廓假囊肿#；耳廓假性囊肿*。【医】

耳后助听器（behind-the-ear hearing aid）相关词：耳背式助听器*。【医】

耳廓#→耳郭【医】

耳廓假囊肿#→耳郭假囊肿【医】

耳廓假性囊肿*→耳郭假囊肿【医】

耳颞神经综合征*→耳颞综合征【医】

耳颞综合征（auriculo-temporal syndrome）相关词：耳颞神经综合征*。【医】

二重场*→对偶场【物理】

二重感染*→重叠感染【医】

二重模型*→双关模型【物理】

二醇（glycol）相关词：二元醇*。【化学】

二次方米每秒（metre squared per second; m^2/s）相关词：平方米每秒*。【计量】

二次结晶（secondary crystallization）相关词：次级结晶*，次级晶化*。【化学】

二次晶粒*→亚晶粒【材料】【地质】【机械】【物理】【冶金】

二次空间分配*→辅助空间分配

【信息】

二次渗碳体（proeutectoid cementite）相关词：先共析渗碳体#；游离渗碳体*。【机械】

二次石墨*⟶团絮状石墨【机械】

二次碳化物（proeutectoid carbide）相关词：先共析碳化物#。【机械】

二次污染#⟶继发性污染【医】

二恶英*⟶二噁英【化工】【化学】

二噁英（dioxins）相关词：戴奥辛*，二𫫇英*，二恶英*。【化工】【化学】

二𫫇英*⟶二噁英【化工】【化学】

二级超高速缓存*⟶二级高速缓存【信息】

二级高速缓存（second level cache）相关词：二级缓存#；第二级缓存*，二级超高速缓存*。【信息】

二级缓存#⟶二级高速缓存【信息】

二级密钥（secondary key）相关词：次密钥#；次键*，辅助关键字*，辅助键*，辅助键字*。【信息】

二级溶酶体*⟶次级溶酶体【生物】

二进格*⟶二进制单元【信息】

二进数位*⟶二进制数字【信息】

二进运算*⟶二进制运算【信息】

二进制操作*⟶二进制运算【信息】

二进制存储单元*⟶二进制单元【信息】

二进制单元（binary cell）相关词：二进格*，二进制存储单元*。【信息】

二进制数字（binary digit）相关词：二进数位*，二进制位*。【信息】

二进制位[1]（bit）相关词：位&；比特#；比*，数元*，位元*。【信息】

二进制位[2]*⟶二进制数字【信息】

二进制运算（binary operation）相关词：二元运算#；二进运算*，二进制操作*，二值运算*。【信息】

二进制字符（binary character）相关词：二进字符*，二进字元*，双元符号*，双元字符*。【信息】

二进字符*⟶二进制字符【信息】

二进字元*⟶二进制字符【信息】

二聚体（dimer）相关词：双合体*，双体*。【大气】【化学】【数】

二色镜*⟶二向色反射镜【物理】

二色性&⟶二向色性【地质】【化学】【物理】

二维电泳*⟶双向电泳[1]【生物】【医】

二向分色镜*⟶二向色反射镜【物理】

二向色反射镜（dichroic mirror）相关词：二向色镜&；二色镜*，二向分色镜*，双色镜*。【物理】

二向色镜&⟶二向色反射镜[1]【物理】

二向色涂层*⟶分色膜【机械】

二向色性（dichroism）相关词：二色性&；分光特性*。【地质】【化学】【物理】

二向色性偏振器（dichroic polarizer）相关词：双色偏振器*。【物理】

二氧化碳焊&⟶二氧化碳气体保护焊【机械】

▲无标记且有英文对译的，为"规范词"。▲标"&"的为"简称"，可与规范词等效使用。
▲标"#"的为"又称"，不推荐使用。▲标"*"的为"非规范词"，不能使用。

二氧化碳气体保护焊（CO_2 shielded arc welding）相关词：二氧化碳焊&。【机械】

二元醇*⟶二醇【化学】

二元性*⟶对偶性【物理】

二元运算#⟶二进制运算【信息】

二值运算*⟶二进制运算【信息】

二轴晶体*⟶双轴晶体【化学】

F

fa

发绀（cyanosis）相关词：紫绀#。【医】

发光度*⟶亮度1【物理】

发光二极管（light emitting diode; LED）相关词：光发射二极管*。【材料】【测绘】【机械】【建】【铁道】【物理】【信息】【医】

发光率*⟶光亮度【大气】【计量】【建】

发黑#⟶发蓝处理【材料】【航天】【机械】

发蓝处理（bluing）相关词：发黑#；烧蓝*。【材料】【航天】【机械】

发泡剂（foaming agent）相关词：泡沫剂*。【化学】

发散波（divergent wave）相关词：扩散波*，离散波*，散波*。【航海】【物理】

发散角#⟶束散角【计量】

发射光纤（launching fiber）相关词：激励光纤*。【信息】

发射极（emitter）相关词：射极#。【物理】

发射极区域*⟶发射区【电】【信息】

发射率（emissivity）相关词：放射率*。【计量】

发射区（emitter region）相关词：射极区#；发射极区域*。【电】【信息】

发生土壤学（pedology）相关词：土壤学*。【地理】【土壤】

发声困难（dysphonia）相关词：发声障碍#，发音困难#；发音障碍*，言语障碍*。【医】

发声障碍#⟶发声困难【医】

发信号*⟶信令【信息】

发芽生殖*⟶芽生【生物】

发音困难#⟶发声困难【医】

发音障碍*⟶发声困难【医】

发育不良#⟶发育异常【医】

发育不全*⟶不发育【医】

发育异常（dysplasia）相关词：发育不良#。【医】

发作性风湿症*⟶复发性风湿病【医】

阀值*⟶阈值【航天】【化工】【农】【信息】

法兰（flange）相关词：凸缘#，翼缘#。【公路】【化工】【机械】【铁道】

法兰联轴节*⟶凸缘联轴器【机械】

法兰式联轴节*⟶凸缘联轴器【机械】

法向压力#⟶正压力【计量】

fan

帆状胎盘*⟶脐带帆状附着【医】

凡得瓦*⟶范德瓦耳斯【材料】【大气】【电】【航天】【化工】【化学】【生物】【物理】【药】

凡得瓦尔*⟶范德瓦耳斯【材料】【大气】【电】【航天】【化工】【化学】【生物】【物理】【药】

凡得瓦尔方程*⟶范德瓦耳斯方程【化学】【化工】【生物】【药】【物理】【航天】【大气】【材料】【电】

凡得瓦尔力*⟶范德瓦耳斯力【化工】【化学】【生物】【药】

凡得瓦方程*⟶范德瓦耳斯方程【化学】【化工】【生物】【药】【物理】【航天】【大气】【材料】【电】

凡得瓦力*⟶范德瓦耳斯力【化工】【化学】【生物】【药】

矾*⟶明矾【化学】

烦渴（polydipsia）相关词：多饮#；烦渴行为*。【医】

烦渴行为*⟶烦渴【医】

反编译程序（decompiler）相关词：反编译器#；反译器*，解码器*。【信息】

反编译器#⟶反编译程序【信息】

反变张量（contravariant tensor）相关词：逆变张量*。【数】【物理】

反病毒程序*⟶防病毒程序【信息】

反波*⟶返波【电】【物理】【信息】

反差（contrast）相关词：衬比度#。【信息】

反差散射*⟶反常散射【化学】【物理】

反常散射（anomalous scattering）相关词：反差散射*，异常散射*。【化学】【物理】

反冲（recoil）相关词：反跳*，回跳*，弹回*。【物理】

反磁光效应*⟶逆磁光效应【物理】

反对称性*⟶反演对称性【物理】

反复性*⟶可重复性【信息】

反光白度计*⟶反射比测定仪【机械】

反光立体镜（mirror stereoscope）相关词：反射式立体镜*，反射式实体镜*。【机械】

反光涂层*⟶反射膜【机械】

反汇编程序（disassembler）相关词：反汇编器#；分解程式*。【信息】

反汇编器#⟶反汇编程序【信息】

反拷贝*⟶复制保护【信息】

反馈回路（feedback loop）相关词：回馈环路*。【化工】【信息】

反力#⟶反作用力【机械】

反流#⟶逆流【药】

反溶剂*⟶去溶剂化【化工】【化学】

反乳化*—→破乳【化学】

反乳化作用*—→破乳【化学】

反射比测定仪（reflectometer）相关词：反光白度计*。【机械】

反射波损耗*—→回波损耗【信息】

反射炉（reverberating furnace）相关词：倒焰炉*，返焰炉*。【机械】

反射膜（reflecting coating）相关词：反光涂层*。【机械】

反射式立体镜*—→反光立体镜【机械】

反射式实体镜*—→反光立体镜【机械】

反射因数（reflection factor）相关词：反射因子*。【计量】【信息】

反射因子*—→反射因数【计量】【信息】

反弹（bounce）相关词：弹跳#；回弹*。【物理】

反跳*—→反冲【物理】

反向电晕*—→负效电晕【物理】【冶金】

反向阀*—→换向阀1【机械】

反向放电*—→负效放电【物理】

反向隔离（reverse isolation）相关词：保护隔离*。【医】

反向光环*—→负效电晕【物理】【冶金】

反向兼容*—→向下兼容【信息】

反向器（reverser）相关词：换向器*。【机械】【铁道】

反向天线*—→倒向天线【信息】

反压铸造#—→差压铸造【机械】

反演对称性（inversion symmetry）相关词：反对称性*，反转对称性*。【物理】

反译器*—→反编译程序【信息】

反影镜*—→幻视镜【物理】

反应程度#—→反应进度【化工】【化学】【冶金】

反应堆*—→反应器【化工】【建】【石油】【冶金】

反应分子数（molecularity）相关词：分子度*，分子数*，分子性*。【化学】

反应工程&—→化学反应工程【化工】

反应机理（reaction mechanism）相关词：反应机制#。【化工】【化学】【冶金】

反应机制#—→反应机理【化工】【化学】【冶金】

反应进度（extent of reaction）相关词：反应程度#。【化工】【化学】【冶金】

反应器（reactor）相关词：反应堆*。【化工】【建】【石油】【冶金】

反应时&—→响应时间【物理】【信息】

反应时间*—→响应时间【物理】【信息】

反应性浆细胞增多（reactive plasmacytosis）相关词：反应性浆细胞增生症*。【医】

反应性浆细胞增生症*—→反应性浆细胞增多【医】

反折点*—→拐点【化工】【化学】【机械】【数】

反中性子*—→反中子【物理】

反中子（antineutron）相关词：反中性子*。【物理】

反转对称性*—→反演对称性【物理】

反走样*⟶图形保真【信息】

反作用力（reacting force）相关词：反力#。【机械】

返波（backward wave）相关词：返向波#，后向波#，回波#；反波*。【电】【物理】【信息】

返波振荡器（backward wave oscillator）相关词：回波振荡器*，逆波振荡器*。【信息】

返流*⟶逆流【药】

返向波#⟶返波【电】【物理】【信息】

返焰炉*⟶反射炉【机械】

返祖&⟶返祖现象【生物】

返祖现象（atavism）相关词：返祖&；祖型再现*。【生物】

泛波*⟶谐波【信息】

泛射式电子枪（flood gun）相关词：读数电子枪*。【信息】

泛在网（ubiquitous network）相关词：泛在网络#，无处不在网#；随遇网*。【信息】

泛在网络#⟶泛在网【信息】

范德华*⟶范德瓦耳斯【材料】【大气】【电】【航天】【化工】【化学】【生物】【物理】【药】

范德华方程*⟶范德瓦耳斯方程【化学】【化工】【生物】【药】【物理】【航天】【大气】【材料】【电】

范德华力*⟶范德瓦耳斯力【化工】【化学】【生物】【药】

范德瓦尔斯*⟶范德瓦耳斯【材料】【大气】【电】【航天】【化工】【化学】【生物】【物理】【药】

范德瓦尔斯方程*⟶范德瓦耳斯方程【化学】【化工】【生物】【药】【物理】【航天】【大气】【材料】【电】

范德瓦尔斯力*⟶范德瓦耳斯力【化工】【化学】【生物】【药】

范德瓦耳斯（van der Waals）相关词：凡得瓦*，凡得瓦尔*，范德华*，范德瓦尔斯*。【材料】【大气】【电】【航天】【化工】【化学】【生物】【物理】【药】

范德瓦耳斯方程（van der Waals equation）相关词：凡得瓦方程*，凡得瓦尔方程*，范德华方程*，范德瓦尔斯方程*。【化学】【化工】【生物】【药】【物理】【航天】【大气】【材料】【电】

范德瓦耳斯力（van der Waals force）相关词：凡得瓦力*，凡得瓦尔力*，范德华力*，范德瓦尔斯力*。【化工】【化学】【生物】【药】

范式（normal form）相关词：标准形式*，正规形式*。【信息】

fang

方差分析（analysis of variance）相关词：变异数分析#；变方分析*，变量分析*，变异因素分析*。【大气】【化学】【生物】【数】【药】【冶金】

方块电阻#⟶薄层电阻【材料】【信息】

方框图*⟶框图【机械】【信息】

▲无标记且有英文对译的，为"规范词"。▲标"&"的为"简称"，可与规范词等效使用。
▲标"#"的为"又称"，不推荐使用。▲标"*"的为"非规范词"，不能使用。

方螺帽#⟶方螺母【机械】

方螺母（square nut）相关词：方螺帽#。【机械】

方向阀#⟶方向控制阀【机械】

方向回溯天线*⟶倒向天线【信息】

方向控制阀（directional control valve）相关词：方向阀#；换向阀*。【机械】

方向轮*⟶导轮[1]【机械】

方向性（directivity）相关词：指向性#。【信息】

方向性增益（directive gain）相关词：定向增益#，指向性增益#，指向增益#；导向增益*。【信息】

防病毒程序（antivirus program）相关词：反病毒程序*，抗病毒程序*，抗毒程式*，杀毒程序*。【信息】

防风墙*⟶风障【土壤】

防风障*⟶风障【土壤】

防腐（corrosion protection）相关词：防腐蚀#；腐蚀保护*，耐腐性*。【化学】

防腐剂（antiseptics）相关词：抗菌剂*，杀菌剂*。【材料】【农】

防腐蚀#⟶防腐【化学】

防护频带*⟶保护频带【信息】

防火犁（fire plow）相关词：太平犁*。【林】

防老剂#⟶抗氧化剂【化学】

防霉性（mildew resistance；fungus resistance）相关词：抗霉性*，耐霉性*。【机械】

防泡剂*⟶抑泡剂【化学】

防蚀剂*⟶缓蚀剂【化学】

防水剂*⟶抗水剂【化学】

防锈剂#⟶缓蚀剂【化学】

防锈性*⟶耐蚀性【机械】

防止过速*⟶过速保护【机械】

房角后退性青光眼*⟶房角退缩性青光眼【医】

房角退缩性青光眼（angle-recession glaucoma）相关词：房角后退性青光眼*。【医】

仿生学（bionics）相关词：生体工学*。【生物】

仿样函数*⟶样条函数【化工】

仿真（emulation）相关词：模拟*。【信息】

仿真程序#⟶仿真器【信息】

仿真交换*⟶模拟交换【信息】

仿真器（emulator）相关词：仿真程序#；模仿程式*。【信息】

访问（access）相关词：存取#；接近*，进入*。【地理】【信息】

访问表#⟶存取表【信息】

访问层*⟶访问级别【信息】

访问层次*⟶访问级别【信息】

访问冲突#⟶存取冲突【信息】

访问法*⟶存取方法【信息】

访问范畴（access category）相关词：存取范畴#；访问类别*。【信息】

访问方法*⟶存取方法【信息】

访问否定*⟶存取拒绝【信息】

访问级别（access level）相关词：存取

级别#；存取层*，访问层*，访问层次*。【信息】
访问拒绝*⟶存取拒绝【信息】
访问类别*⟶访问范畴【信息】
访问类型#⟶存取类型【信息】
访问权（access right）相关词：存取权#；访问权限*，接达权*。【信息】
访问权限*⟶访问权【信息】
访问时间*⟶存取时间【信息】
访问授权（access authorization）相关词：存取权限*，存取授权*，存取特许*。【信息】
访问速度*⟶接入速率【信息】
访问协议*⟶接入协议【信息】
访问许可（access permission）相关词：存取许可#；存取权限*，存取许可权*，存取许可性*。【信息】
访问周期（access cycle）相关词：存取周期*，接达周期*。【信息】
放大率（magnification）相关词：缩放比例*。【物理】【航天】
放电灯（discharge lamp）相关词：放电管*。【电】【机械】【建】
放电管*⟶放电灯【电】【机械】【建】
放疗&⟶放射治疗【物理】
放免法*⟶放射免疫测定【化学】【医】
放免分析*⟶放射免疫测定【化学】【医】
放免分析法*⟶放射免疫测定【化学】【医】
放烧*⟶放射性烧伤【医】
放射尘*⟶放射性沉降物【大气】【航天】【化工】【化学】【生物】
放射抵抗性*⟶辐射抗性【农】【医】
放射光致发光（radiophotoluminescence）相关词：辐射光致发光*。【化学】
放射活性*⟶放射性活度【电】【海洋】【化学】【计量】【物理】【医】
放射计*⟶辐射计【测绘】【地理】【电】【海洋】【计量】【农】【天文】【信息】
放射剂量*⟶辐射剂量【物理】
放射菌病*⟶放线菌病【医】
放射抗性*⟶辐射抗性【农】【医】
放射疗法*⟶放射治疗【物理】
放射率*⟶发射率【计量】
放射落尘*⟶放射性沉降物【大气】【航天】【化工】【化学】【生物】
放射免疫测定（radioimmunoassay）相关词：放射免疫分析#；放免法*，放免分析*，放免分析法*，放射免疫法*。【化学】【医】
放射免疫测定仪*⟶放射免疫仪器【信息】
放射免疫法*⟶放射免疫测定【化学】【医】
放射免疫分析#⟶放射免疫测定【化学】【医】
放射免疫仪器（radioimmunoassay instrument）相关词：放射免疫测定仪*，放射性免疫测定仪*。【信息】

放射伤&⟶放射性损伤【医】

放射生态学（radioecology）相关词：辐射生态学*。【农】【生物】

放射生物学*⟶辐射生物学【农】【生物】

放射损伤*⟶放射性损伤【医】

放射线检查*⟶射线检测【机械】

放射性肠炎1#⟶放射性小肠炎【医】

放射性肠炎2*⟶放射性结肠炎【医】

放射性尘埃*⟶放射性沉降物【大气】【航天】【化工】【化学】【生物】

放射性尘降物*⟶放射性沉降物【大气】【航天】【化工】【化学】【生物】

放射性沉降物（radioactive fallout）相关词：放射尘*，放射落尘*，放射性尘埃*，放射性尘降物*，放射性落尘*，辐射性落尘*。【大气】【航天】【化工】【化学】【生物】

放射性活度（radioactivity）相关词：活度&；衰变率#；放射活性*，放射性活性*，放射性强度*。【电】【海洋】【化学】【计量】【物理】【医】

放射性活性*⟶放射性活度【电】【海洋】【化学】【计量】【物理】【医】

放射性结肠炎（radiation colitis）相关词：放射性肠炎*，辐射性大肠炎*。【医】

放射性落尘*⟶放射性沉降物【大气】【航天】【化工】【化学】【生物】

放射性免疫测定仪*⟶放射免疫仪器【信息】

放射性强度*⟶放射性活度【电】【海洋】【化学】【计量】【物理】【医】

放射性烧伤（radiation burn）相关词：放烧*。【医】

放射性损伤（radiation injury）相关词：放射伤&；放射损伤*，辐射伤害*，辐射性损伤*。【医】

放射性小肠炎（radiation enteritis）相关词：放射性肠炎#。【医】

放射性治疗*⟶放射治疗【物理】

放射治疗（radiation therapy）相关词：放疗&；放射疗法*，放射性治疗*。【物理】

放射状球轴承*⟶向心球轴承【机械】

放线菌病（actinomycosis）相关词：放射菌病*。【医】

fei

飞机喷洒*⟶飞机喷雾【农】

飞机喷雾（aerial spraying）相关词：飞机喷洒*，飞机洒药*，航空喷雾*。【农】

飞机洒药*⟶飞机喷雾【农】

飞轮（flywheel）相关词：惯性轮*。【航天】【机械】【铁道】【信息】

非饱和色*⟶非彰色【物理】

非本征半导体（extrinsic semiconductor）相关词：含杂质半导体*，外因性半导体*，杂质半导体*。【电】【机械】【信息】

非典&⟶严重急性呼吸道综合征【医】

非典型肺炎&——→严重急性呼吸道综合征【医】

非典型性佝偻病*——→莫基奥综合征【医】

非定态（unsteady state; nonstationary state）相关词：不稳定态*，不稳状态*，非固定态*，非恒稳态*，非恒稳状态*，非稳态*。【化工】【物理】

非定形磁性材料*——→非晶磁性材料【信息】

非定域场论#——→非局域场论【物理】

非固定态*——→非定态【化工】【物理】

非恒稳态1*——→非稳态1【化工】

非恒稳态2*——→非定态【化工】【物理】

非恒稳状态*——→非定态【化工】【物理】

非换向阀*——→单向阀【机械】

非集中处理*——→分散式处理【信息】

非接触式眼压计（non-contact tonometer）相关词：非接触性眼压计*。【医】

非接触性眼压计*——→非接触式眼压计【医】

非结晶对称*——→非晶体学对称【物理】

非结石性胆囊炎*——→无结石胆囊炎【医】

非晶半导体#——→非晶态半导体#【物理】【信息】

非晶磁材料*——→非晶磁性材料【信息】

非晶磁性材料（amorphous magnetic material）相关词：非定形磁性材料*，非晶磁材料*。【信息】

非晶态（amorphous state）相关词：非晶形态#；非晶形状态*，无定形态*。【化学】【物理】

非晶态半导体（amorphous semiconductor）相关词：非晶半导体#；非晶形半导体*，无定形半导体*。【物理】【信息】

非晶态纤维素*——→无定形纤维素【林】

非晶体学对称（noncrystallographic symmetry）相关词：非结晶对称*，非晶体学对称性*。【物理】

非晶体学对称性*——→非晶体学对称【物理】

非晶形半导体*——→非晶态半导体【物理】【信息】

非晶形态#——→非晶态【化学】【物理】

非晶形状态*——→非晶态【化学】【物理】

非局部场论*——→非局域场论【物理】

非局域场论（nonlocal field theory）相关词：非定域场论#；非局部场论*。【物理】

非均相系统（heterogeneous system）相关词：复相系统#，异构系统#，异构型系统#；不匀系*，不匀系统*，非均匀系*，非均质系*，异质系统*。【化工】【化学】【信息】【冶金】

非均匀系*——→非均相系统【化工】【化学】【信息】【冶金】

非均质系*——→非均相系统【化工】【化学】【信息】【冶金】

非连续式炉#——→间歇式炉【机械】

非摩擦离合器*——→嵌合式离合器

【机械】

非破坏性检查*⟶无损检验【机械】

非破坏性试验*⟶无损检验【机械】

非确定性振动#⟶随机振动【机械】

非完美晶体*⟶缺陷晶体【化学】

非稳态[1]（unstable state）相关词：不稳定状态*，不稳态*，不稳状态*，非恒稳态*。【化工】

非稳态[2]*⟶非定态【化工】【物理】

非细菌性血栓性心内膜炎（nonbacterial thrombotic endocarditis）相关词：无菌性血栓性心内膜炎*。【医】

非相干性（incoherence）相关词：不相干性*。【物理】

非永久性存储器*⟶易失性存储器【信息】

非彰色（unsaturated color）相关词：不饱和色*，非饱和色*。【物理】

肥厚性梗阻型心肌病*⟶梗阻性肥厚型心肌病【医】

肥胖低通气综合征*⟶肥胖通气低下综合征【医】

肥胖低通气综合症*⟶肥胖通气低下综合征【医】

肥胖低症候群*⟶肥胖通气低下综合征【医】

肥胖通气低下综合征（obesity-hypoventilation syndrome）相关词：肥胖低通气综合征*，肥胖低通气综合症*，肥胖低症候群*。【医】

肺不张（atelectasis）相关词：肺扩张不全*。【医】

肺扩张不全*⟶肺不张【医】

肺泡微结石症（pulmonary alveolar microlithiasis）相关词：肺泡微石症*。【医】

肺泡微石症*⟶肺泡微结石症【医】

肺栓塞*⟶肺血栓栓塞症【医】

肺血栓栓塞*⟶肺血栓栓塞症【医】

肺血栓栓塞症（pulmonary thromboembolism）相关词：肺栓塞*，肺血栓栓塞*。【医】

废用性萎缩#⟶失用性萎缩【医】

废阻力*⟶有害阻力【机械】

费米子（fermion）相关词：费密子*。【化学】【天文】【物理】

费密子*⟶费米子【化学】【天文】【物理】

fen

分别编译（separate compilation）相关词：分开编译*，分开编译法*，分块编译*，分块编译法*。【信息】

分布处理*⟶分散式处理【信息】

分布模式（allocation schema）相关词：分配模式#。【信息】

分布网络*⟶分配网【信息】

分层*⟶层次【信息】

分层结构*⟶层次结构【信息】

分层介质（stratified medium）相关词：分层媒质*，复层介质*。【物理】

分层控制*⟶递阶控制【化工】【数】

【信息】
分层媒质*—→分层介质【物理】
分层式烘炉*—→间歇式炉【机械】
分层数据库*—→层次数据库【信息】
分层网*—→分级网络【信息】
分层网络*—→分级网络【信息】
分词#—→词切分【信息】
分段式存储系统*—→段式存储系统【信息】
分段天线*—→阶梯天线【信息】
分段型基因*—→割裂基因【生物】【医】
分割表面*—→分界表面【化工】
分光镜（spectroscope）相关词：分光器*，分光仪*。【材料】【化工】【物理】
分光器*—→分光镜【材料】【化工】【物理】
分光特性*—→二向色性【地质】【化学】【物理】
分光仪*—→分光镜【材料】【化工】【物理】
分化反转*—→极化反转【物理】
分级*—→层次【信息】
分级淬火*—→双介质淬火【机械】
分级存储器体系*—→存储器层次【信息】
分级结构*—→层次结构【信息】
分级控制#—→递阶控制【化工】【数】【信息】
分级衰减器*—→步进衰减器【信息】
分级天线*—→阶梯天线【信息】
分级网&—→分级网络【信息】
分级网络（hierarchical network）相关词：分级网&；层次网#；层次网络*，分层网*，分层网络*，阶组网路*。【信息】
分级文件系统*—→层次式文件系统【信息】
分接器*—→多路分配器【信息】
分解程式*—→反汇编程序【信息】
分解代谢（catabolism；katabolism）相关词：陈谢*，降解代谢*，异化代谢*，异化作用*。【化工】【生物】
分解复合*—→离解复合过程【物理】
分解复合过程*—→离解复合过程【物理】
分界表面（dividing surface）相关词：界面相#；分割表面*，分界面*。【化工】
分界符*—→定界符【信息】
分界面1*—→接口【船舶】【大气】【地理】【电】【建】【信息】
分界面2*—→分界表面【化工】
分开编译*—→分别编译【信息】
分开编译法*—→分别编译【信息】
分克（decigram；dg）相关词：公厘*。【计量】
分块编译*—→分别编译【信息】
分块编译法*—→分别编译【信息】
分类编码*—→群编码【信息】
分离激光器*—→离解激光器【物理】
分离弹簧（release spring）相关词：缓解弹簧*，松放弹簧*。【机械】

▲无标记且有英文对译的，为"规范词"。▲标"&"的为"简称"，可与规范词等效使用。
▲标"#"的为"又称"，不推荐使用。▲标"*"的为"非规范词"，不能使用。

分裂碎片*⟶裂变碎片【物理】

分路*⟶旁路【信息】

分米（decimetre; dm）相关词：公寸*。【计量】

分派优先级（dispatching priority）相关词：等优先权*，调度优先级*，调度优先数*，配送优先权*。【信息】

分配层析法*⟶分配色谱法【化工】【化学】【机械】

分配模式#⟶分布模式【信息】

分配色层法*⟶分配色谱法【化工】【化学】【机械】

分配色谱法（partition chromatography）相关词：分配层析法*，分配色层法*。【化工】【化学】【机械】

分配式负电极*⟶储备式阴极【信息】

分配网（distribution network）相关词：分布网络*。【信息】

分批补料发酵（fed-batch fermentation）相关词：间歇补料分批发酵*。【药】

分批聚合#⟶间歇聚合【化学】

分批式炉*⟶间歇式炉【机械】

分批装料炉*⟶间歇式炉【机械】

分区资料处理*⟶分散式数据处理【信息】

分散处理*⟶分散式处理【信息】

分散处理方法*⟶分散式处理【信息】

分散处理技术*⟶分散式处理【信息】

分散剂*⟶乳化剂【化学】

分散率*⟶弥散系数【土壤】

分散模型*⟶弥散模型【化工】

分散式处理（decentralized processing）相关词：非集中处理*，分布处理*，分散处理*，分散处理技术*，分散处理方法*。【信息】

分散式数据处理（decentralized data processing）相关词：分区资料处理*，分散数据处理*。【信息】

分散数据处理*⟶分散式数据处理【信息】

分色镜（dichroic mirror）相关词：双色镜*。【机械】

分色膜（dichroic coating）相关词：二向色涂层*，双色膜*，双色涂层*。【机械】

分时处理（time-sharing processing）相关词：分时加工*。【信息】

分时加工*⟶分时处理【信息】

分析超离心机*⟶分析超速离心机【机械】

分析超速离心机（analytical ultracentrifuge）相关词：分析超离心机*。【机械】

分压器*⟶电势差计【物理】

分牙器（tooth separator）相关词：牙齿分离器*。【医】

分页记忆体系统*⟶页式存储系统【信息】

分页式存储系统*⟶页式存储系统【信息】

分用（demultiplexing）相关词：解复用#；多路分解*，多路信号分解*，去

多路复接*，去复用*。【信息】

分用器（demultiplexer）相关词：多路信号分离器*，多路信号分解器*，信号分离器*，去复用器*。【信息】

分支网络*→子网【信息】

分枝杆菌酸*→分枝菌酸【医】

分枝菌酸（mycolic acids）相关词：分枝杆菌酸*，枝菌酸*。【医】

分子帮浦*→分子泵【信息】

分子泵（molecular pump）相关词：分子帮浦*，分子抽机*。【信息】

分子抽机*→分子泵【信息】

分子度*→反应分子数【化学】

分子间力（intermolecular force）相关词：分子间作用力*；分子力*。【化工】【物理】

分子间作用力*→分子间力【化工】【物理】

分子力*→分子间力【化工】【物理】

分子数*→反应分子数【化学】

分子性*→反应分子数【化学】

分组编码1*→分组码【数】【信息】

分组编码2*→群编码【信息】

分组长度（packet size）相关词：包长度*，包尺寸*，包大小*，封包尺寸*。【数】【信息】

分组过滤（packet filtering）相关词：包过滤#；分组滤波*，分组滤除*。【信息】

分组交换（packet switching）相关词：封装交换*。【航海】【信息】

分组滤波*→分组过滤【信息】

分组滤除*→包过滤【信息】

分组码（block code）相关词：分组编码*，信息组代码*。【数】【信息】

分组密码1（block cipher）相关词：块密码#。【信息】

分组密码2*→块码【地理】【信息】

分组装配（packet assembly）相关词：包装配*，分组组合*，小包组合*。【信息】

分组组合*→分组装配【信息】

酚灼伤*→石炭酸烧伤【医】

粉末等离子弧堆焊#→等离子堆焊【机械】

feng

风成沉积*→风积【土壤】

风锤*→空气锤【机械】

风动工具*→气动工具【机械】

风干（air drying）相关词：空气干燥*。【农】【水产】

风积（wind deposition）相关词：风成沉积*。【土壤】

风锯*→气锯【机械】

风冷#→空气冷却【电】【化工】【机械】

风蚀作用*→磨蚀【土壤】

风障（wind break）相关词：防风墙*，防风障*。【土壤】

风钻*→气钻【机械】

封包尺寸*→分组长度【数】【信息】

封闭*—→封装【地理】【信息】

封闭档案*—→已闭文件【信息】

封闭继电器*—→自保持继电器【信息】

封闭系统（closed system）相关词：闭合系*，密闭系统*。【化学】

封闭因子（blocking factor）相关词：块因子*，阻断因子*，组块因子*。【医】

封山育林（forest reservation）相关词：保留林地*。【林】【水利】【土壤】

封装（encapsulation）相关词：封闭*，密封*。【地理】【信息】

封装交换*—→分组交换【航海】【信息】

峰值电压表（peak voltmeter）相关词：峰值伏特计*。【电】【机械】

峰值伏特计*—→峰值电压表【电】【机械】

峰值压力*—→激动压力【石油】

蜂巢胃*—→网胃【生物】

蜂毒溶血肽#—→蜂毒肽【生物】

蜂毒素*—→蜂毒肽【生物】

蜂毒肽（melittin）相关词：蜂毒溶血肽#；蜂毒素*。【生物】

缝合性白内障*—→缝性白内障【医】

缝合状白内障*—→缝性白内障【医】

缝间白内障*—→缝性白内障【医】

缝性白内障（sutural cataract）相关词：缝合性白内障*，缝合状白内障*，缝间白内障*，缝状白内障*。【医】

缝状白内障*—→缝性白内障【医】

fu

伏安时计*—→视在功率电能表【机械】

伏-欧-毫安表*—→万用电表【机械】

伏特表#—→电压表【电】【机械】【信息】

伏特计*—→电压表【电】【机械】【信息】

服务存取点*—→服务访问点【信息】

服务访问点（service access point; SAP）相关词：服务接入点#；服务存取点*，业务接入点*。【信息】

服务接入点#—→服务访问点【信息】

氟石*—→萤石【化学】

俘获*—→陷俘【物理】

浮油（tall oil）相关词：高油#，妥尔油#；塔尔油*，塔罗油*，潞尔油*。【林】

符号（symbol）相关词：符码*。【信息】

符号编码（symbolic coding）相关词：符号写码*。【数】【信息】

符号干扰*—→符号间干扰【信息】

符号间干扰（intersymbol interference）相关词：码间干扰#；符号干扰*，符码际干扰*，符码间干扰*，码间串扰*。【信息】

符号率（symbol rate; SR）相关词：符率*，码率*。【信息】

符号写码*—→符号编码【数】【信息】

符合光谱（coincidence spectrum）相关词：重合光谱*，符合谱*。【物理】

符合率（coincidence rate）相关词：重合率*，吻合率*。【物理】
符合谱*⟶符合光谱【物理】
符合性测试*⟶一致性测试【信息】
符率*⟶符号率【信息】
符码*⟶符号【信息】
符码际干扰*⟶符号间干扰【信息】
符码间干扰*⟶符号间干扰【信息】
匐枝生殖*⟶匍匐繁殖【生物】
幅度检波（amplitude detection）相关词：振幅检波*。【信息】
幅度检测（amplitude detection）相关词：幅值检测*，振幅检测*。【信息】
幅度控制1*⟶幅相控制1【电】
幅度控制2*⟶幅值控制1【信息】
幅度噪声（amplitude noise）相关词：幅度噪音*，幅值噪声*，振幅噪声*，振幅噪音*。【信息】
幅度噪音*⟶幅度噪声【信息】
幅度甄别器*⟶鉴幅器【信息】
幅相控制1（complex control）相关词：电容控制#；幅度控制*，幅值控制*，振幅控制*。【电】
幅相控制2*⟶幅值控制1【信息】
幅值检测*⟶幅度检测【信息】
幅值控制1（amplitude control）相关词：幅度控制*，幅相控制*，振幅控制*。【信息】
幅值控制2*⟶幅相控制1【电】
幅值噪声*⟶幅度噪声【信息】
辐亮度&⟶辐射亮度【计量】
辐能的光谱密集度&⟶辐射能的光谱密集度【计量】
辐能流率&⟶辐射能流率【计量】
辐能密度的光谱密集度&⟶辐射能密度的光谱密集度【计量】
辐射保藏（radiation preservation）相关词：辐射防腐*，辐照保鲜*。【化学】【农】
辐射测量仪（radiation meter）相关词：辐射仪*。【电】【化工】【计量】【信息】
辐射测温#⟶辐射测温法【机械】
辐射测温法（radiation thermometry）相关词：辐射测温#；辐射计温术*，辐射计温学*，辐射温度测量*。【机械】
辐射度#⟶辐射亮度【计量】
辐射度量学（radiometry）相关词：辐射计量*，辐射计量学*。【材料】【测绘】【物理】
辐射防腐*⟶辐射保藏【化学】【农】
辐射功率#⟶辐射通量【大气】【电】【计量】
辐射光致发光*⟶放射光致发光【化学】
辐射计（radiometer）相关词：放射计*。【测绘】【地理】【电】【海洋】【计量】【农】【天文】【信息】
辐射计量*⟶辐射度量学【材料】【测绘】【物理】
辐射计量学*⟶辐射度量学【材料】【测绘】【物理】
辐射计温术*⟶辐射测温法【机械】

辐射计温学*—→辐射测温法【机械】

辐射剂量（radiation dose）相关词：放射剂量*。【物理】

辐射抗性（radioresistance）相关词：放射抵抗性*，放射抗性*，辐射阻抗*。【农】【医】

辐射亮度（radiance）相关词：辐亮度&；辐射度#。【计量】

辐射能的光谱密集度（spectral concentration of radiant energy in terms of wavelength）相关词：辐能的光谱密集度&；光谱辐射能#。【计量】

辐射能量密度#—→曝辐射量【计量】

辐射能流率（radiant energy fluence rate）相关词：辐能流率&；辐射通量密度*。【计量】

辐射能密度的光谱密集度（spectral concentration of radiant energy density）相关词：辐能密度的光谱密集度&；光谱辐能密度#，光谱辐射能密度#。【计量】

辐射热测量计*—→辐射热计【物理】

辐射热计（bolometer）相关词：测辐射热仪*，辐射热测量计*。【物理】

辐射伤害*—→放射性损伤【医】

辐射生态学*—→放射生态学【农】【生物】

辐射生物学（radiation biology）相关词：放射生物学*。【农】【生物】

辐射通量（radiant flux）相关词：辐通量&；辐射功率#。【大气】【电】【计量】

辐射通量密度*—→辐射能流率【计量】

辐射温度测量*—→辐射测温法【机械】

辐射性大肠炎*—→放射性结肠炎【医】

辐射性落尘*—→放射性沉降物【大气】【航天】【化工】【化学】【生物】

辐射性损伤*—→放射性损伤【医】

辐射仪*—→辐射测量仪【电】【化工】【计量】【信息】

辐射阻抗*—→辐射抗性【农】【医】

辐通量&—→辐射通量【大气】【电】【计量】

辐照保鲜*—→辐射保藏【化学】【农】

辐照量#—→曝辐射量【计量】

俯视图（top view）相关词：顶视图*，上视图*。【机械】

辅段*—→辅助段【信息】

辅基（prosthetic group）相关词：弥补基*。【药】

辅助存储器（auxiliary memory）相关词：外存储器#；辅助记忆器*，辅助记忆*，辅助记忆体*。【信息】

辅助段（secondary segment）相关词：次段*，辅段*，副段*。【信息】

辅助关键字*—→二级密钥【信息】

辅助记忆*—→辅助存储器【信息】

辅助记忆器*—→辅助存储器【信息】

辅助记忆体*—→辅助存储器【信息】

辅助加热（auxiliary heating）相关词：附加加热*。【物理】

辅助键*—→二级密钥【信息】

辅助键字*—→二级密钥【信息】

辅助空间分配（secondary space allocation）相关词：二次空间分配*。【信息】

辅助循环（assist circulation）相关词：循环辅助*。【医】

腐蚀保护*⟶防腐【化学】

腐蚀耗损*⟶腐蚀磨损【机械】

腐蚀磨损（corrosion wear）相关词：腐蚀耗损*，蚀损*。【机械】

腐蚀性（corrosivity）相关词：侵蚀性*。【机械】

腐蚀抑制剂#⟶缓蚀剂【化学】

腐植煤（humulite）相关词：腐殖煤#。【地质】【煤炭】

腐植酸（humic acids）相关词：腐殖酸#，总腐植酸#。【煤炭】

腐植质*⟶腐殖质【地理】【海洋】【化工】【林】【农】【生物】【石油】

腐植质酸*⟶腐殖酸1【海洋】【林】【生物】【石油】

腐殖煤#⟶腐植煤【地质】【煤炭】

腐殖酸1（humic acid）相关词：腐植质酸*，黑腐酸*。【海洋】【林】【生物】【石油】

腐殖酸2#⟶腐植酸【煤炭】

腐殖质（humus；humic substances）相关词：腐植质*。【地理】【海洋】【化工】【林】【农】【生物】【石油】

腐殖质沉积*⟶腐殖质积累作用【地理】【林】【土壤】

腐殖质积累作用（humus accumulation）相关词：腐殖质沉积*。【地理】【林】【土壤】

父本（male parent）相关词：雄性亲本*。【林】【农】【水产】

付费电视（pay TV）相关词：收费电视*。【信息】

负电极1*⟶负极【电】【航天】【化学】【信息】

负电极2*⟶阴极【物理】【信息】

负电极辉光*⟶阴极辉光【信息】

负光电效应（photonegative effect）相关词：负趋光效应*。【物理】

负荷面积*⟶承载面积【机械】

负荷系数*⟶载荷系数【机械】

负极（negative electrode）相关词：负电极*。【电】【航天】【化学】【信息】

负极射线*⟶阴极射线【物理】

负极射线管*⟶阴极射线管【物理】

负面作用*⟶副反应【化工】【化学】

负趋光效应*⟶负光电效应【物理】

负效电晕（back corona）相关词：反向电晕*，反向光环*。【物理】【冶金】

负效放电（back discharge）相关词：反向放电*。【物理】

负压吸铸*⟶真空吸铸【机械】

负压压铸*⟶真空压铸【机械】

负压造型（vacuum sealed molding）相关词：真空密封造型#。【材料】【机械】

负压铸造*⟶真空吸铸【机械】

负载面积*⟶承载面积【机械】

负作用*⟶副反应【化工】【化学】

附萼*⟶副萼【生物】

附果（accessory fruit）相关词：副果*。【生物】

附加光*—→杂光【物理】

附加加热*—→辅助加热【物理】

附加肾#—→额外肾【医】

附应时间*—→响应时间【物理】【信息】

复层介质*—→分层介质【物理】

复电容率（complex permittivity）相关词：复介电常数#；复介电系数*，合成介电常数*。【物理】

复叠式循环*—→级联循环【化工】

复叠循环*—→级联循环【化工】

复发型风湿症*—→复发性风湿病【医】

复发性阿弗他溃疡（recurrent aphthous ulcer）相关词：复发性口疮*。【医】

复发性风湿病（palindromic rheumatism）相关词：发作性风湿症*，复发型风湿症*，复发性风湿症*，回纹型风湿症*。【医】

复发性风湿症*—→复发性风湿病【医】

复发性口疮*—→复发性阿弗他溃疡【医】

复合半导体*—→化合物半导体【机械】

复合电镀（composite plating）相关词：弥散电镀#；复合镀*，复合镀层*。【机械】

复合镀*—→复合电镀【机械】

复合镀层*—→复合电镀【机械】

复合高聚物*—→高分子共混物【化工】

复合激光器（recombination laser）相关词：重组激光器*。【物理】

复合棱镜*—→叠像棱镜【物理】

复合粘度*—→复数黏度【化工】

复合碳化物（complex carbide）相关词：复碳化物*。【机械】

复合杂交（multiple cross）相关词：多交系*，多系杂交*，复交*，复式杂交*。【农】

复交*—→复合杂交【农】

复介电常数#—→复电容率【物理】

复介电系数*—→复电容率【物理】

复曲面透镜*—→环面透镜【物理】

复式耦合器*—→混合耦合器【信息】

复式杂交*—→复合杂交【农】

复视检查*—→复视试验【医】

复视试验（diplopia test）相关词：复视检查*。【医】

复数粘度*—→复数黏度【化工】

复数黏度（complex viscosity）相关词：复合粘度*，复数粘度*。【化工】

复碳化物*—→复合碳化物【机械】

复位（reset）相关词：重设*，重新设置*，重置*,清除*，置“0”*。【航海】【化工】【信息】

复位脉冲（reset pulse）相关词：重设脉波*，清除脉冲*，置“0”脉冲*。【信息】

复位弹簧*—→回位弹簧【机械】

复相系统#—→非均相系统【化工】【化学】【信息】【冶金】

复盐（double salt）相关词：重盐*。

【化学】

复原弹簧*⟶回位弹簧【机械】

复执#⟶重试【信息】

复制（copy）相关词：拷贝#。【信息】

复制保护（copy protection）相关词：反拷贝*，拷贝保护*。【信息】

副段*⟶辅助段【信息】

副萼（epicalyx；accessory calyx）相关词：附萼*。【生物】

副反应（side reaction）相关词：负面作用*，负作用*。【化工】【化学】

副果*⟶附果【生物】

副结晶粒*⟶亚晶粒【材料】【地质】【机械】【物理】【冶金】

副清蛋白（paralbumin）相关词：拟清蛋白*。【生物】

副沙眼*⟶包涵体性结膜炎【医】

副载波倍增*⟶副载波复用【信息】

副载波多工*⟶副载波复用【信息】

副载波多路传输*⟶副载波复用【信息】

副载波多路复用*⟶副载波复用【信息】

副载波复用（subcarrier multiplexing）相关词：副载波倍增*，副载波多工*，副载波多路传输*，副载波多路复用*。【信息】

赋形剂（excipient）相关词：赋型剂*。【药】

赋型剂*⟶赋形剂【药】

赋值（assignment）相关词：给值*。【信息】

赋值语句（assignment statement）相关词：指派叙述*，指定陈述*。【信息】

富集铀（enriched uranium）相关词：浓缩铀#；浓化铀*。【材料】【化学】

覆层*⟶包层【信息】

覆写*⟶盖写【信息】

G

ga

伽马射线#⟶γ射线【机械】

伽马线*⟶γ射线【机械】

gai

改进菱形皮瓣*⟶改良菱形皮瓣【医】

改良菱形皮瓣（modified rhomboid skin flap）相关词：改进菱形皮瓣*。【医】

改写*⟶盖写【信息】

改锥*⟶螺丝刀【机械】

钙沉着症*⟶钙质沉着症【医】

钙负荷试验（calcium infusion test）相关词：钙输注试验*。【医】

钙化病*⟶钙质沉着症【医】

钙积层（calcic horizon）相关词：钙质层*，聚钙层*。【土壤】

钙拮抗药（calcium antagonist）相关词：钙颉颃剂*，钙颉颃药*。【药】

钙输注试验*⟶钙负荷试验【医】

钙颉颃剂*⟶钙拮抗药【药】

钙颉颃药*⟶钙拮抗药【药】

钙质层*⟶钙积层【土壤】

钙质沉着症（calcinosis）相关词：钙沉着症*，钙化病*，石灰沉着病*。【医】

钙质结核（calcareous concretions）相关词：石灰结核*，石灰质结核*。【土壤】

盖帽式螺帽*⟶盖形螺母【机械】

盖写（overwrite）相关词：重写*，覆写*，改写*。【信息】

盖形螺帽*⟶盖形螺母【机械】

盖形螺母（acorn nut）相关词：盖帽式螺帽*，盖形螺帽*。【机械】

概差*⟶概然误差【物理】

概率（probability）相关词：几率*，机率*。【测绘】【大气】【电】【化工】【化学】【农】【数】【物理】【信息】

概率分布（probability distribution）相关词：几率分布*，机率分布*，机率分配*。【大气】【电】【化工】【数】【信息】

概率校正（probability correlation）相关词：机率校正*。【信息】

概率流（probability current）相关词：概率流量*，几率流量*，机率流*。【物理】

概率流量*⟶概率流【物理】

概率密度（probability density）相关词：几率密度*，机率密度*。【电】【化工】【化学】【物理】【信息】

概率性规则（probabilistic rule）相关词：概然论原理*，机率性规则*。【物理】

概率最大分布*⟶最概然分布【物理】

概念玻璃*⟶理想玻璃【物理】

概念钟*⟶理想钟【物理】

概然论原理*⟶概率性规则【物理】

概然误差（probable error）相关词：概差*，机误*，可机误差*。【物理】

概要设计（preliminary design）相关词：总体设计#；前期设计*。【信息】

gan

干酪素*⟶酪蛋白【生物】

干扰（interference）相关词：串扰*。【电】【机械】【心理】【信息】【医】

干扰力#⟶扰动力【机械】

干扰力矩#⟶扰动力矩【机械】

干扰色*⟶干涉色【地质】【物理】

干扰条纹*⟶干涉条纹【机械】【力】【物理】

干扰纹*⟶干涉条纹【机械】【力】【物理】

干热期（xerothermal period）相关词：干热气候期*。【农】

干热气候期*⟶干热期【农】

干涉色（interference color）相关词：干扰色*。【地质】【物理】

干涉条纹（interference fringe）相关词：干扰条纹*，干扰纹*。【机械】【力】【物理】

干湿计*⟶干湿球湿度计【机械】【物理】

干湿球湿度计（psychrometer）相关词：定湿计*，干湿计*，空气湿度计*。【机械】【物理】

干性角膜结膜炎*⟶干燥性角膜结膜炎【医】

干眼病*⟶眼干燥症【医】

干燥性角膜结膜炎（keratoconjunctivitis sicca）相关词：干性角膜结膜炎*，角结膜干燥症*。【医】

干燥性咽炎*⟶萎缩性咽炎【医】

肝周围炎*⟶肝周炎【医】

肝周炎（perihepatitis）相关词：肝周围炎*。【医】

坩埚钢*⟶铸钢【机械】

感电荷*⟶感生电荷【物理】

感光剂*⟶光敏剂【材料】【化工】【化学】【生物】

感光密度计（densitometer）相关词：光密度计*，显象密度计*。【物理】

感光氧化*⟶光氧化【化学】

感染伤口*⟶传染性伤口【医】

感染性伤口*⟶传染性伤口【医】

感热式打印机*⟶热敏印刷机【信息】

感热式印字机*⟶热敏印刷机【信息】

感生电荷（induced charge）相关词：感电荷*，感应电荷*，诱导电荷*。【物理】

感生电流*⟶感应电流【物理】

感应测微计*⟶电感式测微计【机械】

感应传感器*⟶电感式传感器【机械】

感应淬火#⟶感应加热淬火【航天】【机械】

感应淬硬*⟶感应加热淬火【航天】【机械】

感应电动势（induction electromotive force）相关词：诱导电动势*。【物理】

感应电荷*⟶感生电荷【物理】

感应电流（induction current）相关词：感生电流*，诱导电流*。【物理】

感应换能器*⟶电感式传感器【机械】

感应加热淬火（induction hardening）相关词：感应淬火#；感应淬硬*，感应硬化*，高频率淬火*，高周波淬火*。【航天】【机械】

感应硬化*⟶感应加热淬火【材料】【航天】【机械】

干线发送系统*⟶集群调度系统【信息】

干砧（body stock）相关词：体砧*。【农】

gang

刚轮&⟶刚性齿轮【机械】

刚石*⟶刚玉【材料】【地质】【化学】

【冶金】
刚性齿轮（circular spline）相关词：刚轮&。【机械】
刚性离合器*—→嵌合式离合器【机械】
刚性联接器*—→刚性联轴器【电】【机械】
刚性联结器*—→刚性联轴器【电】【机械】
刚性联轴*—→刚性联轴器【电】【机械】
刚性联轴器（rigid coupling）相关词：刚性联接器*，刚性联结器*，刚性联轴*。【电】【机械】
刚性模量#—→剪切模量【计量】
刚性系数*—→劲度系数【物理】
刚玉（corundum）相关词：刚石*。【材料】【地质】【化学】【冶金】
肛管（anal canal）相关词：肛门管*。【生物】
肛窥镜*—→肛门镜【医】
肛门管*—→肛管【生物】
肛门环箍术（anal wiring）相关词：肛门环缩术*。【医】
肛门环缩术*—→肛门环箍术【医】
肛门镜（anoscope）相关词：肛窥镜*。【医】
钢丝绳集材拖拉机（cable skidder）相关词：索道集材机*，索式集材拖拉机*。【林】
钢铸件*—→铸钢【机械】
杠杆秤*—→杠杆式天平【机械】【计量】
杠杆千分尺（indicating micrometer）相关词：指示测微计*。【机械】
杠杆式秤*—→杠杆式天平【机械】【计量】
杠杆式天平（beam balance）相关词：杠杆秤*，杠杆式秤*，梁式天平*。【机械】【计量】

gao

高磁导率合金（high permeability alloy）相关词：高导磁合金*。【材料】【机械】
高导磁合金*—→高磁导率合金【材料】【机械】
高导磁率镍钢*—→高导磁铁镍合金【机械】
高导磁铁镍合金（hipernik）相关词：高导磁率镍钢*，海波尼克高磁合金*，海波尼克高导磁率镍铁合金*。【机械】
高端存储块（upper memory block；UMB）相关词：上层记忆体区块*，上位内存块*。【信息】
高分子（macromolecule）相关词：大分子#；巨分子*。【材料】【化学】
高分子掺合物*—→高分子共混物【化工】
高分子共混物（polyblend；polymer blend）相关词：复合高聚物*，高分子掺合物*，聚合物共混体*。【化工】
高分子化学（polymer chemistry）相关词：高聚物化学*，聚合化学*，聚合物化学*。【化学】

▲无标记且有英文对译的，为"规范词"。▲标"&"的为"简称"，可与规范词等效使用。
▲标"#"的为"又称"，不推荐使用。▲标"*"的为"非规范词"，不能使用。

高分子晶体（polymer crystal）相关词：聚合晶体*。【化学】

高分子聚合物*⟶多聚体【生物】【药】

高分子物理&⟶高分子物理学【材料】【物理】

高分子物理学（polymer physics）相关词：高分子物理&；聚合体物理*，聚合物理*，聚合物物理*。【材料】【物理】

高钙尿症（hypercalciuria）相关词：高尿钙症*。【医】

高级语言（high level language）相关词：高阶语言*。【信息】

高钾血症（hyperpotassaemia）相关词：高血钾症*。【医】

高架渠*⟶渡槽【农】【水利】

高阶语言*⟶高级语言【信息】

高聚物化学*⟶高分子化学【化学】

高亮#⟶加亮【信息】

高密度电子光学*⟶强流电子光学【信息】

高密度电子束光学*⟶强流电子光学【信息】

高尿钙症*⟶高钙尿症【医】

高频率淬火*⟶感应加热淬火【航天】【机械】

高渗盐水*⟶高张盐溶液【医】

高斯随机噪声#⟶正态随机噪声【机械】

高速缓冲存储器（cache）相关词：高速缓存&；快取记忆*，快取记忆器*。【信息】

高速缓冲记忆体结合*⟶高速缓存一致性【信息】

高速缓存&⟶高速缓冲存储器【信息】

高速缓存共享（cache memory sharing）相关词：超高速缓冲存储器共享*，超高速缓存共享*，快取记忆体共享*。【信息】

高速缓存一致性（cache coherence）相关词：超高速缓存相关性*，高速缓冲记忆体结合*。【信息】

高速数据缓冲存储器*⟶数据高速缓存【信息】

高速数据缓存*⟶数据高速缓存【信息】

高酸*⟶过酸【化学】

高位髌骨（patella alta; high patella）相关词：髌骨高位*。【医】

高温分解*⟶热解【化学】

高温腐蚀*⟶热腐蚀【机械】

高温回火脆性#⟶第二类回火脆性【机械】

高血钾症*⟶高钾血症【医】

高压电烧伤*⟶高压电损伤【医】

高压电损伤（high voltage electrical injury）相关词：高压电烧伤*。【医】

高压汞灯（high pressure mercury lamp）相关词：高压水银灯*。【机械】

高压模塑*⟶高压造型【材料】【机械】

高压模制*⟶高压造型【材料】【机械】

高压水银灯*⟶高压汞灯【机械】

高压无气喷涂（airless spraying）相关

词：无气喷涂&；无空气喷涂*，真空喷涂*。【材料】【机械】

高压造型 (high pressure molding) 相关词：高压模塑*，高压模制*。【材料】【机械】

高眼压*—→高眼压症【医】

高眼压症 (ocular hypertension) 相关词：高眼压*。【医】

高优先等级*—→高优先级【信息】

高优先级 (high priority) 相关词：高优先等级*，高优先权*。【信息】

高优先权*—→高优先级【信息】

高油#—→浮油【林】

高张盐溶液 (hypertonic saline solution) 相关词：高渗盐水*。【医】

高周波淬火*—→感应加热淬火【航天】【机械】

告警指令 (alarm command) 相关词：报警指令*。【信息】

ge

割裂基因 (split gene; interrupted gene) 相关词：断裂基因#；分段型基因*，间断基因*，阻断基因*。【生物】【医】

革兰氏阴性菌毛囊炎 (Gram negative folliculitis) 相关词：革兰阴性杆菌毛囊炎*。【医】

革兰阴性杆菌毛囊炎*—→革兰氏阴性菌毛囊炎【医】

格林威治时间*—→世界时【信息】

格面 (lattice plane) 相关词：点阵面#；点阵平面*。【化学】

格面间距#—→点阵平面间距【计量】

格矢 (lattice vector) 相关词：点阵矢#，点阵矢量#，晶格矢量#。【化学】【物理】

格式化数据 (formatted data) 相关词：格式化资料*，格式数据*。【信息】

格式化资料*—→格式化数据【信息】

格式数据*—→格式化数据【信息】

隔离系*—→孤立系【力】【物理】

隔离系统 (isolated system) 相关词：孤立系统#。【化工】

隔声量 (sound reduction index) 相关词：隔音量*，隔音指标*，声音降低指数*。【计量】【建】

隔水粘土层*—→黏磐【土壤】

隔音量*—→隔声量【计量】【建】

隔音指标*—→隔声量【计量】【建】

膈神经电刺激呼吸 (electrophrenic respiration) 相关词：电膈神经式呼吸*，电膈呼吸*。【医】

个人电脑*—→个人计算机【信息】

个人电信服务*—→个人通信业务【信息】

个人计算机 (personal computer; PC) 相关词：个人电脑*，个人用电脑*，家用计算机*。【信息】

个人密钥*—→私钥【信息】

个人通信服务*—→个人通信业务【信息】

个人通信业务 (personal communications service) 相关词：个人电信服务*，

▲无标记且有英文对译的，为“规范词”。▲标“&”的为“简称”，可与规范词等效使用。
▲标“#”的为“又称”，不推荐使用。▲标“*”的为“非规范词”，不能使用。

个人通信服务*，个人通讯服务*。【信息】

个人通讯服务*⟶个人通信业务【信息】

个人用电脑*⟶个人计算机【信息】

铬变酸*⟶变色酸【化学】

铬化*⟶渗铬【机械】

gei

给值*⟶赋值【信息】

gen

根菜*⟶根菜类蔬菜【农】

根菜类蔬菜（root vegetables）相关词：根菜*，块根类蔬菜*。【农】

根源码*⟶源代码【信息】

跟踪保护*⟶路径保护【信息】

geng

更新电路*⟶刷新电路【信息】

更新率*⟶刷新速率【信息】

更新周期*⟶刷新周期【信息】

梗塞*⟶梗死【水产】【医】

梗死（infarct）相关词：梗塞*。【水产】【医】

梗阻性肥厚型心肌病（obstructive hypertrophic cardiomyopathy）相关词：肥厚性梗阻型心肌病*。【医】

gong

工程传号线*⟶工程联络线【信息】

工程记录线*⟶工程联络线【信息】

工程联络线（engineering orderwire）相关词：工程传号线*，工程记录线*，工程指令线*。【信息】

工程指令线*⟶工程联络线【信息】

工件（workpiece）相关词：机件*，轧件*，工作件*。【机械】

工具机*⟶机床【机械】

工业自动化系统集成*⟶集成自动化【信息】

工艺流程图*⟶流程图【机械】【信息】

工艺优化*⟶过程优化【化工】

工作函数*⟶功函数【计量】

工作件*⟶工件【机械】

工作母机*⟶机床【机械】

工作阻力（effective resistance）相关词：有效阻力#。【机械】

公称通径#⟶公称直径【机械】

公称应变*⟶名义应变【机械】

公称应力*⟶名义应力【机械】

公称直径（nominal diameter）相关词：标称直径#，公称通径#；标称通径*，名义直径*，通称直径*。【机械】

公尺*⟶米【计量】

公寸*⟶分米【计量】

公撮*⟶毫升【计量】

公吨*⟶吨【计量】

公法线千分尺（gear tooth micrometer）相关词：齿测微计*，齿轮千分尺*，轮齿分厘卡*。【机械】【计量】

公分 1*⟶克【计量】

公分 2*⟶厘米【计量】

公共密钥*⟶公钥【信息】

公共数据网*⟶公用数据网【信息】

公共资源（common resource）相关词：共用资源*。【信息】

公共总线（common bus）相关词：公用汇流排*，公用母线*，公用总线*。【信息】

公斤#⟶千克【计量】

公开密钥密码*⟶公钥密码【信息】

公厘1*⟶分克【计量】

公厘2*⟶毫米【计量】

公里#⟶千米【计量】

公里每时#⟶千米每小时【计量】

公里每小时#⟶千米每小时【计量】

公两*⟶百克【计量】

公钱*⟶十克【计量】

公升*⟶升【计量】

公石*⟶百升【计量】

公微*⟶微米【计量】

公钥（public key）相关词：公共密钥*。【信息】

公钥密码（public key cryptography）相关词：公开密钥密码*，公用密码*。【信息】

公引*⟶百米【计量】

公用汇流排*⟶公共总线【信息】

公用密码*⟶公钥密码【信息】

公用母线*⟶公共总线【信息】

公用数据传送网络*⟶公用数据网【信息】

公用数据网（public data network）相关词：公共数据网*，公用数据传送网络*，公众数据网*。【信息】

公用总线*⟶公共总线【信息】

公有熵（communal entropy）相关词：共有熵*。【物理】

公丈*⟶十米【计量】

公制#⟶米制【物理】

公众数据网*⟶公用数据网【信息】

功函数（work function）相关词：逸出功#；工作函数*。【计量】

功耗&⟶功率消耗【化工】【机械】

功率&⟶有功功率【计量】【物理】

功率表（wattmeter）相关词：瓦特表#。【电】【计量】

功率测量计*⟶功率计【信息】

功率电子学（power electronics）相关词：电力电子学#；动力电子学*。【信息】

功率级&⟶功率量级【计量】

功率级差*⟶功率量级【计量】

功率计（power meter）相关词：功率测量计*。【信息】

功率量级（level of a power quantity）相关词：功率级&；功率级差*。【计量】

功率损耗*⟶功率消耗【化工】【机械】

功率消耗（power consumption）相关词：功耗&；动力消耗*，功率损耗*，能量消耗*。【化工】【机械】

功能部件（functional unit）相关词：操作部件*，操作单元*，功能单元*，功能元件*。【信息】

功能测试（functional test）相关词：功能试验*。【信息】

功能存储器（functional memory）相关词：功能记忆器*。【信息】

功能单体*⟶官能单体【化学】

功能单元*⟶功能部件【信息】

功能记忆器*⟶功能存储器【信息】

功能块（function block）相关词：功用块*。【信息】

功能模型（functional model）相关词：函数模型*。【信息】

功能试验*⟶功能测试【信息】

功能性痛经（functional dysmenorrhea）相关词：原发性痛经*。【医】

功能元件*⟶功能部件【信息】

功-热效应*⟶力热效应【物理】

功用块*⟶功能块【信息】

宫角妊娠（cornual pregnancy）相关词：角孕*，子宫角妊娠*。【医】

宫颈扩张*⟶宫口扩张【医】

宫颈妊娠（cervical pregnancy）相关词：颈孕*，子宫颈妊娠*。【医】

宫颈腺囊肿*⟶子宫颈腺囊肿【医】

宫口扩张（dilatation of cervix）相关词：宫颈扩张*。【医】

汞池负电极*⟶汞池阴极【信息】

汞池检波管*⟶汞池整流管【信息】

汞池阴极（mercury-pool cathode）相关词：汞池负电极*。【信息】

汞池整流管（mercury-pool rectifier）相关词：汞池检波管*。【信息】

汞合金#⟶汞齐【化工】【化学】【冶金】

汞弧检波管*⟶汞弧整流管【信息】

汞弧整流管（mercury-arc rectifier）相关词：汞弧检波管*。【信息】

汞量法（mercurimetry）相关词：汞液滴定法*。【化学】

汞齐（amalgam）相关词：汞合金#。【化工】【化学】【冶金】

汞液滴定法*⟶汞量法【化学】

共沉积*⟶共淀积【信息】

共单体*⟶共聚单体【化学】

共淀积（codeposition）相关词：共沉积*。【信息】

共轭摆*⟶耦合摆【物理】

共沸物（azeotrope）相关词：恒沸物#；同沸物*。【化工】

共价键（covalent bond）相关词：电子对键*【材料】【化学】【生物】【药】【冶金】

共浆体*⟶多核细胞【生物】

共结点*⟶低共熔点【材料】【化工】【化学】【冶金】

共结晶（cocrystallization）相关词：共晶*。【化工】【化学】

共晶*⟶共结晶【化工】【化学】

共晶混合物*⟶低共熔混合物【化工】【化学】【药】

共聚单体（comonomer）相关词：共单体*。【化学】

共离子效应*⟶同离子效应【化学】

共栖*—→共生【地理】【海洋】【化工】【生物】【医】

共熔点&—→低共熔点【材料】【化工】【化学】【冶金】

共熔物&—→低共熔混合物【化工】【化学】【药】

共生（symbiosis）相关词：共栖*。【地理】【海洋】【化工】【生物】【医】

共缩合（cocondensation）相关词：共缩聚*。【化学】

共缩聚*—→共缩合【化学】

共享变量（shared variable）相关词：共享变数*。【信息】

共享变数*—→共享变量【信息】

共享存储器（shared memory）相关词：共享记忆器*，共用存储器*，共用内存*。【信息】

共享档*—→共享文件【信息】

共享档案*—→共享文件【信息】

共享记忆器*—→共享存储器【信息】

共享件*—→共享软件【信息】

共享软件（shareware）相关词：共享件*，共享软体*，共用软体*。【信息】

共享软体*—→共享软件【信息】

共享文件（shared file）相关词：共享档*，共享档案*，共用文件*。【信息】

共享虚存区*—→共享虚拟区【信息】

共享虚拟区（shared virtual area）相关词：共享虚存区*，共享用虚存区*。【信息】

共享用虚存区*—→共享虚拟区【信息】

共形天线（conformal antenna）相关词：保角天线*，紧靠型天线*，贴身型天线*。【信息】

共形阵天线（conformal array antenna）相关词：保形天线#；保角阵天线*，紧靠型阵列天线*。【航空】【信息】

共用存储器*—→共享存储器【信息】

共用内存*—→共享存储器【信息】

共用软体*—→共享软件【信息】

共用文件*—→共享文件【信息】

共用资源*—→公共资源【信息】

共有熵*—→公有熵【物理】

共振（resonance）相关词：共震*。【航海】【航天】【机械】【建】【力】【物理】【信息】【药】

共振法（resonance method）相关词：谐振法*。【机械】

共振论（resonance theory）相关词：共振说*。【化学】

共振谱线#—→共振线【物理】

共振说*—→共振论【化学】

共振吸收（resonance absorption）相关词：谐振吸收*。【电】【物理】

共振线（resonance line）相关词：共振谱线#；谐振谱线*，谐振线*。【物理】

共振中子*—→中能中子【物理】

共振转速#—→临界转速【机械】

共震*—→共振【航海】【航天】【机械】【建】【力】【物理】【信息】【药】

gou

沟道效应（channeling effect）相关词：波道效应*，频道效应*。【化学】【信息】

沟纹舌*⟶裂纹舌【医】

构象分析（conformational analysis）相关词：构形分析*。【化学】【药】

构形分析*⟶构象分析【化学】【药】

构造结晶学*⟶结构晶体学【物理】

构造晶体学*⟶结构晶体学【物理】

构造水*⟶结构水【化学】

gu

孤立系（isolated system）相关词：隔离系*，绝缘系*。【力】【物理】

孤立系统#⟶隔离系统【化工】

孤立性骨囊肿*⟶单一性骨囊肿【医】

古土层*⟶古土壤【地理】【地质】【土壤】

古土壤（paleosol）相关词：古土层*。【地理】【地质】【土壤】

股骨（femur）相关词：大腿骨*。【生物】

骨腭（bony palate）相关词：硬腭*。【生物】

骨胶*⟶骨胶原【生物】

骨胶元*⟶骨胶原【生物】

骨胶原（ossein）相关词：骨胶*，骨胶元*，骨素*。【生物】

骨巨细胞瘤*⟶破骨细胞瘤【医】

骨溶解症*⟶骨质溶解【医】

骨软化&⟶骨软化症【医】

骨软化症（osteomalacia）相关词：骨软化&；低磷软骨病*，软骨病*。【医】

骨石化病*⟶骨硬化症【医】

骨素*⟶骨胶原【生物】

骨髓异常增生*⟶骨髓增生异常综合征【医】

骨髓增生*⟶骨髓增生性疾病【医】

骨髓增生性疾病（myeloproliferative diseases）相关词：骨髓增生*，骨髓增殖性疾病*，脊髓增生*。【医】

骨髓增生异常综合征（myelodysplastic syndrome）相关词：骨髓异常增生*。【医】

骨髓增殖性疾病*⟶骨髓增生性疾病【医】

骨硬化*⟶骨硬化症【医】

骨硬化病#⟶骨硬化症【医】

骨硬化症（osteopetrosis）相关词：大理石骨病#，骨硬化病#，石骨症#；骨石化病*，骨硬化*。【医】

骨质溶解（osteolysis）相关词：骨溶解症*，溶骨症*。【医】

鼓式制动器（drum brake）相关词：鼓形圆桶刹车*，鼓形闸*，鼓闸*。【机械】

鼓形炉#⟶滚筒式炉【机械】

鼓形凸轮*⟶圆柱凸轮【机械】

鼓形圆桶刹车*⟶鼓式制动器【机械】

鼓形闸*⟶鼓式制动器【机械】

鼓闸*⟶鼓式制动器【机械】

▲无标记且有英文对译的，为"规范词"。▲标"&"的为"简称"，可与规范词等效使用。
▲标"#"的为"又称"，不推荐使用。▲标"*"的为"非规范词"，不能使用。

固氮&—→固氮作用【地理】【海洋】【化工】【农】【生物】【土壤】

固氮作用（nitrogen fixation）相关词：固氮&；氮固定*。【地理】【海洋】【化工】【农】【生物】【土壤】

固定存储器（permanent memory）相关词：固定性记忆器*，永久记忆器*，永久性存储器*。【信息】

固定构件（fixed link；ground link frame）相关词：机架#。【机械】

固定误差*—→稳态误差【信息】

固定性记忆器*—→固定存储器【信息】

固定支承（fixed support）相关词：固定支点*。【机械】

固定支点*—→固定支承【机械】

固化剂（hardener）相关词：硬化剂#；淬火剂*。【船舶】【机械】

固有长度（proper length）相关词：净长度*。【物理】

固有黏度（intrinsic viscosity）相关词：本征粘度*，本质粘度*，本质黏度*。【机械】

固有频率（natural frequency）相关词：自振频率#。【机械】【计量】【建】【水利】

故障保险*—→失效保护【机械】

故障查找（trouble shooting）相关词：故障检修*，故障追查*，找错*。【信息】

故障登记*—→故障记录【信息】

故障登录*—→故障记录【信息】

故障记录（failure logging）相关词：故障登记*，故障登录*，误失记录*。【信息】

故障检修*—→故障查找【信息】

故障率*—→出错率【信息】

故障屏蔽#—→故障遮掩【信息】

故障容许偏差*—→容错【信息】

故障树分析（fault tree analysis）相关词：错误树分析*，缺陷树分析*，失效树分析*。【电】【航天】【机械】【数】【信息】

故障伪装*—→故障遮掩【信息】

故障遮掩（fault masking）相关词：故障屏蔽#；故障伪装*，故障遮罩*。【信息】

故障遮罩*—→故障遮掩【信息】

故障追查*—→故障查找【信息】

gua

寡聚物*—→低聚物【材料】【化工】【化学】【生物】【药】

寡糖（oligosaccharide）相关词：低聚糖#；低糖*。【化工】【化学】【林】【生物】【药】

挂起时间（suspension time）相关词：悬置时间*。【信息】

挂起状态（suspend state）相关词：暂停状态#；悬挂状态*，悬置状态*。【信息】

▲无标记且有英文对译的，为“规范词”。▲标“&”的为“简称”，可与规范词等效使用。
▲标“#”的为“又称”，不推荐使用。▲标“*”的为“非规范词”，不能使用。

guai

拐点（inflection point）相关词：反折点*，回折点*，转折点*。【化工】【化学】【机械】【数】

拐点圆#⟶切向圆【机械】

guan

关闭的文件*⟶已闭文件【信息】

关键成分*⟶关键组分【化工】

关键词（keyword）相关词：关键字#。【信息】

关键点*⟶临界点[1]【大气】【地理】【电】【化工】【化学】【生物】【石油】【数】【物理】【医】

关键路径（critical path）相关词：要径*。【信息】

关键字#⟶关键词【信息】

关键组分（key component）相关词：关键成分*。【化工】

关节点（articulation point）相关词：断点*，断割点*，联接点*，肢接点*。【信息】

关联长度（correlation length）相关词：相关长度*。【物理】

关联能（correlation energy）相关词：相关能量*。【物理】

关联维度*⟶关联维数【物理】

关联维数（correlation dimension）相关词：关联维度*，相关维数*。【物理】

关联因子（correlation factor）相关词：相关因素*。【化工】

官能单体（functional monomer）相关词：功能单体*。【化学】

冠层&⟶林冠层【大气】【林】【生物】

冠心病&⟶冠状动脉粥样硬化性心脏病【医】

冠状动脉粥样硬化性心脏病（coronary atherosclerotic heart disease）相关词：冠心病&。【医】

管胞植物*⟶维管植物【生物】

管形铆钉*⟶空心铆钉【机械】

管状铆钉*⟶空心铆钉【机械】

贯通伤（penetrating wound）相关词：穿孔伤*，穿破伤*，穿通伤*。【医】

惯性半径#⟶回转半径【机械】

惯性矩#⟶截面二次矩【计量】

惯性轮*⟶飞轮【航天】【机械】【铁道】【信息】

惯性主轴（principal axis of inertia）相关词：主惯性轴#。【机械】

guang

光按钮*⟶光钮【信息】

光变色性*⟶光赋色性【物理】

光出射度（luminous exitance）相关词：出射度#；光束发散度*，面发光度*。【计量】

光传送阶*⟶光传送模块【信息】

光传送模块（optical transport module）相关词：光传送阶*，光传送模数*。【信息】

光传送模数*⟶光传送模块【信息】

光存储器（optical memory）相关词：光记忆器*，光记忆体*。【信息】

光导体*⟶光电导体【化学】【物理】

光导纤维#⟶光纤【电】【铁道】【信息】

光电比色法（photoelectric colorimetry）相关词：光电色度学*。【机械】

光电池1（photovoltaic cell）相关词：光伏电池#；光生伏打电池*，光生伏特电池*，硒电池*。【化学】【机械】

光电池2*⟶光敏电池【机械】

光电导*⟶光电导体【化学】【物理】

光电导摄像管*⟶视像管【信息】

光电导体（photoconductor）相关词：光导体*，光电导*，光电导元件*，光感导体*。【化学】【物理】

光电导元件*⟶光电导体【化学】【物理】

光电二极管（photodiode）相关词：光敏二极管*。【计量】【物理】【信息】

光电发射&⟶光电子发射【航天】【化学】【物理】

光电分离*⟶光致分离【物理】

光电负电极*⟶光电阴极【计量】【物理】【信息】【医】

光电晶体管（phototransistor）相关词：光敏电晶体*，光敏晶体管*，光敏晶体三极管*。【计量】【信息】

光电离*⟶光致电离【物理】

光电疗法*⟶光疗【医】

光电脑*⟶光计算机【信息】

光电色度学*⟶光电比色法【机械】

光电吸收*⟶光吸收【化学】

光电效应（photoelectric effect; photoeffect）相关词：光效应*。【材料】【电】【航天】【化工】【化学】【机械】【物理】【信息】【医】

光电阴极（photocathode）相关词：光阴极&；光电负电极*，光负电极*。【计量】【物理】【信息】【医】

光电子发射（photoemission）相关词：光电发射&；光电子放射*，光发射*。【航天】【化学】【物理】

光电子放射*⟶光电子发射【航天】【化学】【物理】

光碟轨（optical track）相关词：光轨&。【信息】

光碟头（optical head）相关词：光头&。【信息】

光动力疗法&⟶光动力学疗法【化学】【生物】【医】

光动力学疗法（photodynamic therapy）相关词：光动力疗法&；光动力治疗*。【化学】【生物】【医】

光动力治疗*⟶光动力学疗法【化学】【生物】【医】

光度测量学*⟶光度学【电】【海洋】【化工】【机械】【计量】【物理】【信息】

光度学（photometry）相关词：测光法*，测光学*，光度测量学*。【电】【海洋】【化工】【机械】【计量】【物

理】【信息】

光发射*—→光电子发射【航天】【化学】【物理】

光发射二极管*—→发光二极管【材料】【测绘】【机械】【建】【铁道】【物理】【信息】【医】

光分解*—→光解作用1【大气】【海洋】【物理】

光伏电池#—→光电池1【化学】【机械】

光浮&—→光学浮置【物理】

光负电极*—→光电阴极【计量】【物理】【信息】【医】

光赋色性（photochromism）相关词：光色性&；对光反应变色*，光变色性*。【物理】

光感导体*—→光电导体【化学】【物理】

光轨&—→光碟轨【信息】

光滑式密封面法兰*—→突面法兰【机械】

光化电离*—→光致电离【物理】

光化聚合*—→光致聚合作用【物理】

光化聚合作用*—→光致聚合作用【物理】

光活化（photoactivation）相关词：光激活*。【化工】【化学】【生物】

光活性*—→旋光性【物理】

光激发光探测器*—→光致发光探测器【信息】

光激活*—→光活化【化工】【化学】【生物】

光计算机（optical computer）相关词：光电脑*，光学计算机*。【信息】

光记录介质（optical recording media）相关词：光记录媒介*，光记录媒体*。【信息】

光记录媒介*—→光记录介质【信息】

光记录媒体*—→光记录介质【信息】

光记忆器*—→光存储器【信息】

光记忆体*—→光存储器【信息】

光键*—→光钮【信息】

光焦度#—→透镜焦度【计量】

光校正*—→光学整流【物理】

光解*—→光致离解【物理】

光解作用1（photolysis）相关词：光分解*。【大气】【海洋】【物理】

光解作用2*—→光致离解【物理】

光聚合作用&—→光致聚合作用【物理】

光聚作用*—→光致聚合作用【物理】

光开关（optical switch）相关词：光学开关*。【材料】【机械】【信息】

光控场致发光*—→光控电致发光【物理】

光控电致发光（photoelectroluminescence）相关词：光控场致发光*，光控电致冷光*，光控发光*。【物理】

光控电致冷光*—→光控电致发光【物理】

光控发光*—→光控电致发光【物理】

光离解*—→光致离解【物理】

光离子化*—→光致电离【物理】

光亮度（luminance）相关词：亮度&；发光率*。【大气】【计量】【建】

▲无标记且有英文对译的，为"规范词"。▲标"&"的为"简称"，可与规范词等效使用。
▲标"#"的为"又称"，不推荐使用。▲标"*"的为"非规范词"，不能使用。

光亮退火（bright annealing）相关词：辉面退火*，光泽退火*。【机械】

光量（quantity of light）相关词：光能*。【电】【计量】

光量子疗法*⟶光疗【医】

光疗（phototherapy）相关词：光电疗法*，光量子疗法*，光照疗法*。【医】

光流*⟶光通量【电】【机械】【计量】【建】【物理】【信息】

光路中间会合*⟶光路中间衔接【信息】

光路中间交会*⟶光路中间衔接【信息】

光路中间衔接（mid-fiber meet）相关词：光路中间会合*，光路中间交会*。【信息】

光密度&⟶光学密度【测绘】【海洋】【化工】【机械】【计量】【生物】

光密度计*⟶感光密度计【物理】

光敏*⟶光敏化【化学】

光敏电池（photo cell）相关词：光电池*。【机械】

光敏电晶体*⟶光电晶体管【计量】【信息】

光敏二极管*⟶光电二极管【计量】【物理】【信息】

光敏反应（photosensitivity reaction）相关词：光敏感反应*。【药】

光敏感反应*⟶光敏反应【药】

光敏感性皮炎*⟶光敏性皮炎【医】

光敏化（photosensitization）相关词：光敏化作用#；光敏*。【化学】

光敏化作用#⟶光敏化【化学】

光敏剂（photosensitizer）相关词：感光剂*。【材料】【化工】【化学】【生物】

光敏晶体管*⟶光电晶体管【计量】【信息】

光敏晶体三极管*⟶光电晶体管【计量】【信息】

光敏开关*⟶光启动开关【物理】

光敏性皮炎（photosensitive dermatitis）相关词：光敏感性皮炎*。【医】

光模*⟶光学模【物理】

光能*⟶光量【电】【计量】

光钮（light button）相关词：光按钮*，光键*。【信息】

光偏差*⟶光偏转【机械】【信息】

光偏折*⟶光偏转【机械】【信息】

光偏转（light deflection）相关词：光偏差*，光偏折*。【机械】【信息】

光漂白（photobleaching）相关词：光褪色*，光致漂白*。【化学】【物理】

光谱发射率（spectral emissivity）相关词：光谱放射率*。【计量】

光谱反射比（spectral reflectance）相关词：光谱反射度*。【计量】

光谱反射度*⟶光谱反射比【计量】

光谱反射率因数*⟶光谱反射因数【计量】

光谱反射因数（spectral reflectance factor）相关词：光谱反射率因数*。【计量】

▲无标记且有英文对译的，为“规范词”。▲标“&”的为“简称”，可与规范词等效使用。
▲标“#”的为“又称”，不推荐使用。▲标“*”的为“非规范词”，不能使用。

光谱放射率*→光谱发射率【计量】

光谱分布#→光谱密集度【计量】

光谱辐亮度系数*→光谱辐射亮度因数【计量】

光谱辐亮度因数&→光谱辐射亮度因数【计量】

光谱辐能密度#→辐射能密度的光谱密集度【计量】

光谱辐射亮度系数*→光谱辐射亮度因数【计量】

光谱辐射亮度因数（spectral radiance factor）相关词：光谱辐亮度因数&；光谱辐亮度系数*，光谱辐射亮度系数*。【计量】

光谱辐射能#→辐射能的光谱密集度【计量】

光谱辐射能密度#→辐射能密度的光谱密集度【计量】

光谱光视效率（spectral luminous efficiency; luminous efficiency at a specified wavelength）相关词：光谱光效率&。【电】【计量】

光谱光效率&→光谱光视效率【电】【计量】

光谱密集度（spectral concentration）相关词：光谱分布#。【计量】

光谱仪（spectrometer）相关词：谱仪&；摄谱仪*。【化工】【化学】【计量】【物理】

光启动开关（light activated switch）相关词：光启开关&；光敏开关*。【物理】

光启开关&→光启动开关【物理】

光色性&→光赋色性【物理】

光栅扫描（raster scan）相关词：光域扫描*。【信息】

光栅显示（raster display）相关词：光域显示*。【信息】

光生伏打电池*→光电池[1]【化学】【机械】

光生伏特电池*→光电池[1]【化学】【机械】

光束发散度*→光出射度【计量】

光衰减&→光衰减损耗【计量】

光衰减损耗（light attenuation loss）相关词：光衰减&，光损耗&。【计量】

光衰减系数（attenuation coefficient）相关词：衰减系数&。【大气】【计量】【农】【物理】【信息】

光损耗&→光衰减损耗【计量】

光通量（luminous flux）相关词：光流*。【电】【机械】【计量】【建】【物理】【信息】

光头&→光碟头【信息】

光褪色*→光漂白【化学】【物理】

光吸收（photo-absorption）相关词：光电吸收*，光致吸附*。【化学】

光纤（optical fiber）相关词：光导纤维#，光学纤维#。【电】【铁道】【信息】

光纤包层（fiber cladding）相关词：光纤表面处理*，光纤覆层*。【电】【信息】

光纤表面处理*→光纤包层【电】

【信息】

光纤断开波长*⟶光纤截止波长【信息】

光纤覆层*⟶光纤包层【电】【信息】

光纤喉镜（fiberoptic laryngoscope）相关词：纤维喉镜*。【医】

光纤绞接*⟶光纤接头【电】【信息】

光纤接头（optical fiber splice；optical splice）相关词：光纤绞接*。【电】【信息】

光纤截止波长（fiber cut-off wavelength）相关词：光纤断开波长*。【信息】

光纤束（fiber bundle）相关词：光纤维丛*。【电】【信息】

光纤通道*⟶光纤信道【信息】

光纤通路*⟶光纤信道【信息】

光纤维丛*⟶光纤束【信息】

光纤信道（fiber channel）相关词：光纤通道*，光纤通路*。【信息】

光线疗法*⟶日光疗法【医】

光线性角化病（actinic keratosis）相关词：日光性角化病*。【医】

光陷*⟶光学陷俘【物理】

光陷俘&⟶光学陷俘【物理】

光相位共轭*⟶光学相位共轭【物理】

光效应*⟶光电效应【材料】【电】【航天】【化工】【化学】【机械】【物理】【信息】【医】

光性*⟶旋光性【物理】

光学参变振荡（optical parametric oscillation）相关词：光学参量谐振*。【物理】

光学参量谐振*⟶光学参变振荡【物理】

光学俘获*⟶光学陷俘【物理】

光学浮置（optical levitation）相关词：光浮&；光学悬浮*。【物理】

光学计算机*⟶光计算机【信息】

光学介质（optical medium）相关词：光学媒质*。【物理】

光学开关*⟶光开关【材料】【机械】【信息】

光学媒质*⟶光学介质【物理】

光学密度（optical density）相关词：光密度&。【测绘】【海洋】【化工】【机械】【计量】【生物】

光学模（optical mode）相关词：光模*。【物理】

光学屏蔽*⟶光学掩模【物理】

光学图象*⟶光学图像【信息】

光学图像（optical image）相关词：光学图象*。【信息】

光学纤维#⟶光纤【电】【铁道】【信息】

光学陷俘（optical trapping）相关词：光陷俘&；光学俘获*，光陷*。【物理】

光学相位共轭（optical phase conjugation）相关词：光相位共轭*。【物理】

光学悬浮*⟶光学浮置【物理】

光学掩模（optical mask）相关词：光学屏蔽*，光罩*。【物理】

光学异构物*⟶旋光异构体【物理】

光学载体*⟶光载波【信息】

光学整流（optical rectification）相关词：光校正*。【物理】

光氧化（photooxidation）相关词：感光氧化*，光致氧化*。【化学】

光氧化还原反应&⟶光致氧化还原反应【化学】

光阴极&⟶光电阴极【计量】【物理】【信息】【医】

光游离*⟶光致电离【物理】

光域扫描*⟶光栅扫描【信息】

光域显示*⟶光栅显示【信息】

光晕（halation）相关词：成晕现象*，晕光作用*。【信息】

光载波（optical carrier）相关词：光学载体*，光载流子*。【信息】

光载流子*⟶光载波【信息】

光泽退火*⟶光亮退火【机械】

光照度（illuminance；illumination intensity）相关词：照度&；光照强度#；照明度*。【电】【机械】【计量】【建】【林】【物理】

光照疗法*⟶光疗【医】

光照强度#⟶光照度【电】【机械】【计量】【建】【林】【物理】

光罩*⟶光学掩模【物理】

光致电离（photoionization）相关词：光电离*，光化电离*，光离子化*，光游离*。【物理】

光致电子剥裂*⟶光致分离【物理】

光致发光探测器（photoluminescence detector）相关词：光激发光探测器*。【信息】

光致分离（photodetachment）相关词：光电分离*，光致电子剥裂*。【物理】

光致解离*⟶光致离解【化学】

光致聚合作用（photopolymerization）相关词：光聚合作用&；光化聚合*，光化聚合作用*，光聚作用*。【物理】

光致离解（photodissociation）相关词：光解*，光解作用*，光离解*，光致解离*。【物理】

光致漂白*⟶光漂白【化学】【物理】

光致吸附*⟶光吸收【化学】

光致氧化*⟶光氧化【化学】

光致氧化还原反应（photoredox reaction）相关词：光氧化还原反应&。【化学】

光子波动*⟶光子涨落【物理】

光子涨落（photon fluctuation）相关词：光子波动*。【物理】

胱氨酸血症*⟶胱氨酸贮积症【医】

胱氨酸贮积症（cystinosis）相关词：胱氨酸血症*。【医】

广度性质（extensive property）相关词：容量性质#；外延性质*。【化学】

广域网（wide area network；WAN）相关词：大区域网*，广域网络*。【地理】【铁道】【信息】

广域网络*⟶广域网【地理】【铁道】【信息】

gui

归并扫描法（merged scanning method）相关词：合并扫描法#。【信息】

归零*⟶清除[1]【信息】

规块*⟶量块【机械】

规则反射（regular reflection; specular reflection）相关词：镜反射#；单向反射*，正常反射*，正规反射*。【计量】

规则反射比（regular reflectance）相关词：镜反射比#；单向反射率*，正常反射率*，正规反射率*。【计量】

规则透射（regular transmission）相关词：直接透射#；正穿透*。【计量】

规则透射比（regular transmittance）相关词：正穿透率*，直透射比*。【计量】

硅沉着病（silicosis）相关词：矽肺*。【医】

硅化处理*⟶渗硅【机械】

硅可控整流器*⟶可控硅整流器[1]【信息】

硅砂（silica sand）相关词：矽砂*。【机械】

gun

辊轮（round screw die）相关词：圆丝板#。【机械】

滚点焊（roll spot welding）相关词：滚动点焊*。【航天】【机械】

滚动点焊*⟶滚点焊【航天】【机械】

滚动摩擦（rolling friction）相关词：第二类摩擦*，轧制摩擦*。【机械】【力】【物理】

滚动轴承（rolling bearing）相关词：轧辊轴承*。【机械】

滚镀（barrel plating）相关词：筒式电镀*，转筒滚镀*。【电】【航天】【机械】

滚球轴承*⟶球轴承【机械】

滚筒式炉（rotary retort furnace with internal screw）相关词：鼓形炉#。【机械】

滚针（needle roller）相关词：针辊*。【机械】

滚柱推力轴承*⟶推力滚子轴承【机械】

滚子推力轴承*⟶推力滚子轴承【机械】

guo

国际标准时*⟶世界时【信息】

国际单位制（International System of Units）相关词：SI制&；现代米制*。【电】

国际公制*⟶米制【物理】

国际互联网*⟶因特网【信息】

国际互联网电话*⟶因特网电话【信息】

国际协调时*⟶协调世界时间【信息】

国家信息基础*⟶国家信息基础设施【信息】

国家信息基础设施（national information infrastructure; NII）相关词：国家信息基础*，国家资讯基础建设*。

▲无标记且有英文对译的，为“规范词”。▲标“&”的为“简称”，可与规范词等效使用。
▲标“#”的为“又称”，不推荐使用。▲标“*”的为“非规范词”，不能使用。

【信息】

国家资讯基础建设*⟶国家信息基础设施【信息】

过饱和（supersaturation）相关词：超饱和*，过度饱和*。【化学】【物理】

过程仿拟*⟶过程模拟【化工】

过程分析（process analysis）相关词：程序分析*。【化工】

过程模拟（process simulation）相关词：程序模拟*，过程仿拟*。【化工】

过程优化（process optimization）相关词：程序最适化*，工艺优化*。【化工】

过电势（overpotential）相关词：超电势#；过电位*。【化学】

过电位*⟶过电势【化学】

过度饱和*⟶过饱和【化学】【物理】

过度固结*⟶超固结【土壤】

过度冷却*⟶过冷【机械】

过渡辐射*⟶渡越辐射【物理】

过渡平衡*⟶暂态平衡【物理】

过渡振动*⟶瞬态振动【机械】

过负荷畸变*⟶过负荷失真【信息】

过负荷失真（overload distortion）相关词：过负荷畸变*，过载失真*。【信息】

过角化病*⟶角化过度【医】

过冷（supercooling；undercooling）相关词：过度冷却*，过冷却*。【机械】

过冷却*⟶过冷【机械】

过敏反应[1]（anaphylactic response）相关词：变态反应*。【药】

过敏反应[2]#⟶变态反应[1]【生物】【药】【医】

过敏性[1]#⟶变应原性【医】

过敏性[2]#⟶超敏感性【医】

过敏性鼻炎#⟶变应性鼻炎【医】

过敏性间质性肾炎#⟶变应性间质性肾炎【医】

过敏性结膜炎#⟶变应性结膜炎【医】

过敏性气喘*⟶特应性哮喘【医】

过敏性紫癜#⟶变应性紫癜【医】

过敏原#⟶变应原【医】

过剩信息*⟶冗余信息【信息】

过水桥*⟶渡槽【农】【水利】

过速保护（overspeed protection）相关词：超速保护*，防止过速*。【机械】

过速离合器*⟶超越离合器[1]【机械】

过酸（peracid）相关词：高酸*，过氧酸*。【化学】

过氧化氢物*⟶氢过氧化物【化学】

过氧化物[1]（peroxide）相关词：超氧化物*。【化工】【化学】【医】

过氧化物[2]*⟶超氧化物[1]【化学】

过氧酸*⟶过酸【化学】

过载点（overload point）相关词：超载点*。【信息】

过载失真*⟶过负荷失真【信息】

过早搏动*⟶期前收缩【医】

▲无标记且有英文对译的，为“规范词”。▲标“&”的为“简称”，可与规范词等效使用。
▲标“#”的为“又称”，不推荐使用。▲标“*”的为“非规范词”，不能使用。

H

hai

海波尼克高磁合金*⟶高导磁铁镍合金【机械】

海波尼克高导磁率镍铁合金*⟶高导磁铁镍合金【机械】

海里（nautical mile; n mile）相关词：浬*，海浬*。【航海】

海浬*⟶海里【航海】

海量存储器（mass storage）相关词：大量储存器*，大容量存贮器*。【信息】

海上电话*⟶船用电话【信息】

海用雷达*⟶航海雷达【信息】

亥姆霍兹函数#⟶亥姆霍兹自由能【材料】【化工】【化学】【计量】

亥姆霍兹自由能（Helmholtz free energy）相关词：自由能&；亥姆霍兹函数#；赫姆豪斯函数*，黑姆荷兹函数*。【材料】【化工】【化学】【计量】

氦弧焊（helium shielded arc welding）相关词：氦气保护焊*。【机械】

氦气保护焊*⟶氦弧焊【机械】

han

鼾病（snoring disease）相关词：鼾症*，呼噜病*。【医】

鼾症*⟶鼾病【医】

含蛋白脂质*⟶蛋白脂质【药】

含糊函数*⟶模糊函数【大气】【信息】

含混度函数（ambiguity function）相关词：含混函数&；混淆函数*。【物理】

含混函数&⟶含混度函数【物理】

含量*⟶纯度【化工】【化学】【计量】【药】

含片 1&⟶口含片剂【药】

含片 2*⟶锭剂【药】

含沙量（sediment concentration）相关词：含沙浓度*，泥沙浓度*。【土壤】

含沙浓度*⟶含沙量【土壤】

含湿量（moisture content）相关词：水分含量#；湿分*。【化学】

含水结晶*⟶含水晶体【物理】

含水晶体（hydrated crystal）相关词：含水结晶*。【物理】

含水量层次*⟶含水率梯度【林】

含水率梯度（moisture gradient）相关词：含水量层次*，水分梯度*，水份梯度*。【林】

含陶合金*⟶金属陶瓷【化学】

含铁血黄素沉着症（hemosiderosis）相关词：血铁质沉积症*。【医】

含杂质半导体*⟶非本征半导体【电】

▲无标记且有英文对译的，为“规范词”。▲标“&”的为“简称”，可与规范词等效使用。
▲标“#”的为“又称”，不推荐使用。▲标“*”的为“非规范词”，不能使用。

【机械】【信息】

函数调用 (function call) 相关词：函数呼叫*。【信息】

函数呼叫*⟶函数调用【信息】

函数模型*⟶功能模型【信息】

焓 (enthalpy) 相关词：热函*。【物理】

寒冷损伤*⟶冷伤【医】

汉密顿抑郁量表*⟶汉密尔顿抑郁量表【医】

汉密尔顿抑郁量表 (Hamilton depressive scale) 相关词：汉密顿抑郁量表*。【医】

汉语言语分析#⟶汉语语音分析【信息】

汉语言语合成#⟶汉语语音合成【信息】

汉语言语理解系统#⟶汉语语音理解系统【信息】

汉语言语识别#⟶汉语语音识别【信息】

汉语言语数字信号处理#⟶汉语语音数字信号处理【信息】

汉语言语信息处理#⟶汉语语音信息处理【信息】

汉语语音分析 (Chinese speech analysis) 相关词：汉语言语分析#。【信息】

汉语语音合成 (Chinese speech synthesis) 相关词：汉语言语合成#。【信息】

汉语语音理解系统 (Chinese speech understanding system) 相关词：汉语言语理解系统#。【信息】

汉语语音识别 (Chinese speech recognition) 相关词：汉语言语识别#。【信息】

汉语语音数字信号处理 (Chinese speech digital signal processing) 相关词：汉语言语数字信号处理#；中文语音数位信号处理*。【信息】

汉语语音信息处理 (Chinese speech information processing) 相关词：汉语言语信息处理#；中文语音资讯处理*。【信息】

汉字机内码#⟶汉字内码【信息】

汉字内部码*⟶汉字内码【信息】

汉字内码 (Hanzi internal code; Chinese character internal code) 相关词：汉字机内码#；汉字内部码*。【信息】

旱稻#⟶陆稻【农】

焊缝金属 (weld metal) 相关词：熔敷金属#；焊接金属*。【机械】

焊缝区 (weld zone) 相关词：焊接区*。【机械】

焊缝应力*⟶焊接应力【机械】

焊机 (welding machine) 相关词：焊接机*。【机械】

焊剂层下焊*⟶埋弧焊1【机械】

焊接带颈法兰*⟶对焊法兰【机械】

焊接机*⟶焊机【机械】

焊接金属*⟶焊缝金属【机械】

焊接区*⟶焊缝区【机械】

焊接应力 (welding stress) 相关词：焊缝应力*。【机械】

焊颈法兰*⟶对焊法兰【机械】

焊条电弧焊（shielded metal arc welding）相关词：埋弧焊*。【机械】

hang

夯实密度*⟶振实密度【机械】

行列*⟶阵列【信息】

行频（line frequency）相关词：行扫描频率*，水平扫描频率*。【信息】

行扫描频率*⟶行频【信息】

航海雷达（marine radar）相关词：船舶雷达*，海用雷达*。【信息】

航空喷雾*⟶飞机喷雾【农】

航空摄影机（aerial camera）相关词：航空照像机*，航摄仪*，空中摄影机*。【机械】

航空照像机*⟶航空摄影机【机械】

航摄仪*⟶航空摄影机【机械】

航天雷达*⟶星载雷达【信息】

航向信标（localizer）相关词：定位信标*。【信息】

hao

毫米（millimetre；mm）相关词：公厘*。【计量】

毫升（millilitre；mL；ml）相关词：公撮*，西西*，C.C.*，cc*。【计量】

壕沟足（trench foot）相关词：战壕脚*。【医】

好氧生活*⟶需氧生活【生物】

耗散力（dissipative force）相关词：损耗力*，消耗力*。【物理】

耗损故障#⟶老化故障【机械】

耗损失效#⟶老化失效【机械】

he

合并扫描法#⟶归并扫描法【信息】

合成介电常数*⟶复电容率【物理】

合成抗原（synthetic antigen）相关词：人工抗原#；人工合成抗原*。【医】

合成耦合器*⟶混合耦合器【信息】

合金电镀（alloy plating）相关词：合金镀覆*，合金镀膜*。【机械】

合金镀覆*⟶合金电镀【机械】

合金镀膜*⟶合金电镀【机械】

合像棱镜*⟶叠像棱镜【物理】

合作发射（cooperative emission）相关词：协同发射*。【物理】

和谐性*⟶一致性【大气】【电】【海洋】【化工】【信息】

核磁共振（nuclear magnetic resonance；NMR）相关词：原子磁性共振*。【信息】

核磁共振成像#⟶磁共振成像【化学】【物理】【心理】【信息】【医】

核电池（nuclear battery）相关词：核能电池#；原子能电池*。【化学】

核对数位*⟶校验位【数】【信息】

核对数字#⟶校验位【数】【信息】

核分裂*⟶核裂变【物理】

核苷酸（nucleotide）相关词：核苗酸*。【化工】

核结构（nuclear structure）相关词：核

子结构*。【物理】

核聚变（nuclear fusion）相关词：核熔合*，核融合*，核子融合*。【物理】

核裂变（nuclear fission）相关词：核分裂*，核子分裂*。【物理】

核苗酸*→核苷酸【化工】

核能（nuclear energy）相关词：原子能*。【电】

核能电池#→核电池【化学】

核燃料（nuclear fuel）相关词：核子燃料*，原子核燃料*。【物理】

核熔合*→核聚变【物理】

核融合*→核聚变【物理】

核素质量#→核素X的原子质量【计量】

核素X的原子质量（mass of atom of a nuclide X）相关词：核素质量#；原子质量*。【计量】

核酸酶保护试验*→核糖核酸酶保护测定【医】

核糖核酸酶保护测定（ribonuclease protection assay）相关词：核酸酶保护试验*。【医】

核心模块*→内核模块【信息】

核子分裂*→核裂变【物理】

核子结构*→核结构【物理】

核子燃料*→核燃料【物理】

核子融合*→核聚变【物理】

核自旋（nuclear spin）相关词：核自转*，原子核自旋*。【物理】

核自转*→核自旋【物理】

颌动瞬目综合征（jaw winking syndrome）相关词：下颌—瞬目联动征*。【医】

颌反射&→颌跳反射【医】

颌口类（gnathostomata）相关词：颚口类*。【生物】

颌跳反射（jaw-jerk reflex）相关词：颌反射&；下颌反射*。【医】

荷电流*→电性流【物理】

荷移*→电荷转移【化学】【药】

荷载信道*→承载信道【信息】

赫姆豪斯函数*→亥姆霍兹自由能【材料】【化工】【化学】【计量】

hei

黑腐酸*→腐殖酸[1]【海洋】【林】【生物】【石油】

黑盒模型*→黑箱模型【化工】

黑棘皮瘤（melanoacanthoma）相关词：黑素棘皮瘤*。【医】

黑姆荷兹函数*→亥姆霍兹自由能【材料】【化工】【化学】【计量】

黑素棘皮瘤*→黑棘皮瘤【医】

黑头粉刺样痣（nevus comedonicus）相关词：黑头粉刺痣#；痤疮样痣*。【医】

黑头粉刺痣#→黑头粉刺样痣【医】

黑箱模型（black-box model）相关词：黑盒模型*。【化工】

黑心可锻化退火#→可锻化退火【机械】

heng

亨利计*—→电感表【电】【机械】

恒磁导率合金（constant permeability alloy）相关词：恒定磁导率合金*。【机械】

恒定磁导率合金*—→恒磁导率合金【机械】

恒沸物#—→共沸物【化工】

恒温动物#—→内温动物【生物】

恒星齿轮*—→太阳轮【机械】

横截面*—→截面【物理】

横向变形系数#—→泊松比【材料】【计量】【力】【物理】

横向冗余检验（horizontal redundancy check）相关词：横向冗余校验*，水平冗余检查*。【信息】

横向冗余校验*—→横向冗余检验【信息】

hong

轰击粒子（bombarding particle）相关词：施轰粒子*，撞击粒子*。【物理】

红斑性肢痛症（erythromelalgia）相关词：肢端红痛症*。【医】

红外电子学（infranics）相关词：红外线电子学*。【物理】

红外发散（infrared divergence）相关词：红外线分歧*。【物理】

红外激光器（infrared laser）相关词：红外雷射*，红外线激光器*。【机械】

红外雷射*—→红外激光器【机械】

红外奴役（infrared slavery）相关词：红外束缚*。【物理】

红外束缚*—→红外奴役【物理】

红外线白内障#—→红外线性白内障【医】

红外线电子学*—→红外电子学【物理】

红外线分歧*—→红外发散【物理】

红外线激光器*—→红外激光器【机械】

红外线性白内障（infra-red cataract）相关词：红外线白内障#。【医】

红细胞生成素原（erythropoietinogen）相关词：促红细胞生成素原*，红血球生成素原*。【医】

红血球蛋白*—→血红蛋白【化学】

红血球母细胞*—→成红血细胞【生物】

红血球生成素原*—→红细胞生成素原【医】

宏处理程序（macro processor）相关词：宏加工程序*。【信息】

宏加工程序*—→宏处理程序【信息】

宏晶&—→宏晶体【物理】

宏晶体（macrocrystal）相关词：宏晶&；粗晶*，大块结晶*。【物理】

宏语言（macro language）相关词：巨集语言*，巨语言*。【信息】

虹膜异色虹彩炎*—→异色性虹膜睫状体炎【医】

虹膜周边切除*—→周边虹膜切除术【医】

hou

喉白斑病（leukoplakia of larynx）相关词：声带白斑*。【医】

喉麻痹（laryngoparalysis）相关词：咽喉麻痹*。【医】

喉膨出（laryngocele）相关词：喉气囊肿*。【医】

喉气囊肿*⟶喉膨出【医】

喉水肿*⟶喉头水肿【医】

喉头盖*⟶会厌【生物】

喉头水肿（laryngeal edema）相关词：喉水肿*。【医】

后鼻滴涕（postnasal drip）相关词：后鼻漏*。【医】

后鼻漏*⟶后鼻滴涕【医】

后处理（post processing）相关词：后加工*。【信息】

后极白内障（posterior polar cataract）相关词：后极性白内障*。【医】

后极性白内障*⟶后极白内障【医】

后继共生*⟶代谢共栖【生物】

后加工*⟶后处理【信息】

后视图（rear view）相关词：背视图*。【机械】

后台操作方式（background mode）相关词：后台模式#；后台方式*。【信息】

后台方式*⟶后台操作方式【信息】

后台模式#⟶后台操作方式【信息】

后天免疫*⟶获得免疫性【农】

后天性巨结肠*⟶获得性巨结肠【医】

后向波#⟶返波【电】【物理】【信息】

后援软件*⟶支持软件【信息】

厚薄规*⟶厚度计【机械】【信息】

厚度规*⟶厚度计【机械】【信息】

厚度计（thickness meter）相关词：测厚计*，测厚仪*，厚薄规*，厚度规*。【机械】【信息】

hu

呼叫#⟶寻呼【信息】

呼噜病*⟶鼾病【医】

呼气阀#⟶呼气活瓣【医】

呼气活瓣（expiratory valve）相关词：呼气阀#。【医】

呼吸交换率*⟶换气比值【医】

弧焊&⟶电弧焊【机械】

弧焊机&⟶电弧焊机【机械】

湖泊地*⟶湖田【农】

湖田（shoaly land）相关词：湖泊地*。【农】

互补色#⟶补色【物理】【心理】【信息】

互参*⟶互指【信息】

互操作性（interoperability）相关词：互用性*。【信息】

互动式语言*⟶交互式语言【信息】

互换位置*⟶转置【信息】

互见*⟶互指【信息】

互联网电话#⟶因特网电话【信息】

互联网接入点*⟶因特网接入点【信息】

▲无标记且有英文对译的，为“规范词”。▲标“&”的为“简称”，可与规范词等效使用。
▲标“#”的为“又称”，不推荐使用。▲标“*”的为“非规范词”，不能使用。

互耦*—→交叉耦合【信息】

互生#—→代谢共栖【生物】

互调（intermodulation）相关词：交叉调制*，相互调制*。【信息】

互用性*—→互操作性【信息】

互指（coreference）相关词：互参*，互见*。【信息】

hua

花粉超敏反应（pollen hypersensitivity）相关词：花粉过敏症*。【医】

花粉过敏症*—→花粉超敏反应【医】

花期#—→开花期【农】

花青素#—→花色素【林】【生物】【药】

花青盐*—→花色素【林】【生物】【药】

花色素（anthocyanidin）相关词：花青素#；花青盐*。【林】【生物】【药】

花薰茶（scented tea）相关词：加味茶。*【农】

滑道集材（chuting）相关词：滑道运材*。【林】

滑道运材*—→滑道集材【林】

滑动角（lubrication angle）相关词：润滑角#。【机械】

滑动面*—→滑移面【物理】

滑动摩擦系数#—→动摩擦系数【机械】

滑码#—→比特滑动【信息】

滑摩功#—→单位摩擦功【机械】

滑摩功率#—→单位摩擦功率【机械】

滑移面（glide plane）相关词：滑动面*。【物理】

化工热力学（chemical engineering thermodynamics）相关词：化学化工热力学*。【化工】

化合价（valence）相关词：原子价#【化学】

化合物半导体（compound semiconductor）相关词：复合半导体*。【机械】

化铁炉#—→冲天炉【机械】【冶金】

化学泵*—→化学泵浦【信息】

化学泵浦（chemical pumping）相关词：化学泵*，化学抽运*。【信息】

化学沉积#—→自沉积【机械】

化学抽运*—→化学泵浦【信息】

化学除油#—→化学脱脂【机械】

化学电位*—→化学势【化工】

化学镀（electroless plating）相关词：自催化镀#。【机械】

化学反应工程（chemical reaction engineering）相关词：反应工程&。【化工】

化学反应亲合势*—→化学反应亲和势【化学】【计量】

化学反应亲和力*—→化学反应亲和势【化学】【计量】

化学反应亲和势（affinity of chemical reaction）相关词：亲和势&；化学反应亲合势*，化学反应亲和力*，亲合势*。【化学】【计量】

化学腐蚀（chemical corrosion）相关词：化学侵蚀*。【机械】

化学化工热力学*—→化工热力学【化工】

化学计量化合物*→整比化合物【化学】

化学计量学（chemometrics）相关词：化学统计学#。【化学】

化学键能#→键能【化学】

化学能位*→化学势【化工】

化学侵蚀*→化学腐蚀【机械】

化学亲合性*→化学亲和势【物理】

化学亲和力*→化学亲和势【物理】

化学亲和势（chemical affinity）相关词：化学亲合性*，化学亲和力*。【物理】

化学热处理（thermo-chemical treatment）相关词：热化学处理*。【机械】

化学势（chemical potential）相关词：化学电位*，化学能位*，化学位势*。【化工】

化学统计学#→化学计量学【化学】

化学脱脂（chemical degreasing）相关词：化学除油#；化学脱酯*。【机械】

化学脱酯*→化学脱脂【机械】

化学位势*→化学势【化工】

化学吸附（chemisorption）相关词：化学吸收作用*。【物理】

化学吸收作用*→化学吸附【物理】

划规（scribing compass）相关词：划线规*。【机械】

划线规*→划规【机械】

划线盘（tosecan）相关词：划针盘*。【机械】

划针盘*→划线盘【机械】

话路（voice channel）相关词：音频道*，音频通道*，语音通道*。【信息】

话路层*→会话层【信息】

话路关键字*→会话密钥【信息】

话路密键*→会话密钥【信息】

话路密钥*→会话密钥【信息】

话音*→语音【信息】

话音合成1*→声音合成1【信息】

话音合成2*→语音合成【信息】

话音邮件（voice mail）相关词：传声邮件*，声讯邮件*，语音邮件*。【信息】

huan

还原黏度（reduced viscosity）相关词：约化粘滞度*，折合粘度*。【机械】

还原系数*→恢复系数【物理】

还原血红蛋白#→去氧血红蛋白【生物】

环磁导率（toroidal permeability）相关词：环导磁性*。【信息】

环导磁性*→环磁导率【信息】

环境噪声（ambient noise）相关词：环境噪音*。【机械】

环境噪音*→环境噪声【机械】

环路天线*→环天线【信息】

环面透镜（toric lens）相关词：复曲面透镜*，圆枕透镜*。【物理】

环前列腺素*→前列环素【生物】

环式激光器*→环形激光器【机械】

环式粘度计*→环式黏度计【机械】

环式黏度计（ring viscometer）相关词：环式粘度计*。【机械】

环天线（loop antenna）相关词：环路天线*，回路天线*。【信息】

环形缓冲#—→循环缓冲【信息】

环形激光器（ring laser）相关词：环式激光器*，环状激光器*。【机械】

环氧晶体管*—→塑封晶体管【信息】

环状激光器*—→环形激光器【机械】

缓冲存储器（buffer memory）相关词：缓存&；缓冲记忆体*。【信息】

缓冲记忆体*—→缓冲存储器【信息】

缓存&—→缓冲存储器【信息】

缓发时间*—→延迟时间【信息】

缓解弹簧*—→分离弹簧【机械】

缓蚀剂（corrosion inhibitor）相关词：防锈剂#，腐蚀抑制剂#；防蚀剂*。【化学】

缓释肥料（slow release fertilizer）相关词：缓效肥料*。【农】

缓效肥料*—→缓释肥料【农】

缓泻药*—→轻泻药【药】

幻视镜（pseudoscope）相关词：反影镜*。【物理】

换气比值（respiratory exchange ratio）相关词：呼吸交换率*。【医】

换算温度*—→对比温度【化工】

换算系数*—→转换系数【机械】

换向阀1（reversing valve）相关词：反向阀*，可逆阀*。【机械】

换向阀2*—→方向控制阀【机械】

换向器*—→反向器【机械】【铁道】

换相*—→相变【化工】

换血法*—→换血疗法【医】

换血浆*—→血浆交换【医】

换血疗法（exchange transfusion）相关词：换血法*。【医】

huang

黄斑玻璃膜疣*—→玻璃疣【医】

黄斑瘤*—→黄色斑【医】

黄斑囊样水肿*—→囊样黄斑水肿【医】

黄斑性眼底*—→眼底黄色斑点症【医】

黄豆粉*—→大豆粉【农】

黄碱素*—→黄酮【生物】

黄瘤&—→黄色瘤【医】

黄尿*—→黄嘌呤尿【医】

黄嘌呤尿（xanthinuria）相关词：黄尿*。【医】

黄色斑（xanthelasma）相关词：黄斑瘤*。【医】

黄色斑点状眼底病*—→眼底黄色斑点症【医】

黄色瘤（xanthoma）相关词：黄瘤&。【医】

黄体功能不健*—→黄体功能不足【医】

黄体功能不足（inadequate luteal function）相关词：黄体功能不健*【医】

黄铜（brass）相关词：铜锌合金*。【机械】

黄酮（flavone）相关词：黄碱素*。【生物】

▲无标记且有英文对译的，为“规范词”。▲标“&”的为“简称”，可与规范词等效使用。
▲标“#”的为“又称”，不推荐使用。▲标“*”的为“非规范词”，不能使用。

黄烷（flavane）相关词：去氧黄酮*。【生物】

hui

灰粘层*⟶潜育层【地理】【农】【土壤】

灰黏层*⟶潜育层【地理】【农】【土壤】

恢复系数（coefficient of restitution）相关词：还原系数*。【物理】

辉光放电热处理#⟶等离子轰击热处理【机械】

辉光曲线（glow curve）相关词：加热发光曲线*。【物理】

辉面退火*⟶光亮退火【机械】

回波#⟶返波【电】【物理】【信息】

回波补偿器*⟶回波抵消器【信息】

回波抵消器（echo canceller）相关词：回波补偿器*，回波消除器*。【信息】

回波损耗（return loss）相关词：反射波损耗*。【信息】

回波消除器*⟶回波抵消器【信息】

回波振荡器*⟶返波振荡器【信息】

回磁比*⟶旋磁比【物理】

回复磁导率（recoil permeability）相关词：回复导磁率*，回复导磁性*。【信息】

回复导磁率*⟶回复磁导率【信息】

回复导磁性*⟶回复磁导率【信息】

回火碳*⟶团絮状石墨【机械】

回火稳定性*⟶耐回火性【机械】

回馈环路*⟶反馈回路【化工】【信息】

回路*⟶电路【信息】

回路天线*⟶环天线【信息】

回路图*⟶电路图【机械】

回弹*⟶反弹【物理】

回跳1*⟶弹性后效【机械】

回跳2*⟶反冲【物理】

回位弹簧（return spring）相关词：复位弹簧*，复原弹簧*。【机械】

回纹型风湿症*⟶复发性风湿病【医】

回旋半径（cyclotron radius）相关词：回旋加速器半径*。【物理】

回旋加速器半径*⟶回旋半径【物理】

回旋加速器频率*⟶回旋频率【物理】

回旋棱镜（rotary prism）相关词：旋转棱镜*。【医】

回旋流*⟶旋涡流【机械】

回旋频率（cyclotron frequency）相关词：回旋加速器频率*。【物理】

回应时间*⟶响应时间【物理】【信息】

回折点*⟶拐点【化工】【化学】【机械】【数】

回转半径（radius of gyration）相关词：惯性半径#；惰性半径*，旋转半径*，转动半径*。【机械】

回转磁效应*⟶旋磁效应【物理】【信息】

回转窑（rotary kiln）相关词：旋转窑*。【化工】

回转轴*⟶旋转轴【机械】

汇编程序（assembler）相关词：汇编

器#；组译器*。【信息】

汇编器#⟶汇编程序【信息】

汇接（tandem）相关词：前后直排*，直通联接*。【信息】

汇接电路（tandem circuit）相关词：前后直排电路*，直通联接电路*。【信息】

汇接局（tandem office）相关词：中继局*，转接局*。【信息】

汇流排*⟶总线【信息】

汇流排网路*⟶总线网【信息】

会话层（session layer）相关词：话路层*，通话层*。【信息】

会话方式*⟶交互方式【信息】

会话密钥（session key）相关词：话路关键字*，话路密键*，话路密钥*。【信息】

会切场&⟶会切磁场【物理】

会切磁场（cusp field）相关词：会切场&；交点磁场*，交点场*。【物理】

会厌（epiglottis）相关词：喉头盖*。【生物】

会阴裂伤（perineal laceration）相关词：会阴撕裂伤*。【医】

会阴撕裂伤*⟶会阴裂伤【医】

hun

浑沌场*⟶混沌场【物理】

混沌场（chaotic field）相关词：不规则场*，浑沌场*。【物理】

混沌激光（chaotic laser light）相关词：无序激光光束*。【物理】

混沌运动（chaotic motion）相关词：无序运动*。【物理】

混合价（mixed valence）相关词：混合原子价*，混价*。【化学】

混合淋巴球反应*⟶混合淋巴细胞反应【医】

混合淋巴细胞反应（mixed lymphocyte reaction）相关词：混合淋巴球反应*，混合淋巴细胞培养反应*。【医】

混合淋巴细胞培养反应*⟶混合淋巴细胞反应【医】

混合偶合器*⟶混合耦合器【信息】

混合耦合器（hybrid coupler）相关词：复式耦合器*，合成耦合器*，混合偶合器*。【信息】

混合谱线*⟶组合谱线【物理】

混合遗传（blending inheritance）相关词：混血式遗传*。【医】

混合原子价*⟶混合价【化学】

混价*⟶混合价【化学】

混系品种（composite variety）相关词：多系种*，混系种*。【农】

混系种*⟶混系品种【农】

混线连接*⟶交叉连接【信息】

混淆函数*⟶含混度函数【物理】

混血式遗传*⟶混合遗传【医】

混音器（audio mixer）相关词：声频混频器*，音频混频器*。【信息】

huo

活档*⟶活动文件【信息】

▲无标记且有英文对译的，为“规范词”。▲标“&”的为“简称”，可与规范词等效使用。
▲标“#”的为“又称”，不推荐使用。▲标“*”的为“非规范词”，不能使用。

活地被物层（living mulch; ground vegetation）相关词：地表植被*。【生物】

活动分区（active partition）相关词：现用分区*。【信息】

活动文件（active file）相关词：活档*，现役文件*，现用文件*。【信息】

活动页（active page）相关词：当前页*，现用页*，有效页*，有效页面*。【信息】

活动状态（active state）相关词：激活状态*，有效状态*。【信息】

活度&⟶放射性活度【电】【海洋】【化学】【计量】【物理】【医】

活高分子&⟶活性高分子【化学】

活化错合体*⟶活化络合物【化学】

活化复合体*⟶活化络合物【化学】

活化络合物（activated complex）相关词：活化错合体*，活化复合体*。【化学】

活化中心*⟶活性中心【化工】

活塞式粘度计*⟶活塞式黏度计【机械】

活塞式黏度计（plunger viscometer）相关词：活塞式粘度计*。【机械】

活套法兰（loose flange）相关词：自由法兰#；松套法兰*。【机械】

活体部分肝移植（partial living liver transplantation）相关词：活体肝部分移植*。【医】

活体肝部分移植*⟶活体部分肝移植【医】

活性电子*⟶激活电子【物理】

活性高分子（living macromolecule）相关词：活高分子&；活性高聚物*。【化学】

活性高聚物*⟶活性高分子【化学】

活性污泥（activated sludge）相关词：消化污泥*。【化工】

活性氧（active oxygen）相关词：有效氧*。【化学】

活性中心（active center）相关词：活化中心*。【化工】

火花焊*⟶闪光对焊【机械】

火石玻璃（flint glass）相关词：打火石玻璃*。【物理】

火焰表面硬化*⟶火焰淬火【机械】

火焰淬火（flame hardening）相关词：火焰表面硬化*，火焰硬化*。【机械】

火焰割*⟶气割【机械】

火焰炉（flame furnace）相关词：燃料炉#。【机械】

火焰硬化*⟶火焰淬火【机械】

获得免疫性（acquired immunity）相关词：后天免疫*。【农】

获得性巨结肠（acquired megacolon）相关词：后天性巨结肠*。【医】

获得性免疫缺陷综合征（acquired immunodeficiency syndrome）相关词：艾滋病&；爱滋病*。【医】

J

ji

几率*⟶概率【测绘】【大气】【电】【化工】【化学】【农】【数】【物理】【信息】

几率分布*⟶概率分布【大气】【电】【化工】【数】【信息】

几率流量*⟶概率流【物理】

几率密度*⟶概率密度【电】【化工】【化学】【物理】【信息】

击波管（shock tube）相关词：震激管*。【物理】

击打式打印机（impact printer）相关词：碰撞式打印机*，撞击式列印机*。【信息】

机床（machine tool）相关词：工具机*，工作母机*。【机械】

机电学*⟶机电一体化【信息】

机电一体化（mechanotronics）相关词：机电学*，机电仪一体化*，机械电子学*。【信息】

机电仪一体化*⟶机电一体化【信息】

机动闸*⟶机械制动器【机械】

机翻*⟶机器翻译【信息】

机封*⟶机械密封【机械】

机工共振*⟶机械共振【机械】

机柜#⟶机箱【信息】

机加工余量*⟶加工余量【机械】

机架#⟶固定构件【机械】

机件1*⟶工件【机械】

机件2*⟶机械零件【机械】

机力闸*⟶机械制动器【机械】

机力制动器*⟶机械制动器【机械】

机率*⟶概率【测绘】【大气】【电】【化工】【化学】【农】【数】【物理】【信息】

机率分布*⟶概率分布【大气】【电】【化工】【数】【信息】

机率分配*⟶概率分布【大气】【电】【化工】【数】【信息】

机率校正*⟶概率校正【信息】

机率流*⟶概率流【物理】

机率密度*⟶概率密度【电】【化工】【化学】【物理】【信息】

机率性规则*⟶概率性规则【物理】

机器翻译（machine translation; MT）相关词：机翻*，计算机翻译*。【信息】

机器辅助翻译#⟶机助翻译【信息】

机器零件*⟶机械零件【机械】

机器元件*⟶机械零件【机械】

机器助翻*⟶机助翻译【信息】

机群（cluster）相关词：簇群集*，簇

▲无标记且有英文对译的，为“规范词”。▲标“&”的为“简称”，可与规范词等效使用。
▲标“#”的为“又称”，不推荐使用。▲标“*”的为“非规范词”，不能使用。

群集器*，群集器*。【信息】

机误*⟶概然误差【物理】

机箱（chassis；case；cabinet）相关词：机柜#。【信息】

机向语言*⟶面向机器语言【信息】

机械传动（mechanical drive）相关词：机械驱动*。【机械】

机械电子学*⟶机电一体化【信息】

机械定时器*⟶机械计时器【机械】

机械镀（mechanical plating）相关词：机械镀覆*，机械喷镀*。【机械】

机械镀覆*⟶机械镀【机械】

机械共振（mechanical resonance）相关词：机工共振*，机械谐振*。【机械】

机械计时器（mechanical timer）相关词：机械定时器*。【机械】

机械加工余量*⟶加工余量【机械】

机械零件（machine element）相关词：零件&；机械元件#；机件*，机器零件*，机器元件*。【机械】

机械密封（mechanical seal）相关词：端面密封*，机封*。【机械】

机械喷镀*⟶机械镀【机械】

机械驱动*⟶机械传动【机械】

机械热效应*⟶力热效应【物理】

机械伤&⟶机械性损伤【医】

机械伤害*⟶机械性损伤【医】

机械湿度表*⟶机械湿度计【机械】

机械湿度计（mechanical hygrometer）相关词：机械湿度表*。【机械】

机械试验*⟶力学试验【信息】

机械损伤#⟶机械性损伤【医】

机械谐振*⟶机械共振【机械】

机械性损伤（mechanical injury）相关词：机械伤&；机械损伤#；机械伤害*。【医】

机械元件#⟶机械零件【机械】

机械制动器（mechanically controlled brake）相关词：抱闸*，机动闸*，机力闸*，机力制动器*。【机械】

机械阻抗（mechanical impedance）相关词：力学阻抗*，力阻抗*。【机械】

机型批准（type approval）相关词：设备认证*。【信息】

机助翻译（machine-aided translation）相关词：机器辅助翻译#；机器助翻*。【信息】

机助制图（computer aided mapping）相关词：计算机辅助绘图#。【农】

肌胺酸*⟶肌酸【生物】

肌电测量技术*⟶肌电描记术【信息】

肌电描记术（electromyography）相关词：肌电测量技术*。【信息】

肌动球蛋白（actomyosin）相关词：肌动球朊*。【生物】

肌动球朊*⟶肌动球蛋白【生物】

肌红蛋白（myoglobin）相关词：肌球素*，肌血球素*。【化学】

肌红蛋白尿（myoglobinuria）相关词：肌红素尿症*，尿肌红蛋白*。【医】

肌红素尿症*⟶肌红蛋白尿【医】

肌内膜（endomysium）相关词：肌纤维

▲无标记且有英文对译的，为“规范词”。▲标“&”的为“简称”，可与规范词等效使用。
▲标“#”的为“又称”，不推荐使用。▲标“*”的为“非规范词”，不能使用。

衣*。【生物】

肌球素*—→肌红蛋白【化学】

肌肉颤搐*—→肌纤维颤搐【医】

肌肉松弛药（muscle relaxant）相关词：肌松药*。【药】

肌肉素*—→肌酸【生物】

肌松药*—→肌肉松弛药【药】

肌酸（creatine）相关词：肌胺酸*，肌肉素*，无水肌酸*。【生物】

肌外膜（epimysium）相关词：肌外衣*。【生物】

肌外衣*—→肌外膜【生物】

肌纤维颤搐（myokymia）相关词：肌肉颤搐*，肌纤维颤动*。【医】

肌纤维颤动*—→肌纤维颤搐【医】

肌纤维衣*—→肌内膜【生物】

肌性视力疲劳*—→肌性视疲劳【医】

肌性视疲劳（muscular asthenopia）相关词：肌性视力疲劳*。【医】

肌血球素*—→肌红蛋白【化学】

奇偶检查*—→奇偶检验【信息】

奇偶检验（parity checking; odd-even check）相关词：奇偶校验#；奇偶检查*。【信息】

奇偶校验#—→奇偶检验【信息】

奇偶算子*—→宇称算符【物理】

积分电路（integrating circuit）相关词：综合电路*。【信息】

积木化*—→模块化【信息】

积水型无脑畸形*—→积水性无脑畸形【医】

积水性无脑畸形（hydranencephaly）相关词：积水型无脑畸形*，水脑畸形*。【医】

积炭（carbon deposition）相关词：积碳*。【化学】

积碳*—→积炭【化学】

积体电路*—→集成电路【物理】【信息】

积体卡*—→智能卡【信息】

基本尺寸（basic size）相关词：基准尺寸*。【机械】

基本齿条（basic rack）相关词：基准齿条*。【机械】

基本反应*—→基元反应【冶金】

基本过程*—→单元过程【化工】

基本频带*—→基带【信息】

基本页*—→基页【信息】

基本组织#—→薄壁组织【生物】【药】

基础创伤生命维护*—→基础创伤生命支持【医】

基础创伤生命支持（basic trauma life support）相关词：基础创伤生命维护*。【医】

基础螺栓*—→地脚螺栓【机械】

基带（baseband）相关词：基本频带*。【信息】

基带处理（baseband processing）相关词：基带调整*。【信息】

基带调整*—→基带处理【信息】

基地址寄存器*—→基址寄存器【信息】

基干网*—→主干网【信息】

基群速率接口（primary rate interface）

相关词：初级速率接口*，主速率接口*。【信息】

基线1*⟶零线【机械】【物理】

基线2*⟶参比线【机械】

基页（base page）相关词：基本页*。【信息】

基因（gene）相关词：遗传基因*。【生物】

基因倍增#⟶基因重复【生物】

基因变异*⟶基因突变【生物】

基因表达（gene expression）相关词：基因表现*。【生物】

基因表现*⟶基因表达【生物】

基因沉默（gene silencing）相关词：基因缄默*，基因静默*，基因默化*。【生物】

基因重复（gene duplication）相关词：基因倍增#；基因复制*。【生物】

基因丰余（gene redundancy）相关词：基因冗余#。【生物】

基因复制*⟶基因重复【生物】

基因工程（genetic engineering）相关词：遗传基因工程*。【化工】【生物】

基因缄默*⟶基因沉默【生物】

基因静默*⟶基因沉默【生物】

基因流失*⟶遗传侵蚀【农】

基因默化*⟶基因沉默【生物】

基因侵蚀*⟶遗传侵蚀【农】

基因冗余#⟶基因丰余【生物】

基因突变（gene mutation）相关词：基因变异*。【生物】

基因转移（gene transfer）相关词：基因转植*。【农】【生物】

基因转植1*⟶基因转移【农】【生物】

基因转植2*⟶转基因【生物】

基元反应（elementary reaction）相关词：元反应&；基本反应*。【冶金】

基暂存器*⟶基址寄存器【信息】

基址寄存器（base register）相关词：基地址寄存器*，基暂存器*。【信息】

基准波束*⟶参考波束【信息】

基准测试（benchmark test）相关词：标准测试*，基准程序测试*，评效测试*。【信息】

基准程序测试*⟶基准测试【信息】

基准尺寸*⟶基本尺寸【机械】

基准齿条*⟶基本齿条【机械】

基准电路*⟶参考电路【信息】

基准角*⟶参考角【物理】

基准码#⟶参考码【信息】

基准声功率*⟶参考声功率【机械】

基准声强*⟶参考声强【机械】

基准时钟（reference clock）相关词：参考时钟*。【信息】

基准线1#⟶参比线【机械】

基准线2*⟶零线【机械】【物理】

基准载波*⟶参考载波【信息】

畸变参量*⟶形变参量【物理】

畸形性骨炎（osteitis deformans）相关词：变形性骨炎*。【医】

畸形性软骨营养不良*⟶莫基奥综合征【医】

激波管（shock tube）相关词：冲击激励管*。【航天】【化学】【计量】【力】

激磁线圈*⟶磁化线圈【机械】

激动压力（surge pressure）相关词：波动压力*，峰值压力*。【石油】

激发发射*⟶受激发射【机械】

激发曲线（excitation curve）相关词：励磁曲线*。【物理】

激发态（excited state）相关词：受激态*。【物理】

激光（laser）相关词：莱塞*，雷射*，镭射*。【物理】【信息】

激光玻璃化法（laser glazing method）相关词：激光上光法*，激光上釉法*。【物理】

激光测长机（laser length measuring machine）相关词：激光线纹测长机*。【机械】

激光测云仪（laser ceilometer）相关词：激光云高计*。【机械】【信息】

激光淬火（laser hardening）相关词：激光硬化*。【机械】

激光打孔（laser drilling）相关词：激光钻孔*。【信息】

激光打印机（laser printer）相关词：雷射印字机*。【机械】

激光刀&⟶激光手术刀【医】

激光导向*⟶激光制导【机械】【物理】

激光导引*⟶激光制导【机械】【物理】

激光多普勒测量*⟶激光多普勒测速【机械】

激光多普勒测速（laser Doppler velocity measurement）相关词：激光多普勒测量*。【机械】

激光法同位素分离*⟶激光同位素分离【机械】

激光焊（laser beam welding）相关词：激光焊接#；激光束焊接*。【机械】【物理】【信息】

激光焊接#⟶激光焊【机械】【物理】【信息】

激光校直（laser aligning）相关词：激光指向*，激光准直*。【物理】

激光排字机*⟶激光照排机【信息】

激光切割（laser beam cutting）相关词：激光束切割*。【机械】

激光伤（laser injury）相关词：激光损伤*。【医】

激光上光法*⟶激光玻璃化法【物理】

激光上釉法*⟶激光玻璃化法【物理】

激光手术刀（laser scalpel）相关词：激光刀&；雷射刀*。【医】

激光束焊接*⟶激光焊【机械】【物理】【信息】

激光束切割*⟶激光切割【机械】

激光水平仪1（laser level meter）相关词：激光物位计*。【机械】

激光水平仪2*⟶激光水准仪【机械】

激光水准仪（laser level）相关词：激光水平仪*。【机械】

激光损伤*⟶激光伤【医】

激光探测器（laser detector）相关词：

▲无标记且有英文对译的，为"规范词"。▲标"&"的为"简称"，可与规范词等效使用。
▲标"#"的为"又称"，不推荐使用。▲标"*"的为"非规范词"，不能使用。

激光探测仪*。【机械】

激光探测仪*⟶激光探测器【机械】

激光同位素分离（laser isotope separation）相关词：激光法同位素分离*。【机械】

激光物位计*⟶激光水平仪[1]【机械】

激光线纹测长机*⟶激光测长机【机械】

激光谐振器*⟶激光振荡器【物理】

激光硬化*⟶激光淬火【机械】

激光云高计*⟶激光测云仪【机械】【信息】

激光照排机（laser typesetter）相关词：激光排字机*。【信息】

激光振荡器（laser oscillator）相关词：激光谐振器*。【物理】

激光指向*⟶激光校直【物理】

激光制导（laser guidance）相关词：激光导向*，激光导引*。【机械】【物理】

激光准直*⟶激光校直【物理】

激光钻孔*⟶激光打孔【信息】

激活电子（active electron）相关词：活性电子*。【物理】

激活光纤（active optical fiber）相关词：有源光纤*，主动光纤*。【物理】【信息】

激活介质（active medium）相关词：有源媒质*。【物理】

激活状态*⟶活动状态【信息】

激基分子激光器（excimer laser）相关词：受激准分子激光器*。【物理】

激冷铸铁#⟶冷硬铸铁【机械】

激励电流*⟶驱动电流【信息】

激励光纤*⟶发射光纤【信息】

激励天线*⟶有源天线【信息】

激酶（kinase）相关词：致活酶*。【生物】

激素合成障碍性甲状腺肿（dyshormonogenetic goiter）相关词：激素生成障碍性甲状腺肿*。【医】

激素生成障碍性甲状腺肿*⟶激素合成障碍性甲状腺肿【医】

激肽释放酶–激肽系统*⟶血管舒缓素–激肽系统【医】

吉布斯函数#⟶吉布斯自由能【计量】

吉布斯自由能（Gibbs free energy）相关词：吉布斯函数#。【计量】

级联辐射（cascade radiation）相关词：层叠辐射*，串级辐射*。【物理】

级联衰变（cascade decay）相关词：层叠衰变*，递次衰变*。【物理】

级联循环（cascade cycle）相关词：串级循环#；复叠式循环*，复叠循环*。【化工】

级联跃迁（cascade transition）相关词：层叠跃迁*。【物理】

级轮*⟶塔轮【机械】

极惯性矩#⟶截面二次极矩【计量】

极化翻转*⟶极化反转【物理】

极化反转（polarization reversal）相关词：分化反转*，极化翻转*，偏振反转*，偏振现象反转*。【物理】

极化子（polaron）相关词：偶振子*，偏振子*。【物理】

极限负荷*→弹簧极限载荷【机械】

极限速率*→临界转速【机械】

极限优先级（limit priority）相关词：极限优先权*，优先限*。【信息】

极限优先权*→极限优先级【信息】

极限载荷&→弹簧极限载荷【机械】

极性指示器（polarity indicator）相关词：示极器*。【机械】

极压剂#→极压润滑剂【机械】【化工】

极压润滑剂（extreme-pressure lubricant）相关词：极压剂#；耐高压润滑剂*。【机械】【化工】

即时地址*→立即地址【信息】

即时位址*→立即地址【信息】

急救系统*→急诊医疗体系【医】

急救医疗服务体系*→急诊医疗体系【医】

急救医疗体系*→急诊医疗体系【医】

急冷硬化*→淬火【材料】【化工】【机械】【冶金】

急性不能分类白血病*→急性未定型白血病【医】

急性非淋巴细胞白血病（acute non-lymphocytic leukemia）相关词：急性非淋巴细胞性白血病*，急性非淋巴细胞型白血病*。【医】

急性非淋巴细胞型白血病*→急性非淋巴细胞白血病【医】

急性非淋巴细胞性白血病*→急性非淋巴细胞白血病【医】

急性呼吸窘迫综合症*→成人型呼吸窘迫综合征【医】

急性未定型白血病（acute unclassified leukemia）相关词：急性不能分类白血病*。【医】

急性左心力衰竭*→急性左心室衰竭【医】

急性左心室衰竭（acute left ventricular failure）相关词：急性左心力衰竭*，急性左心衰*。【医】

急性左心衰*→急性左心室衰竭【医】

急诊医疗服务体系*→急诊医疗体系【医】

急诊医疗体系（emergency medical service system）相关词：急救系统*，急救医疗服务体系*，急救医疗体系*，急诊医疗服务体系*，急诊医学体系*，医疗急救系统*，应急医疗服务系统*。【医】

急诊医学体系*→急诊医疗体系【医】

棘齿*→棘轮【机械】

棘红细胞增多#→棘状红细胞增多【医】

棘轮（ratchet）相关词：棘齿*，制逆轮*。【机械】

棘轮传动装置*→棘轮机构【机械】

棘轮机构（ratchet mechanism）相关词：棘轮传动装置*，棘轮装置*。【机械】

棘轮离合器（ratchet clutch）相关词：

棘爪离合器*。【机械】

棘轮爪#⟶棘爪【机械】

棘轮装置*⟶棘轮机构【机械】

棘爪（pawl）相关词：棘轮爪#；掣爪*，锁爪*，止动爪*，制轮爪*。【机械】

棘爪离合器*⟶棘轮离合器【机械】

棘状红细胞增多（acanthocytosis）相关词：棘红细胞增多#；棘状红血球增多症*。【医】

棘状红血球增多症*⟶棘状红细胞增多【医】

集成电路（integrated circuit；IC）相关词：积体电路*。【物理】【信息】

集成电路卡*⟶智能卡【信息】

集成自动化（integrated automation）相关词：工业自动化系统集成*，整合自动化*，综合自动化*。【信息】

集合比特率*⟶群路比特率【信息】

集合信道*⟶承载信道【信息】

集群调度系统（trunked dispatch system）相关词：集群系统&；干线发送系统*，集群指挥调度系统*。【信息】

集群调度移动通信（mobile trunked dispatch communication）相关词：集群调度移动通讯*，移动干线发送通信*，移动集群调度通信*。【信息】

集群调度移动通讯*⟶集群调度移动通信【信息】

集群系统&⟶集群调度系统【信息】

集群指挥调度系统*⟶集群调度系统【信息】

集约耕作*⟶集约种植【土壤】

集约种植（intensive cultivation）相关词：集约耕作*。【土壤】

集中式缓冲池（centralized buffer pool）相关词：集中式缓冲库*。【信息】

集中式缓冲库*⟶集中式缓冲池【信息】

几何结晶学*⟶几何晶体学【物理】

几何晶体学（geometrical crystallography）相关词：几何结晶学*。【物理】

几何投影*⟶透视投影【机械】【信息】

脊髓增生*⟶骨髓增生性疾病【医】

脊柱推拿疗法（chiropractic）相关词：捏脊#。【医】

脊椎麻醉（spinal anesthesia）相关词：蛛网膜下腔阻滞#；腰麻*，蛛网膜下腔麻醉*。【医】

计量（metrology）相关词：度量衡*。【物理】【信息】

计量经济模式*⟶计量经济模型【信息】

计量经济模型（econometric model）相关词：计量经济模式*。【信息】

计量器*⟶计数器【信息】

计数器（counter）相关词：计量器*。【信息】

计算机安全（computer security）相关词：计算机安全性*，计算机保密性*。【信息】

计算机安全性*⟶计算机安全【信息】

计算机保密性*⟶计算机安全【信息】

计算机程序（computer program）相关词：电脑程式*，电脑程序*。【信息】

计算机程序注解*⟶计算机程序注释【信息】

计算机程序注释（computer program annotation）相关词：电脑程式注释*，计算机程序注解*。【信息】

计算机代（computer generation）相关词：计算机发展阶段*，计算机年代*，计算机世代*。【信息】

计算机发展阶段*⟶计算机代【信息】

计算机翻译*⟶机器翻译【信息】

计算机犯罪（computer crime）相关词：电脑犯罪*。【信息】

计算机辅助电子设计（computer-aided electronic design）相关词：电脑辅助电子设计*。【信息】

计算机辅助工程设计（computer-aided engineering design）相关词：电脑辅助工程设计*。【信息】

计算机辅助绘图#⟶机助制图【农】

计算机辅助机械设计（computer-aided mechanical design）相关词：电脑辅助机械设计*。【信息】

计算机辅助建筑设计（computer-aided building design）相关词：电脑辅助建筑设计*。【信息】

计算机辅助设计（computer-aided design；CAD）相关词：电脑辅助设计*，计算机支持设计*。【信息】

计算机工艺*⟶计算机艺术【信息】

计算机化（computerization）相关词：电脑化*。【信息】

计算机集成制造系统（computer integrated manufacturing system；CIMS）相关词：电脑集成制造系统*，计算机一体化制造系统*。【机械】

计算机科学（computer science）相关词：电脑科学*。【信息】

计算机控制（computer control）相关词：电脑控制*。【信息】

计算机年代*⟶计算机代【信息】

计算机骗术*⟶计算机诈骗【信息】

计算机欺骗术*⟶计算机诈骗【信息】

计算机世代*⟶计算机代【信息】

计算机体系结构（computer architecture）相关词：电脑体系架构*。【信息】

计算机图形学（computer graphics）相关词：电脑图形图像*，电脑图形学*，计算机制图*，计算机制图技术*，计算机制图设计*。【信息】

计算机网络（computer network）相关词：电脑网络*。【信息】

计算机舞弊*⟶计算机诈骗【信息】

计算机系统（computer system）相关词：电脑系统*。【信息】

计算机行骗*⟶计算机诈骗【信息】

计算机一体化制造系统*⟶计算机集成制造系统【机械】

计算机艺术（computer art）相关词：计算机工艺*。【信息】

计算机诈骗（computer fraud）相关词：

电脑欺骗*，计算机骗术*，计算机欺骗术*，计算机舞弊*，计算机行骗*。【信息】

计算机支持设计*⟶计算机辅助设计【信息】

计算机制图*⟶计算机图形学【信息】

计算机制图技术*⟶计算机图形学【信息】

计算机制图设计*⟶计算机图形学【信息】

计算机总线*⟶单总线【信息】

计温学（thermometry）相关词：温度测定法*。【化学】

记录介质（recording medium）相关词：记录媒介*，记录媒体*。【机械】

记录媒介*⟶记录介质【机械】

记录媒体*⟶记录介质【机械】

记忆存储示波镜*⟶存储示波器【信息】

记忆单元*⟶存储单元【信息】

记忆格*⟶存储单元【信息】

记忆管理*⟶存储管理【信息】

记忆阶组*⟶存储器层次【信息】

记忆库*⟶存储体【信息】

记忆容量*⟶存储容量【信息】

记忆体*⟶存储器【信息】

记忆体保护*⟶存储保护【信息】

记忆效果*⟶记忆效应【信息】

记忆效应（memory effect）相关词：存储记忆效应*，记忆效果*。【信息】

记忆装置微型组件*⟶存储模块【信息】

季肋发育不全*⟶软骨发育不良【医】

继电器切换*⟶接力切换【信息】

继发青光眼*⟶继发性青光眼【医】

继发龋（recurrent caries）相关词：再患乳牙龋*。【医】

继发性免疫功能低下*⟶继发性免疫缺陷【医】

继发性免疫缺陷（secondary immunodeficiency）相关词：继发性免疫功能低下*。【医】

继发性青光眼（secondary glaucoma）相关词：继发青光眼*。【医】

继发性污染（secondary contamination）相关词：二次污染#；次生污染*。【医】

继续生命支持*⟶延续生命支持【医】

寄存器（register）相关词：暂存器*。【信息】

寄生光*⟶杂光【物理】

寂静光（quiet light）相关词：低噪声光*。【物理】

jia

加氨*⟶氨化作用【生物】【土壤】

加工余量（machining allowance）相关词：机加工余量*，机械加工余量*。【机械】

加护病房*⟶重症监护治疗病房【医】

加碱熔化*⟶碱熔【化学】

加亮（highlight）相关词：高亮#；增强亮度*。【信息】

加密电文*⟶密文【信息】

加密算法（cryptographic algorithm）相关词：密码算法#。【信息】

加密协议（cryptographic protocol）相关词：密码协议*。【信息】

加热成形*⟶热成型【材料】【化工】

加热发光曲线*⟶辉光曲线【物理】

加速风蚀试验*⟶加速老化试验【机械】

加速机理*⟶加速机制【物理】

加速机制（acceleration mechanism）相关词：加速机理*。【物理】

加速老化试验（accelerated weathering test）相关词：人工老化试验#；加速风蚀试验*，人工加速老化试验*。【机械】

加味茶*⟶花薰茶【农】

加压包扎1#⟶加压包扎法【医】

加压包扎2*⟶压迫绷带法【医】

加压包扎法（pressure dressing）相关词：加压包扎#。【医】

加压焊*⟶压焊【机械】

加压焊接*⟶压焊【机械】

加压回火（press tempering）相关词：模压回火*。【机械】

加压疗法（compression therapy）相关词：压迫疗法*。【医】

夹冒口*⟶点冒口【机械】

家庭办公（telecommuting）相关词：电话上班*，家庭上班*，远程办公*。【信息】

家庭上班*⟶家庭办公【信息】

家用计算机*⟶个人计算机【信息】

家族性骨纤维异常增殖症#⟶巨颌症【医】

家族性颌骨多囊性病#⟶巨颌症【医】

家族性自主神经功能异常*⟶赖利–戴综合征【医】

甲床*⟶甲下皮【生物】

甲减&⟶甲状旁腺功能减退症【医】

甲减性心脏病*⟶甲状腺功能减退心脏病【医】

甲亢&⟶甲状腺功能亢进症【医】

甲亢性心脏病*⟶甲状腺毒性心脏病【医】

甲醛甲酚*⟶甲醛煤酚【医】

甲醛煤酚（formocresol）相关词：甲醛甲酚*。【医】

甲上皮（eponychium）相关词：指甲上皮*。【生物】

甲下皮（hyponychium）相关词：甲床*。【生物】

甲状旁腺功能减退症（hypoparathyroidism）相关词：甲减&；甲状旁腺机能减退症*。【医】

甲状旁腺机能减退症*⟶甲状旁腺功能减退症【医】

甲状腺刺激激素*⟶促甲状腺激素【生物】【医】

甲状腺毒性心脏病（thyrotoxic heart disease）相关词：甲亢性心脏病*，甲状腺机能亢进心脏病*。【医】

甲状腺功能减退心脏病（hypothyroid heart disease）相关词：甲减性心脏病*，甲状腺功能减退性心脏病*，甲状腺机能

▲无标记且有英文对译的，为“规范词”。▲标“&”的为“简称”，可与规范词等效使用。
▲标“#”的为“又称”，不推荐使用。▲标“*”的为“非规范词”，不能使用。

减退心脏病*。【医】

甲状腺功能减退性心脏病*⟶甲状腺功能减退心脏病【医】

甲状腺功能亢进症（hyperthyroidism）相关词：甲亢&。【医】

甲状腺机能减退心脏病*⟶甲状腺功能减退心脏病【医】

甲状腺机能亢进心脏病*⟶甲状腺毒性心脏病【医】

钾矾*⟶明矾【化学】

钾铝矾#⟶明矾【化学】

钾明矾*⟶明矾【化学】

假病毒粒子（pseudovirion）相关词：假病毒体#；拟病毒子*。【生物】

假病毒体#⟶假病毒粒子 【生物】

假彩色（false color）相关词：伪彩色*，伪色*，伪造色*，虚拟色*。【测绘】【地理】【海洋】【航天】【农】

假瘤*⟶假性肿瘤【医】

假卤素*⟶拟卤素【化学】

假膜性结肠炎（pseudomembranous colitis）相关词：伪膜性肠炎*。【医】

假膜性小肠结肠炎（pseudomembranous enterocolitis）相关词：伪膜性肠炎*。【医】

假痛风*⟶焦磷酸钙沉积症【医】

假性痛风*⟶焦磷酸钙沉积症【医】

假性肿瘤（pseudotumor）相关词：假瘤*，假肿瘤*，炎性假瘤*。【医】

假肿瘤*⟶假性肿瘤【医】

架桥*⟶桥接【信息】

jian

尖头千分尺（point micrometer）相关词：点测头千分尺*。【机械】

间脑病（diencephalosis）相关词：间脑炎*。【医】

间脑炎*⟶间脑病【医】

监察任务*⟶监控任务【信息】

监督程序*⟶监控程序【信息】

监督器*⟶监视器【信息】

监督任务*⟶监控任务【信息】

监控程序（monitor program）相关词：监督程序*，监视程序*。【信息】

监控器*⟶监视器【信息】

监控任务（monitor task）相关词：监察任务*，监督任务*。【信息】

监控信号*⟶导频信号【信息】

监视程序*⟶监控程序【信息】

监视器（monitor）相关词：监督器*，监控器*。【信息】

兼容性（compatibility）相关词：相容性#；适用性*。【信息】

检波*⟶整流【物理】

检波器*⟶整流器【物理】【信息】

检波器变压器*⟶整流变压器【信息】

检测时间*⟶测试时间【信息】

检查码*⟶错误检验码【信息】

检错（error detection）相关词：差错检测#；错误检测*，误差检测*，侦误*。【信息】

检错码[1]（error detection code）相关

词：错误检测代码*，错误检测码*，误差检测码*，侦误码*。【信息】

检错码2#→错误检验码【信息】

检漏1（leak detection）相关词：泄漏检测#；密闭性检查*。【信息】

检漏2*→密封性检验【机械】

检索树*→搜索树【信息】

检相（phase detection）相关词：相位检测#。【信息】

检验程序*→测试程序【信息】

检验点*→测试点【信息】

检验位#→校验位【数】【信息】

减光*→消光【地质】【航天】【天文】【物理】

减活剂*→钝化剂【机械】

减速机#→减速器【机械】

减速面积*→慢化面积【计量】

减速器（speed reducer）相关词：减速机#，减速箱#。【机械】

减速箱#→减速器【机械】

减压*→对比压力【化工】

减震*→阻尼【物理】

剪变模量*→剪切模量【计量】

剪切面*→剪切平面【机械】

剪切模（shear mode）相关词：切变模*。【物理】

剪切模量（shear modulus）相关词：刚性模量#，库仑模量#，切变模量#；剪变模量*。【计量】

剪切平面（shear plane）相关词：剪切面*，切变面*。【机械】

睑痉挛&→眼睑痉挛【医】

睑裂斑（pinguecula）相关词：结膜黄斑*。【医】

简单透镜*→单透镜【信息】

简化温度*→对比温度【化工】

简正模&→简正模式【物理】

简正模式（normal mode）相关词：简正模&；标准模式*，正规模式*。【物理】

简正频率（normal frequency）相关词：标准频率*。【物理】

简正振动（normal mode of vibration）相关词：标准模振动*。【物理】

简正坐标（normal coordinate）相关词：标准坐标*，正规坐标*。【物理】

碱法纸浆*→烧碱法浆【林】

碱化层*→钠质层【土壤】

碱金属（alkali metal）相关词：碱性金属*。【化学】

碱熔（alkali fusion）相关词：加碱熔化*，碱熔融*，与碱共熔*。【化学】

碱熔融*→碱熔【化学】

碱土金属（alkaline earth metal）相关词：碱土族金属*。【化学】

碱土族金属*→碱土金属【化学】

碱性反流性胃炎（alkaline reflux gastritis）相关词：碱性返流性胃炎*。【医】

碱性返流性胃炎*→碱性反流性胃炎【医】

碱性金属*→碱金属【化学】

间断焊*→断续焊【机械】

▲无标记且有英文对译的，为“规范词”。▲标“&”的为“简称”，可与规范词等效使用。
▲标“#”的为“又称”，不推荐使用。▲标“*”的为“非规范词”，不能使用。

间断基因*→割裂基因【生物】【医】

间断聚合*→间歇聚合【化学】

间发错误（intermittent error）相关词：断续误差*，间歇错误*，间歇误差*，间歇性错误*。【信息】

间发故障*→间歇故障【机械】【信息】

间接地址（indirect address）相关词：间接位址*。【信息】

间接位址*→间接地址【信息】

间歇补料分批发酵*→分批补料发酵【药】

间歇错误*→间发错误【信息】

间歇故障（intermittent fault）相关词：间发故障*。【机械】【信息】

间歇聚合（batch polymerization）相关词：分批聚合#；间断聚合*。【化学】

间歇式炉（batch furnace）相关词：非连续式炉#；分层式烘炉*，分批式炉*，分批装料炉*。【机械】

间歇误差*→间发错误【信息】

间歇性错误*→间发错误【信息】

建模（modeling）相关词：造形#。【信息】

健康期望寿命*→健康预期寿命【医】

健康预期寿命（active life expectancy）相关词：健康期望寿命*。【医】

渐开螺旋面（involute helicoid）相关词：渐开线螺旋面*。【机械】

渐开线（involute）相关词：伸开线*。【机械】

渐开线齿廓（involute profile）相关词：渐开线齿形*。【机械】

渐开线齿轮&→渐开线圆柱齿轮【机械】

渐开线齿形*→渐开线齿廓【机械】

渐开线螺旋面*→渐开螺旋面【机械】

渐开线圆柱齿轮（involute cylindrical gear）相关词：渐开线齿轮&。【机械】

渐现*→淡入【信息】

渐隐*→淡出【信息】

腱膜（aponeurosis）相关词：筋膜*。【生物】

溅射薄膜磁盘（sputtered film disk）相关词：溅射膜盘&。【信息】

溅射膜盘&→溅射薄膜磁盘【信息】

鉴幅器（amplitude discriminator）相关词：幅度甄别器*，振幅鉴别器*。【信息】

鉴频（frequency discrimination）相关词：频率辨别*，频率鉴别*。【信息】

鉴权中心（authentication center）相关词：验证中心*。【信息】

鉴相（phase discrimination）相关词：相位判别*，相位鉴别*。【信息】

键接*→键联接【机械】

键连接*→键联接【机械】

键联接（key joint）相关词：键接*，键连接*。【机械】

键能（bond energy）相关词：化学键能#；结合能*。【化学】

键盘图*→键位布局【信息】

键强度（bond strength）相关词：粘合

强度*。【化学】

键式开关（key switch）相关词：电键开关*，钥匙开关*。【机械】

键位布局（keyboard layout）相关词：键盘图*。【信息】

jiang

浆母细胞#→成浆细胞【生物】【医】

降解代谢*→分解代谢【化工】【生物】

降频转换（frequency downconversion）相关词：频率下转换*，下变频*。【物理】

降糖药*→降血糖药【药】

降血糖药（hypoglycemic）相关词：降糖药*。【药】

降血压药*→抗高血压药【药】

降压药*→抗高血压药【药】

jiao

交变载荷*→循环载荷【机械】

交叉存取（interleaving access）相关词：交叉访问*，交叉获取*，交错存取*，交错访问*。【信息】

交叉访问*→交叉存取【信息】

交叉获取*→交叉存取【信息】

交叉连接（cross connect）相关词：混线连接*，交叉链接*，交扰连接*，相交连接*。【信息】

交叉链接*→交叉连接【信息】

交叉偶合*→交叉耦合【信息】

交叉偶联*→交叉耦合【信息】

交叉耦合（cross coupling）相关词：交叉耦联#；互耦*，交叉偶合*，交叉偶联*。【信息】

交叉耦联#→交叉耦合【信息】

交叉调制1（cross modulation）相关词：交叉相位调制*，交扰调制*，交调*。【信息】

交叉调制2*→互调【信息】

交叉吸收&→交叉吸收试验【医】

交叉吸收试验（cross absorption test）相关词：交叉吸收&；交互吸收试验*。【医】

交叉相位调制*→交叉调制1【信息】

交错存取*→交叉存取【信息】

交错定理（alternation theorem）相关词：变换定理*，交替定理*。【信息】

交错访问*→交叉存取【信息】

交点场*→会切磁场【物理】

交点磁场*→会切磁场【物理】

交互方式（interactive mode）相关词：对话方式*，会话方式*，交作模态*。【信息】

交互检索*→交互式查找【信息】

交互式查找（interactive searching）相关词：交互检索*。【信息】

交互式系统（interactive system）相关词：交互系统&；交作系统*。【信息】

交互式语言（interactive language）相关词：对话语言*，互动式语言*，交互语言*。【信息】

交互吸收试验*→交叉吸收试验【医】

交互系统&⟶交互式系统【信息】

交互语言*⟶交互式语言【信息】

交换程序*⟶对换程序【信息】

交换方式*⟶对换方式【信息】

交换集*⟶对换集【信息】

交换模式*⟶对换方式【信息】

交换时间*⟶对换时间【信息】

交换式网络#⟶交换网络【信息】

交换态*⟶对换方式【信息】

交换网&⟶交换网络【信息】

交换网络（switching network）相关词：交换网&；交换式网络#；交接网络*，开关网络*。【信息】

交换子（commutator）相关词：转接器*。【数】【信息】

交接网络*⟶交换网络【信息】

交流伺服电动机（alternating current servomotor）相关词：交流伺服电机*。【机械】

交流伺服电机*⟶交流伺服电动机【机械】

交流电位差计（AC potentiometer）相关词：交流电位计*。【机械】

交流电位计*⟶交流电位差计【机械】

交扰连接*⟶交叉连接【信息】

交扰调制*⟶交叉调制1【信息】

交替定理*⟶交错定理【信息】

交替路径选择*⟶迂回选路【信息】

交替路由*⟶迂回选路【信息】

交调*⟶交叉调制1【信息】

交作模态*⟶交互方式【信息】

交作系统*⟶交互式系统【信息】

胶蛋白*⟶胶原蛋白【生物】

胶化&⟶胶态化【化学】

胶凝作用（gelation）相关词：凝胶固化*，凝胶形成*。【化学】

胶态化（colloidization）相关词：胶化&；胶体化*。【化学】

胶体过滤*⟶凝胶过滤【化工】

胶体化*⟶胶态化【化学】

胶元*⟶胶原蛋白【生物】

胶元蛋白*⟶胶原蛋白【生物】

胶原&⟶胶原蛋白【生物】

胶原蛋白（collagen）相关词：胶原&；胶蛋白*，胶元*，胶元蛋白*。【生物】

胶粘剂*⟶黏合剂【化学】

胶状伪足*⟶黏足【生物】

胶着剂*⟶黏结剂【机械】

焦电效应*⟶热释电效应【物理】

焦度&⟶透镜焦度【计量】

焦化*⟶结焦【化工】

焦痂切除术（escharectomy）相关词：切除焦痂#；切痂*，切痂术*，削痂*。【医】

焦痂切开术（escharotomy）相关词：切开焦痂#；切痂*。【医】

焦磷酸钙沉积病*⟶焦磷酸钙沉积症【医】

焦磷酸钙沉积症（calcium pyrophosphate deposition disease）相关词：假痛风*，假性痛风*，焦磷酸钙沉积病*，焦磷酸钙结晶沉积症*，焦磷酸关

▲无标记且有英文对译的，为“规范词”。▲标“&”的为“简称”，可与规范词等效使用。
▲标“#”的为“又称”，不推荐使用。▲标“*”的为“非规范词”，不能使用。

节病*，焦磷酸盐关节病*。【医】

焦磷酸钙结晶沉积症*⟶焦磷酸钙沉积症【医】

焦磷酸关节病*⟶焦磷酸钙沉积症【医】

焦磷酸盐关节病*⟶焦磷酸钙沉积症【医】

焦木酸液*⟶木醋液【林】

角波率*⟶角波数【计量】

角波数（angular repetency; angular wavenumber）相关词：角波率*，圆波数*。【计量】

角传动*⟶角度传动【机械】

角蛋白（keratin）相关词：角质化蛋白#；角质蛋白*，角质素*。【化工】【生物】【医】

角动*⟶角向运动【物理】

角动量#⟶动量矩【计量】【力】【水利】

角度传动（angle drive）相关词：角传动。*【机械】

角化不全（parakeratosis）相关词：不全角化#，角化不全症#；角化异常*。【医】

角化不全症#⟶角化不全【医】

角化过度（hyperkeratosis）相关词：角化过度症#；过角化病*。【医】

角化过度症#⟶角化过度【医】

角化异常*⟶角化不全【医】

角结膜干燥症*⟶干燥性角膜结膜炎【医】

角截面（angular cross-section）相关词：微分截面#。【计量】

角膜斑翳（corneal macula）相关词：角膜斑状*，角膜翳*。【医】

角膜斑状*⟶角膜斑翳【医】

角膜薄翳（corneal nebula）相关词：角膜翳*，角膜云翳*。【医】

角膜带状变性（band-shaped degeneration of cornea）相关词：带状角膜病变*。【医】

角膜移植*⟶角膜移植术【医】

角膜移植术（keratoplasty）相关词：角膜移植*。【医】

角膜翳 1*⟶角膜薄翳【医】

角膜翳 2*⟶角膜斑翳【医】

角膜云翳*⟶角膜薄翳【医】

角频*⟶角频率【机械】【计量】

角频率（angular frequency; pulsatance）相关词：圆频率#；角频*。【机械】【计量】

角位移*⟶角向运动【物理】

角向运动（angular motion）相关词：角运动&；角动*，角位移*，姿态运动*。【物理】

角孕*⟶宫角妊娠【医】

角运动&⟶角向运动【物理】

角质蛋白*⟶角蛋白【化工】【生物】【医】

角质化蛋白#⟶角蛋白【化工】【生物】【医】

角质素*⟶角蛋白【化工】【生物】

▲无标记且有英文对译的，为“规范词”。▲标“&”的为“简称”，可与规范词等效使用。
▲标“#”的为“又称”，不推荐使用。▲标“*”的为“非规范词”，不能使用。

【医】

绞合导线（stranded conductor）相关词：绞线&；多芯导线*，绞合线*，绞制导线*。【电】【信息】

绞合线*⟶绞合导线【电】【信息】

绞接*⟶接头【信息】

绞线&⟶绞合导线【电】【信息】

绞窄性疝（strangulated hernia）相关词：嵌顿疝*。【医】

绞制导线*⟶绞合导线【电】【信息】

铰接*⟶铰链连接【机械】

铰链连接（hinge；pilot pin joint）相关词：铰接*。【机械】

校验位（check digit）相关词：核对数字#，检验位#；核对数位*。【数】【信息】

校准带（calibration tape）相关词：测试带*。【信息】

酵素分析*⟶酶法分析【化工】

jie

阶梯光栅（echelon grating）相关词：梯阵光栅*。【机械】【天文】【物理】

阶梯近似*⟶梯图近似【物理】

阶梯天线（stepped antenna）相关词：步阶天线*，分段天线*，分级天线*。【信息】

阶跃机构*⟶步进运动机构【机械】

阶组结构*⟶层次结构【信息】

阶组网路*⟶分级网络【信息】

接触点*⟶触点【机械】

接触点焊*⟶电阻点焊【机械】

接触电阻加热淬火（contact resistant hardening）相关词：电接触淬火#。【机械】

接触腐蚀*⟶微动腐蚀【机械】

接触焊*⟶电阻焊【机械】

接达*⟶接入【信息】

接达法*⟶存取方法【信息】

接达权*⟶访问权【信息】

接达时间*⟶存取时间【信息】

接达周期*⟶访问周期【信息】

接合件*⟶紧固件【机械】

接合零件*⟶紧固件【机械】

接近*⟶访问【地理】【信息】

接口（interface）相关词：分界面*。【船舶】【大气】【地理】【电】【建】【信息】

接口处速率*⟶接口速率【信息】

接口速率（interface rate）相关词：接口处速率*。【信息】

接力切换（relay handoff）相关词：继电器切换*，无线电接力切换*。【信息】

接力站#⟶中继站【信息】

接入（access）相关词：接达*。【信息】

接入码（access code）相关词：出入口代码*，存取码*。【信息】

接入碰头*⟶接入争用【信息】

接入速率（access rate）相关词：访问速度*，取数速率*。【信息】

接入线（access line）相关词：进路线*，入口线*，通道线*。【信息】

▲无标记且有英文对译的，为“规范词”。▲标“&”的为“简称”，可与规范词等效使用。
▲标“#”的为“又称”，不推荐使用。▲标“*”的为“非规范词”，不能使用。

接入协议（access protocol）相关词：存取协议*，访问协议*。【信息】

接入争用（access contention）相关词：接入碰头*。【信息】

接头（splice）相关词：绞接*。【信息】

接线图（connection diagram）相关词：连接图*。【机械】

接枝反应*→接枝聚合【化工】【化学】

接枝共聚*→接枝聚合【化工】【化学】

接枝共聚物*→接枝聚合物【化工】【化学】

接枝聚合（graft polymerization）相关词：接枝聚合反应#；接枝反应*，接枝共聚*。【化工】【化学】

接枝聚合反应#→接枝聚合【化工】【化学】

接枝聚合物（graft polymer）相关词：接枝共聚物*。【化工】【化学】

秸秆肥（straw manure）相关词：草肥*。【土壤】

节流器（restrictor）相关词：限流器*。【机械】

节能型计算机*→绿色计算机【信息】

节拍脉冲*→时钟脉冲【信息】

拮抗&→拮抗作用【生物】

拮抗作用（antagonism）相关词：拮抗&；对抗*，颉颃*。【生物】

洁净室（clean room）相关词：净化室*，无尘室*。【信息】

洁净台（clean bench）相关词：净化台*。【信息】

结构结晶学*→结构晶体学【物理】

结构晶体学（structural crystallography）相关词：构造结晶学*，构造晶体学*，结构结晶学*。【物理】

结构水（constitution water）相关词：构造水*，组织水*。【化学】

结果代码*→目标代码【信息】

结合力*→啮合力【信息】

结合能*→键能【化学】

结合终止#→偶合终止【化学】

结核菌素试验（tuberculin test）相关词：结素试验*。【医】

结核瘤*→结核球【医】

结核球（tuberculoma）相关词：结核瘤*。【医】

结焦（coking）相关词：焦化*。【化工】

结晶（crystallization）相关词：一次结晶#；晶化*，晶体形成*。【机械】

结晶沉淀*→晶形沉淀【化学】

结晶定向*→晶向【材料】【物理】

结晶化学*→晶体化学【化学】

结晶结构*→晶体结构【化学】

结晶习性*→晶癖【化学】

结晶样视网膜变性（crystalline degeneration of retina）相关词：晶体性视网膜病变*。【医】

结膜黄斑*→睑裂斑【医】

结素试验*→结核菌素试验【医】

睫毛倒生*→倒睫【医】

截面（cross section）相关词：横截面*。【物理】

▲无标记且有英文对译的，为"规范词"。▲标"&"的为"简称"，可与规范词等效使用。
▲标"#"的为"又称"，不推荐使用。▲标"*"的为"非规范词"，不能使用。

截面二次极矩（second polar moment of area）相关词：极惯性矩#，截面极惯性矩#。【计量】

截面二次矩（second moment of area）相关词：惯性矩#，截面二次轴矩#；截面惯性矩*。【计量】

截面二次轴矩#⟶截面二次矩【计量】

截面惯性矩*⟶截面二次矩【计量】

截面极惯性矩#⟶截面二次极矩【计量】

截面模数*⟶截面系数【计量】

截面系数（section modulus）相关词：截面模数*。【计量】

解复用#⟶分用【信息】

解离度（degree of dissociation）相关词：离解度*。【计量】

解离复合*⟶离解复合过程【物理】

解离酶（resolvase）相关词：游离酶*。【生物】

解码器*⟶反编译程序【信息】

解密#⟶脱密【信息】

解扰码器（descrambler）相关词：解扰器&。【信息】

解扰器&⟶解扰码器【信息】

解溶*⟶去溶剂化【化工】【化学】

解脂酶*⟶脂肪分解酶【医】

介电常量#⟶电容率1【物理】

介电常数（dielectric constant）相关词：电容率#，绝对介电常数#；介质常数*。【计量】

介电电泳（dielectrophoresis）相关词：介电泳*，双向电泳*。【物理】

介电电泳力（dielectrophoresis force）相关词：双向电泳力*。【物理】

介电损耗（dielectric loss）相关词：介电损失*。【物理】

介电损失*⟶介电损耗【物理】

介电体（dielectric）相关词：介电质*，绝缘材料*。【物理】

介电系数*⟶电容率1【物理】

介电泳*⟶介电电泳【物理】

介电质*⟶介电体【物理】

介面*⟶界面【材料】【船舶】【地理】【海洋】【航海】【化工】【化学】【力】【生物】【物理】【信息】【冶金】

介面张力*⟶界面张力【化工】

介入损耗#⟶插入损耗【计量】【建】【信息】

介稳态*⟶亚稳态【化工】

介稳状态*⟶亚稳态【化工】

介质（medium）相关词：媒介物*。【物理】

介质常数*⟶介电常数【计量】

介质天线（dielectric antenna）相关词：电介质天线*，绝缘材料天线*。【信息】

介质网关*⟶媒体网关【信息】

介质网关控制器*⟶媒体网关控制器【信息】

界面（interface）相关词：介面*。【材料】【船舶】【地理】【海洋】【航海】【化工】【化学】【力】【生物】【物理】【信息】【冶金】

界面润滑*⟶边界润滑【航海】【机械】【力】

界面条件*⟶边界条件【材料】【大气】【航天】【化工】【石油】【物理】【信息】

界面相#⟶分界表面【化工】

界面张力（interfacial tension）相关词：介面张力*，面际张力*。【化工】

jin

金属镀层*⟶金属涂层【机械】

金属硫蛋白（metallothionein）相关词：金属硫因*。【化学】

金属硫因*⟶金属硫蛋白【化学】

金属喷涂¹（metal spraying）相关词：喷金*。【机械】

金属喷涂²*⟶金属涂层【机械】

金属陶瓷（cermet；metallic ceramics；metal ceramic）相关词：陶瓷金属#；含陶合金*，金属瓷料*。【化学】

金属涂层（metallic coating）相关词：金属镀层*，金属喷涂*。【机械】

金属–氧化物–半导体场效应晶体管#⟶MOS场效晶体管【物理】

金属瓷料*⟶金属陶瓷【化学】

金相显微镜（metallurgical microscope）相关词：冶金显微镜*。【机械】

筋膜*⟶腱膜【生物】

筋膜瓣（fascial flap）相关词：筋膜蒂*。【医】

筋膜蒂*⟶筋膜瓣【医】

紧凑天体*⟶致密天体【物理】

紧定螺钉（set screw）相关词：定位螺丝*，紧定螺丝*，锁止螺钉*，支头螺丝*。【机械】

紧定螺丝*⟶紧定螺钉【机械】

紧固件（fastener）相关词：接合件*，接合零件*，紧固零件*。【机械】

紧固零件*⟶紧固件【机械】

紧急按钮*⟶应急按钮【信息】

紧急保险开关*⟶紧急开关【信息】

紧急开关（emergency switch）相关词：紧急保险开关*，应急开关*。【信息】

紧急通信*⟶应急通信【信息】

紧急制动器*⟶安全制动器【机械】

紧靠型天线*⟶共形天线【信息】

紧靠型阵列天线*⟶共形阵天线【航空】【信息】

进路线*⟶接入线【信息】

进入*⟶访问【地理】【信息】

近地面层#⟶地被层【大气】【林】【土壤】

近交（inbreeding）相关词：近亲繁殖*，近亲交配*，同系繁殖*。【生物】

近交繁殖衰退*⟶近交退化【农】

近交退化（inbreeding depression）相关词：近交繁殖衰退*，近亲繁殖衰退*，自交衰退*。【农】

近晶相*⟶层状相【物理】

近亲繁殖*⟶近交【生物】

近亲繁殖衰退*⟶近交退化【农】

近亲交配*—→近交【生物】

近同步网*—→准同步网【信息】

劲度&—→劲度系数【物理】

劲度系数（coefficient of stiffness）相关词：劲度&；刚性系数*，倔强系数*。【物理】

浸镀（immersion plating）相关词：浸入电镀*，浸渍镀*。【化工】【机械】

浸焊*—→浸渍钎焊【机械】

浸渐绝热逼近*—→浸渐绝热近似【物理】

浸渐绝热近似（double adiabatic approximation）相关词：浸渐绝热逼近*，双绝热逼近*，双绝热近似*。【物理】

浸渐启闭（adiabatic switching）相关词：绝热交换*，绝热开关*，绝热整流*。【物理】

浸渐演化（adiabatic evolution）相关词：绝热演化*。【物理】

浸没润滑*—→油浴润滑【机械】

浸入电镀*—→浸镀【化工】【机械】

浸入焊接*—→浸渍钎焊【机械】

浸油离合器#—→湿式离合器【机械】

浸渍镀*—→浸镀【化工】【机械】

浸渍钎焊（dip brazing；dip soldering）相关词：沉浸钎焊*，浸焊*，浸入焊接*。【机械】

禁止脉波*—→禁止脉冲【信息】

禁止脉冲（inhibit pulse）相关词：禁止脉波*，禁阻脉冲*，抑制脉波*。【信息】

禁止输入（inhibiting input）相关词：抑制输入*。【信息】

禁阻脉冲*—→禁止脉冲【信息】

jing

经产孕妇*—→经孕妇【医】

经典电子半径（classical electron radius）相关词：电子半径*。【计量】

经间出血（intermenstrual bleeding）相关词：月经中期出血*。【医】

经皮给药系统1*—→透皮给药系统【药】

经皮给药系统2*—→透皮治疗系统【药】

经前紧张征（premenstrual tension syndrome）相关词：经前紧张症*，经前紧张综合征*，经前期紧张综合征*。【医】

经前紧张症*—→经前紧张征【医】

经前紧张综合征*—→经前紧张征【医】

经前期紧张综合征*—→经前紧张征【医】

经孕妇（multigravida）相关词：经产孕妇*。【医】

晶胞#—→单胞【物理】

晶格（lattice；crystal lattice）相关词：晶架*，晶体点阵*，晶体格构*。【化学】【物理】

晶格动力学（lattice dynamics）相关词：点阵动力学*。【物理】

晶格基矢#—→点阵基矢量【计量】

晶格基矢量#—→点阵基矢量【计量】

晶格理论（lattice theory）相关词：点

阵理论*。【化工】
晶格缺陷（lattice defect）相关词：点阵缺陷*。【信息】
晶格散射（lattice scattering）相关词：点阵散射*。【物理】
晶格矢量#⟶格矢【化学】【物理】
晶格振动模式密度#⟶点阵振动模式密度【计量】
晶化*⟶结晶【机械】
晶架*⟶晶格【化学】【物理】
晶粒尺寸#⟶晶粒度【机械】
晶粒度（grain size）相关词：晶粒尺寸#。【机械】
晶面间距#⟶点阵平面间距【计量】
晶癖（crystal habit）相关词：结晶习性*，晶体惯态*，晶习*。【化学】
晶溶发光（lyoluminescence）相关词：水合发光*，水合发光现象*。【物理】
晶体成长*⟶晶体生长【物理】【信息】
晶体蛋白（crystallin）相关词：晶状体球蛋白*。【生物】
晶体的方向*⟶晶向【材料】【物理】
晶体点阵*⟶晶格【化学】【物理】
晶体方向*⟶晶向【材料】【物理】
晶体格构*⟶晶格【化学】【物理】
晶体管（transistor）相关词：电晶体*。【物理】
晶体惯态*⟶晶癖【化学】
晶体化学（crystal chemistry）相关词：结晶化学*。【化学】
晶体键合*⟶晶体结合【物理】
晶体键联*⟶晶体结合【物理】
晶体结构（crystal structure）相关词：结晶结构*，晶体组织*。【化学】
晶体结合（crystal binding）相关词：晶体键合*，晶体键联*。【物理】
晶体生成*⟶晶体生长【物理】【信息】
晶体生长（crystal growth）相关词：晶体成长*，晶体生成*，晶体形成*。【物理】【信息】
晶体形成 1*⟶结晶【机械】
晶体形成 2*⟶晶体生长【物理】【信息】
晶体性视网膜病变*⟶结晶样视网膜变性【医】
晶体闸流管#⟶晶闸管【物理】
晶体组织*⟶晶体结构【化学】
晶习*⟶晶癖【化学】
晶向（crystal direction）相关词：结晶定向*，晶体的方向*，晶体方向*。【材料】【物理】
晶形沉淀（crystalline precipitate）相关词：结晶沉淀*，晶状沉淀*。【化学】
晶闸管（thyristor）相关词：晶体闸流管#；半导体闸流管*，可控硅*，可控硅整流器*。【物理】
晶状沉淀*⟶晶形沉淀【化学】
晶状体玻璃体切除*⟶晶状体切割术【医】
晶状体切除*⟶晶状体切割术【医】
晶状体切割术（lensectomy）相关词：晶状体玻璃体切除*，晶状体切除*，晶

状体切开摘出术*。【医】

晶状体切开摘出术*—→晶状体切割术【医】

晶状体球蛋白*—→晶体蛋白【生物】

晶状体摘出术（extraction of lens）相关词：晶状体摘除*，晶状体摘除术*。【医】

晶状体摘除*—→晶状体摘出术【医】

晶状体摘除术*—→晶状体摘出术【医】

精孢子（spermospore）相关词：雄孢子*。【生物】

精炼油（refined oil）相关词：精制油*。【农】

精密电位计*—→精密电位器【信息】

精密电位器（precision potentiometer）相关词：精密电位计*，精密分压器*。【信息】

精密分压器*—→精密电位器【信息】

精密铸造[1]（precision casting）相关词：熔模铸造*，失蜡铸造*。【机械】

精密铸造[2]*—→熔模铸造[1]【机械】

精明卡*—→智能卡【信息】

精神发育不全#—→精神发育迟缓【医】

精神发育迟缓（mental retardation; MR）相关词：精神发育不全#，智力低下#，智力落后#；精神发育迟滞*。【医】

精神发育迟滞*—→精神发育迟缓【医】

精索囊肿*—→精索水囊肿【医】

精索水囊肿（funicular hydrocele）相关词：精索囊肿*，鞘膜积液*，水蛋*。【医】

精细化*—→细分【信息】

精细颗粒密度*—→细粒密度【物理】

精液缺乏*—→少精子症【医】

精制油*—→精炼油【农】

颈孕*—→宫颈妊娠【医】

景观设计学*—→园林学【林】

景深图*—→深度图【信息】

径流系数*—→流量系数【机械】

径矢（radius vector）相关词：矢径#，矢量径#。【力】【物理】

径矢量*—→径向量【数】

径向&—→径向量【数】

径向变形&—→径向变形量【机械】

径向变形量（radial deflection）相关词：径向变形&；径向位移#。【机械】

径向负荷*—→径向载荷【机械】

径向负载*—→径向载荷【机械】

径向滚珠轴承*—→向心球轴承【机械】

径向滚柱轴承*—→向心滚子轴承【机械】

径向量（radius vector）相关词：径向&；径矢量*，矢量径*，向径*，向量径*。【数】

径向位移#—→径向变形量【机械】

径向载荷（radial load）相关词：径向负荷*，径向负载*。【机械】

净长度*—→固有长度【物理】

净负荷*—→净荷【信息】

净荷（payload）相关词：净负荷*，有效负荷*，有用负荷*。【信息】

净化室*⟶洁净室【信息】

净化台*⟶洁净台【信息】

痉挛性肛部痛（proctalgia fugax）相关词：痉挛性肛门疼痛*，痉挛性肛痛*。【医】

痉挛性肛门疼痛*⟶痉挛性肛部痛【医】

痉挛性肛痛*⟶痉挛性肛部痛【医】

静导电系数*⟶静电导率【物理】

静电导率（static conductivity）相关词：静导电系数*，静电导性*。【物理】

静电导性*⟶静电导率【物理】

静电微粒化*⟶静电雾化【物理】

静电雾化（electrostatic atomization）相关词：静电微粒化*。【物理】

静负荷*⟶静载荷【机械】

静负载*⟶静载荷【机械】

静荷载*⟶静载荷【机械】

静力学（statics）相关词：静态学*。【物理】

静脉出血（venous hemorrhage）相关词：静脉丛出血*。【医】

静脉丛出血*⟶静脉出血【医】

静室*⟶消声室【机械】

静态绑定（static binding）相关词：静态结合*，静态连结*，静态联编*。【信息】

静态重定位（static relocation）相关词：静态再定位*。【信息】

静态存储分配（static memory allocation）相关词：存储内存分配*，存储撇态分配*，静态内存分配*。【信息】

静态存储器（static memory）相关词：静态记忆器*。【信息】

静态记忆器*⟶静态存储器【信息】

静态结合*⟶静态绑定【信息】

静态连结*⟶静态绑定【信息】

静态联编*⟶静态绑定【信息】

静态内存分配*⟶静态存储分配【信息】

静态随机存储器（static RAM；SRAM）相关词：静态随机存取存储器*，静态RAM*。【信息】

静态随机存取存储器*⟶静态随机存储器【信息】

静态学*⟶静力学【物理】

静态再定位*⟶静态重定位【信息】

静态RAM*⟶静态随机存储器【信息】

静载荷（static load）相关词：静负荷*，静负载*，静荷载*，静载重*。【机械】

静载重*⟶静载荷【机械】

静止质量*⟶静质量【物理】

静质量（rest mass）相关词：静止质量*。【物理】

镜反射#⟶规则反射【计量】

镜反射比#⟶规则反射比【计量】

镜像网站*⟶镜像站点【信息】

镜像性形*⟶对映单形【物理】

镜像站*⟶镜像站点【信息】

镜像站点（mirror site）相关词：镜像网站*，镜像站*。【信息】

▲无标记且有英文对译的，为“规范词”。▲标“&”的为“简称”，可与规范词等效使用。
▲标“#”的为“又称”，不推荐使用。▲标“*”的为“非规范词”，不能使用。

jiu

酒精饱和*⟶醇化【化学】

酒精水平仪*⟶气泡式水准仪【机械】

酒精水准仪*⟶气泡式水准仪【机械】

酒糟鼻*⟶酒渣鼻【医】

酒渣鼻（rosacea）相关词：酒糟鼻*。【医】

就绪状态（ready state）相关词：可用状态*，准备状态*。【信息】

ju

居间键（intermediate bond）相关词：媒介键*，中间键*。【物理】

居间态（intermediate state）相关词：中间态*，中间状态*。【物理】

局部变量（local variable）相关词：局部变数*。【信息】

局部变数*⟶局部变量【信息】

局部场理论*⟶局域场论【物理】

局部麻醉（local anesthesia）相关词：局麻*。【医】

局部麻醉药（local anesthetic）相关词：局麻药*。【药】

局部平衡理论*⟶局域平衡理论【物理】

局部区域网广播式通信*⟶局域网广播【信息】

局部区域网络*⟶局域网【信息】

局部使用*⟶局部应用【信息】

局部图象分析*⟶图像分割【信息】

局部退火*⟶不完全退火【机械】

局部性肠炎*⟶局限性肠炎【医】

局部应用（local application）相关词：本地应用*，局部使用*。【信息】

局部自由度（local degree of freedom; redundant degree of freedom）相关词：多余自由度*，冗余自由度*。【机械】

局麻*⟶局部麻醉【医】

局麻药*⟶局部麻醉药【药】

局限系*⟶局域系【物理】

局限性剥脱性舌炎#⟶地图样舌【医】

局限性肠炎（regional enteritis）相关词：局部性肠炎*。【医】

局域场论（local field theory）相关词：本地场理论*，局部场理论*。【物理】

局域平衡理论（local equilibrium theory）相关词：局部平衡理论*。【物理】

局域网（local area network; LAN）相关词：局部区域网络*。【信息】

局域网仿真（LAN emulation）相关词：局域网模拟*。【信息】

局域网广播（LAN broadcast）相关词：局部区域网广播式通信*。【信息】

局域网模拟*⟶局域网仿真【信息】

局域系（localized system）相关词：局限系*。【物理】

巨分子*⟶高分子【材料】【化学】

巨共振（giant resonance）相关词：巨谐振*。【物理】

巨颌症（macrognathia）相关词：家族性骨纤维异常增殖症#，家族性颌骨多

囊性病#，天使病#；颜面肥大*。【医】

巨集语言*—→宏语言【信息】

巨乳症*—→乳房过大【医】

巨谐振*—→巨共振【物理】

巨语言*—→宏语言【信息】

句法分析程序*—→语法分析程序【信息】

剧咳后晕厥*—→咳嗽晕厥【医】

惧畸障碍*—→躯体变形障碍【医】

锯机（sawing machine）相关词：带锯机*。【林】

聚胺*—→多胺【生物】

聚并（coalescence）相关词：聚合*，聚结*。【化工】

聚钙层*—→钙积层【土壤】

聚光镜（condenser lens）相关词：聚光透镜*，聚束透镜*。【机械】

聚光透镜*—→聚光镜【机械】

聚合*—→聚并【化工】

聚合比特率*—→群路比特率【信息】

聚合痤疮*—→聚合性痤疮【医】

聚合带宽（aggregate bandwidth）相关词：聚合体带宽*，聚集带宽*。【信息】

聚合分析*—→聚类分析【信息】

聚合化学*—→高分子化学【化学】

聚合晶体*—→高分子晶体【化学】

聚合体*—→多聚体【生物】【药】

聚合体带宽*—→聚合带宽【信息】

聚合体物理*—→高分子物理学【材料】【物理】

聚合物共混体*—→高分子共混物【化工】

聚合物构造模型*—→聚合物位形模型【物理】

聚合物化学*—→高分子化学【化学】

聚合物理*—→高分子物理学【材料】【物理】

聚合物位形模型（polymer-configuration model）相关词：聚合物构造模型*。【物理】

聚合物物理*—→高分子物理学【材料】【物理】

聚合型痤疮*—→聚合性痤疮【医】

聚合性痤疮（acne conglobata）相关词：聚合型痤疮*，聚合痤疮*。【医】

聚集比特率*—→群路比特率【信息】

聚集带宽*—→聚合带宽【信息】

聚甲醛树脂*—→缩醛树脂【化学】

聚结*—→聚并【化工】

聚晶金刚石（polycrystalline diamond）相关词：多晶体金刚石#；多晶金刚石*。【材料】【机械】

聚类分析（cluster analysis）相关词：聚合分析*。【信息】

聚氯丁二烯（polychloroprene）相关词：氯丁橡胶#；聚氯平*。【化学】

聚氯平*—→聚氯丁二烯【化学】

聚束*—→群聚【物理】

聚束透镜*—→聚光镜【机械】

聚束压缩*—→群聚压缩【物理】

juan

卷积定理（convolution theorem）相关词：涡流定理*，褶积定理*。【信息】

jue

决策函数（decision function）相关词：判定函数*。【信息】

绝对地址（absolute address）相关词：绝对位址*，绝对址*。【信息】

绝对介电常数#⟶介电常数【计量】

绝对粘度*⟶动力黏度【机械】

绝对位址*⟶绝对地址【信息】

绝对温标#⟶热力学温标【电】【化工】【化学】【力】【物理】

绝对温度#⟶热力学温度【电】【化工】【化学】【力】【物理】

绝对址*⟶绝对地址【信息】

绝热交换*⟶浸渐启闭【物理】

绝热开关*⟶浸渐启闭【物理】

绝热演化*⟶浸渐演化【物理】

绝热整流*⟶浸渐启闭【物理】

绝缘材料*⟶介电体【物理】

绝缘材料天线*⟶介质天线【信息】

绝缘系*⟶孤立系【力】【物理】

倔强系数*⟶劲度系数【物理】

jun

均衡指令*⟶比例指令【信息】

均聚物（homopolymer）相关词：同元聚合物*。【材料】【化工】【化学】

均相反应（homogeneous reaction）相关词：单相反应*，均一相反应*，均匀反应*，匀相反应*。【化学】

均一相反应*⟶均相反应【化学】

均一性*⟶均匀性【物理】

均匀反应*⟶均相反应【化学】

均匀性（homogeneity）相关词：均一性*，均质性*。【物理】

均质结*⟶同质结【物理】

均质性*⟶均匀性【物理】

菌败血症*⟶菌血症【医】

菌痢*⟶细菌性痢疾【医】

菌毛（pilus）相关词：伞毛#，纤毛#。【生物】

菌血症（bacteriemia）相关词：菌败血症*。【医】

▲无标记且有英文对译的，为“规范词”。▲标“&”的为“简称”，可与规范词等效使用。
▲标“#”的为“又称”，不推荐使用。▲标“*”的为“非规范词”，不能使用。

K

kai

开尔文温标#⟶热力学温标【电】【化工】【化学】【力】【物理】

开放系统*⟶敞开系统【化工】

开关电容&⟶开关电容器【信息】

开关电容器（switched capacitor）相关词：开关电容&；转换电容器*。【信息】

开关晶体管（switching transistor）相关词：整流晶体管*。【信息】

开关网络*⟶交换网络【信息】

开花期（flowering stage）相关词：花期#；扬花阶段*。【农】

开口环*⟶弹性挡圈【机械】

开口销（split pin）相关词：开尾销*，弹簧销*。【机械】

开始符号（start symbol）相关词：初始符号*，起始符号*。【信息】

开尾销*⟶开口销【机械】

kan

堪德拉*⟶坎德拉【计量】

坎&⟶坎德拉【计量】

坎德拉（candela；cd）相关词：坎&；堪德拉*，支*，支光*，烛光*。【计量】

坎德拉每平方米（candela per square metre；cd/m^2）相关词：坎每平方米&；尼特*。【计量】

坎每平方米&⟶坎德拉每平方米【计量】

kang

康拜因*⟶联合收割机【机械】

康复测评*⟶康复评定【医】

康复评定（rehabilitation evaluation）相关词：康复测评*。【医】

抗病毒程序*⟶防病毒程序【信息】

抗磁共振（diamagnetic resonance）相关词：抗磁谐振*，逆磁共振*。【物理】

抗磁谐振*⟶抗磁共振【物理】

抗磁性（diamagnetism）相关词：逆磁性*。【信息】

抗代谢物（antimetabolite）相关词：代谢拮抗物*。【生物】

抗低血压药（antihypotensive）相关词：升血压药*，升压药*。【药】

抗毒程式*⟶防病毒程序【信息】

抗腐性*⟶耐蚀性【机械】

抗干扰性（immunity）相关词：抗扰性*，免除性*。【信息】

抗高血压药（antihypertensive）相关词：降血压药*，降压药*。【药】

抗寒性*—→越冬性【农】【生物】

抗回火性#—→耐回火性【机械】

抗毁性（invulnerability）相关词：耐攻击性*。【信息】

抗精神病药恶性综合征*—→神经阻滞剂恶性综合征【医】

抗菌法*—→抗菌术【医】

抗菌剂*—→防腐剂【材料】【农】

抗菌术（antisepsis）相关词：抗菌法*。【医】

抗拉应变*—→拉伸应变【物理】

抗老化性能*—→耐老化性【机械】

抗老剂*—→抗氧化剂【化学】

抗链球菌溶血素O试验（antistreptolysin O test）相关词：抗链“O”*。【医】

抗链“O”*—→抗链球菌溶血素O试验【医】

抗霉性*—→防霉性【机械】

抗磨性*—→耐磨性【机械】

抗疲劳性（fatigue resistance）相关词：耐疲劳性*。【机械】

抗球蛋白试验（antiglobulin test）相关词：抗人球蛋白试验*。【医】

抗扰性*—→抗干扰性【信息】

抗人球蛋白试验*—→抗球蛋白试验【医】

抗蚀性*—→耐蚀性【机械】

抗水剂（water repellence agent）相关词：防水剂*。【化学】

抗体吸附试验*—→抗体吸收试验【医】

抗体吸收试验（antibody absorption test）相关词：抗体吸附试验*。【医】

抗锈性*—→耐蚀性【机械】

抗氧化剂（antioxidant）相关词：抗氧剂&；防老剂#；抗老剂*，硬化防止剂*。【化学】

抗氧剂&—→抗氧化剂【化学】

抗元加工*—→抗原加工【生物】

抗原处理*—→抗原加工【生物】

抗原加工（antigen processing）相关词：抗元加工*，抗原处理*。【生物】

kao

拷贝#—→复制【信息】

拷贝保护*—→复制保护【信息】

栲胶（tannin extract）相关词：单宁萃*，栲焦*。【林】

栲焦*—→栲胶【林】

ke

颗粒剂（granule）相关词：冲剂*。【药】

颗粒结构*—→粒状结构【土壤】

颗粒性*—→粒度【信息】

咳嗽性晕厥*—→咳嗽晕厥【医】

咳嗽晕厥（cough syncope）相关词：剧咳后晕厥*，咳嗽性晕厥*。【医】

可凹陷性水肿*—→压凹性水肿【医】

可变电抗二极管*—→变容二极管【物理】

可变电容二极体*—→变容二极管

【物理】

可擦编程只读存储器&→可擦可编程只读存储器【信息】

可擦可编程只读存储器（erasable PROM；EPROM）相关词：可擦编程只读存储器&；可抹程式仅读记忆器*。【信息】

可沉淀抗体*→沉淀性抗体【医】

可重复使用性*→可复用性【信息】

可重复性（repeatability）相关词：重合性*，反复性*，再现性*。【信息】

可达性（reachability；accessibility）相关词：能达到性*，能达性*。【信息】

可懂串话*→可懂串扰【信息】

可懂串扰（intelligible crosstalk）相关词：可懂串话*。【信息】

可锻化处理*→可锻化退火【机械】

可锻化退火（malleablizing）相关词：黑心可锻化退火#；可锻化处理*，韧化*，韧铁退火*，脱碳*。【机械】

可锻铸铁（malleable cast iron）相关词：马铁*，玛钢*，韧性铸铁*，展性铸铁*。【机械】

可分页动态区（pageable dynamic area）相关词：可分页动态区域*，可调页动态区*。【信息】

可分页动态区域*→可分页动态区【信息】

可分页分区（pageable partition）相关词：可调页分区*。【信息】

可分页区*→可分页区域【信息】

可分页区域（pageable region）相关词：可分页区*，可调页区域*。【信息】

可复性*→可恢复性【信息】

可复用性（reusability）相关词：可重复使用性*。【信息】

可复原性*→可恢复性【信息】

可恢复性（recoverability）相关词：可复性*，可复原性*。【信息】

可机误差*→概然误差【物理】

可靠度预计*→可靠性预计【机械】

可靠性检定*→可靠性认证【信息】

可靠性论断*→可靠性预计【机械】

可靠性认证（reliability certification）相关词：可靠性检定*。【信息】

可靠性预计（reliability prediction）相关词：可靠性论断*，可靠度预计*。【机械】

可控硅*→晶闸管【物理】

可控硅整流器[1]（silicon controlled rectifier）相关词：硅可控整流器*。【信息】

可控硅整流器[2]*→晶闸管【物理】

可控性&→可控制性【信息】

可控制性（controllability）相关词：可控性&。【信息】

可扩充语言*→可扩展语言【信息】

可扩缩性（scalability）相关词：可缩放性*。【信息】

可扩展语言（extensible language）相关词：可扩充语言*。【信息】

可抹程式仅读记忆器*→可擦可编程只

读存储器【信息】

可逆阀*→换向阀1【机械】

可逆回火脆性#→第二类回火脆性【机械】

可入肺细颗粒物*→细颗粒物【大气】【化学】【物理】【医】

可视程序设计（visual programming）相关词：直观程序设计*。【信息】

可塑性（plasticity）相关词：可塑造性*，柔软性*，适应性*。【化学】

可塑造性*→可塑性【化学】

可缩放性*→可扩缩性【信息】

可替换参数（replaceable parameter）相关词：可替换型参数*。【信息】

可替换型参数*→可替换参数【信息】

可调页动态区*→可分页动态区【信息】

可调页分区*→可分页分区【信息】

可调页区域*→可分页区域【信息】

可听频率*→音频【信息】

可听声（audible sound）相关词：可听音*，可闻音*。【机械】

可听音*→可听声【机械】

可听阈（threshold of audibility）相关词：听觉临界*，听觉阈*，闻阈*，最小可听值*。【机械】

可弯导线*→软导线【信息】

可弯曲波导*→软波导【信息】

可闻音*→可听声【机械】

可信基准*→置信水平【化工】

可信水平*→置信水平【化工】

可移植性（portability）相关词：易植性*。【信息】

可用功率*→有功功率【计量】【物理】

可用性（availability）相关词：易用性*，有效性*。【机械】【信息】

可用状态*→就绪状态【信息】

可执行程式*→可执行程序【信息】

可执行程序（executable program）相关词：可执行程式*。【信息】

可铸性*→铸造性能【机械】

克（gram；g）相关词：公分*。【计量】

克分子百分数*→摩尔分数【计量】

克分子分数*→摩尔分数【计量】

克分子热容量*→摩尔热容【化学】【计量】

克分子体积*→摩尔体积【计量】

克分子吸收系数*→摩尔吸收系数【计量】

克分子旋光度*→摩尔旋光【化学】

克洛德综合征（Claude syndrome）相关词：一侧肢体共济失调*。【医】

刻度范围*→标度范围【机械】

刻度盘*→度盘【机械】

客户服务（customer service）相关词：用户服务*。【信息】

kong

空程（lost motion）相关词：空动*，无效行程*。【机械】

空动*→空程【机械】

空洞肺结核*→空洞性肺结核【医】

▲无标记且有英文对译的，为“规范词”。▲标“&”的为“简称”，可与规范词等效使用。
▲标“#”的为“又称”，不推荐使用。▲标“*”的为“非规范词”，不能使用。

空洞性肺结核（cavitary pulmonary tuberculosis）相关词：空洞肺结核*。【医】

空间重新配置*→存储再配置【信息】

空间传动机构*→空间机构【机械】

空间机构（spatial mechanism）相关词：空间传动机构*。【机械】

空间集聚*→空间凝集【物理】

空间结块*→空间凝集【物理】

空间静电聚集*→空间静电凝集【物理】

空间静电凝集（electrostatic agglomeration in space）相关词：空间静电聚集*。【物理】

空间凝集（agglomeration in space）相关词：空间集聚*，空间结块*。【物理】

空间通信（space communication）相关词：空间通讯*，宇宙通信*，宇宙通讯*。【信息】

空间通讯*→空间通信【信息】

空间旋转*→空间转动【物理】

空间转动（spatial rotation）相关词：空间旋转*。【物理】

空冷&→空气冷却【电】【化工】【机械】

空冷淬火（air hardening）相关词：空气淬火*，空气硬化*。【机械】

空耦合*→裸耦合【物理】

空气锤（air hammer; pneumatic hammer）相关词：气锤#；风锤*，气动锤*。【机械】

空气淬火*→空冷淬火【机械】

空气干燥*→风干【农】【水产】

空气过滤器（air filter）相关词：滤气器*。【机械】【信息】

空气冷却（air cooling）相关词：空冷&，气冷&；风冷#。【电】【化工】【机械】

空气漂浮生物*→空中漂浮生物【生物】

空气湿度计*→干湿球湿度计【机械】【物理】

空气栓塞（air embolism）相关词：气栓&；气体栓塞*。【医】

空气硬化*→空冷淬火【机械】

空气钻*→气钻【机械】

空壳铸造*→壳型铸造【机械】

空心件铸造*→壳型铸造【机械】

空心铆钉（tubular rivet）相关词：管形铆钉*，管状铆钉*。【机械】

空穴浓度（volumic hole number）相关词：空穴数密度#。【计量】

空穴数密度#→空穴浓度【计量】

空中漂浮生物（aeroplankton）相关词：空气漂浮生物*，气中生物*。【生物】

空中摄影机*→航空摄影机【机械】

空转轮*→导轮2【机械】

孔容#→孔体积【化工】

孔体积（pore volume）相关词：孔容#；孔隙容积*。【化工】

孔隙容积*→孔体积【化工】

▲无标记且有英文对译的，为“规范词”。▲标“&”的为“简称”，可与规范词等效使用。
▲标“#”的为“又称”，不推荐使用。▲标“*”的为“非规范词”，不能使用。

控制阀（control valve）相关词：操纵阀*。【机械】
控制符&⟶控制字符【信息】
控制符号*⟶控制字符【信息】
控制杆*⟶操纵杆【信息】
控制汇编排*⟶控制总线【信息】
控制汇流排*⟶控制总线【信息】
控制开关*⟶操作开关【信息】
控制流（control flow）相关词：控制流程*，控制流向*。【信息】
控制流程*⟶控制流【信息】
控制流向*⟶控制流【信息】
控制数据（control data）相关词：控制资料*。【信息】
控制叙述*⟶控制语句【信息】
控制语句（control statement）相关词：控制叙述*。【信息】
控制资料*⟶控制数据【信息】
控制字符（control character）相关词：控制符&；控制符号*，控制字元*。【信息】
控制字元*⟶控制字符【信息】
控制总线（control bus）相关词：控制汇编排*，控制汇流排*。【信息】

kou

口含片&⟶口含片剂【药】
口含片剂（buccal tablet）相关词：含片&，口含片&；口腔锭*。【药】
口颌系统（stomatognathic system；gnathos-tomatic system）相关词：牙颌组织*。【医】
口腔白斑&⟶口腔白斑症【医】
口腔白斑症（oral leukoplakia）相关词：口腔白斑&；口腔粘膜白斑*，口腔黏膜白斑*。【医】
口腔锭*⟶口含片剂【药】
口腔粘膜白斑*⟶口腔白斑症【医】
口腔黏膜白斑*⟶口腔白斑症【医】
口水*⟶唾液【生物】

ku

苦杏仁酸（mandelic acid）相关词：扁桃酸#。【化学】
库格尔贝格-韦兰德病（Kugelberg-Welander disease）相关词：青少年脊髓性肌萎缩*。【医】
库仑分析#⟶电量分析法【机械】
库仑分析法#⟶电量分析法【机械】
库仑模量#⟶剪切模量【计量】
库欣综合征*⟶皮质醇增多症【医】

kua

跨接插头*⟶转插头【信息】

kuai

块差错概率（block error probability）相关词：块差错几率*，块错误概率*，块误码概率*，误块率*。【信息】
块差错几率*⟶块差错概率【信息】
块传送*⟶成组传送【信息】
块错误概率*⟶块差错概率【信息】

▲无标记且有英文对译的，为“规范词”。▲标“&”的为“简称”，可与规范词等效使用。
▲标“#”的为“又称”，不推荐使用。▲标“*”的为“非规范词”，不能使用。

块根类蔬菜*⟶根菜类蔬菜【农】

块根切碎机*⟶切根机【林】

块规*⟶量块【机械】

块码（block code）相关词：分组密码*。【地理】【信息】

块密码#⟶分组密码1【信息】

块式离合器#⟶摩擦块离合器【机械】

块式制动器（block brake）相关词：闸块制动器#，闸瓦制动器#；块闸*，瓦闸*。【机械】

块误码概率*⟶块差错概率【信息】

块因子*⟶封闭因子【医】

块优先级控制（block priority control）相关词：块优先控制*。【信息】

块优先控制*⟶块优先级控制【信息】

块闸*⟶块式制动器【机械】

块转移*⟶成组传送【信息】

快捷菜单*⟶弹出式选单【信息】

快离子导电体*⟶快离子导体【物理】

快离子导体（fast ionic conductor）相关词：快离子导电体*。【物理】

快取记忆*⟶高速缓冲存储器【信息】

快取记忆器*⟶高速缓冲存储器【信息】

快取记忆体共享*⟶高速缓存共享【信息】

快闪存储器*⟶闪速存储器【信息】

快速存储器*⟶闪速存储器【信息】

快速放空阀*⟶快速排气阀【机械】

快速进行性牙周炎（rapidly progressive periodon- titis）相关词：快速进展型牙周炎*。【医】

快速进展型牙周炎*⟶快速进行性牙周炎【医】

快速排气阀（quick exhaust valve）相关词：快速放空阀*。【机械】

快子（tachyon）相关词：超光速粒子#；速子*。【物理】

kuan

宽带网（broadband network）相关词：宽带网络#；多频网*，宽带网路*，宽频网*，宽频网络*。【信息】

宽带网路*⟶宽带网【信息】

宽带网络#⟶宽带网【信息】

宽带综合服务数字网*⟶宽带综合业务数字网【信息】

宽带综合业务服务网*⟶宽带综合业务数字网【信息】

宽带综合业务数字网（broadband integrated services digital network）相关词：B-ISDN网#；宽带综合服务数字网*，宽带综合业务服务网*。【信息】

宽频网*⟶宽带网【信息】

宽频网络*⟶宽带网【信息】

髋关节膨大*⟶髋增大【医】

髋增大（coxa magna）相关词：大股骨头*，髋关节膨大*。【医】

kuang

矿化&⟶矿化作用【土壤】

矿化作用（mineralization）相关词：矿

▲无标记且有英文对译的，为“规范词”。▲标“&”的为“简称”，可与规范词等效使用。
▲标“#”的为“又称”，不推荐使用。▲标“*”的为“非规范词”，不能使用。

化&；成矿作用*。【土壤】

矿酸*⟶无机酸【化工】【化学】

矿物酸*⟶无机酸【化工】【化学】

框频*⟶帧频【信息】

框速率*⟶帧率【信息】

框同步*⟶帧同步【信息】

框图（block diagram）相关词：方框图*。【机械】【信息】

眶内容摘除术（evisceration of orbit）相关词：眶剜术*，眼眶内容物剜出术*，眼眶内容物摘除术*。【医】

眶剜术*⟶眶内容摘除术【医】

kui

傀标（dummy index）相关词：虚拟指数*，哑指标*。【物理】

馈电线*⟶馈线【信息】

馈电线线路*⟶馈线线路【信息】

馈线（feeder）相关词：馈电线*。【信息】

馈线线路（feeder line）相关词：馈电线线路*。【信息】

kuo

扩充槽（expansion slot）相关词：扩展槽*，扩充插槽*。【信息】

扩充插槽*⟶扩充槽【信息】

扩充码*⟶增信码【信息】

扩管药*⟶血管扩张药【药】

扩频（frequency spread）相关词：频率扩展*，频率展开*。【信息】

扩频码序列（spread spectrum code-sequence）相关词：扩谱码序列*。【信息】

扩频调制（spread spectrum modulation）相关词：扩谱调制*。【信息】

扩谱码序列*⟶扩频码序列【信息】

扩谱调制*⟶扩频调制【信息】

扩散泵（diffusion pump）相关词：扩散抽气机*。【化学】

扩散波*⟶发散波【航海】【物理】

扩散抽气机*⟶扩散泵【化学】

扩散电阻*⟶扩展电阻【信息】

扩散镀铬*⟶渗铬【机械】

扩散焊（diffusion welding；DFW）相关词：扩散焊接*。【机械】

扩散焊接*⟶扩散焊【机械】

扩散钎焊（diffusion brazing）相关词：扩散硬钎焊*。【机械】

扩散渗硅*⟶渗硅【机械】

扩散型阴极*⟶储备式阴极【信息】

扩散硬钎焊*⟶扩散钎焊【机械】

扩增码*⟶增信码【信息】

扩展槽*⟶扩充槽【信息】

扩展电阻（spreading resistance）相关词：扩散电阻*。【信息】

扩张域*⟶超场【物理】

L

la

拉紧轮*⟶张紧轮【机械】

拉曼激光器（Raman laser）相关词：喇曼激光器*。【机械】

拉曼效应（Raman effect）相关词：喇曼效应*。【机械】

拉模铸造*⟶压力铸造【机械】

拉伸应变（tensile strain）相关词：拉应变&；抗拉应变*，张力应变*。【物理】

拉应变&⟶拉伸应变【物理】

喇曼激光器*⟶拉曼激光器【机械】

喇曼效应*⟶拉曼效应【机械】

蜡疗&⟶石蜡疗法【医】

蜡模（wax pattern）相关词：蜡模样*，蜡型*。【机械】

蜡模样*⟶蜡模【机械】

蜡模铸造*⟶熔模铸造1【机械】

蜡型*⟶蜡模【机械】

lai

莱塞*⟶激光【物理】【信息】

赖利-戴综合征（Riley-Day syndrome）相关词：家族性自主神经功能异常*。【医】

lan

阑尾粘液囊肿*⟶阑尾黏液囊肿【医】

阑尾黏液囊肿（appendiceal mucocele）相关词：阑尾粘液囊肿*。【医】

蓝巩膜&⟶蓝色巩膜【医】

蓝色巩膜（blue sclera）相关词：蓝巩膜&。【医】

蓝细菌（cyanobacteria）相关词：蓝藻细菌*。【土壤】

蓝藻细菌*⟶蓝细菌【土壤】

lang

浪涌电流（surge current）相关词：冲击电流*。【信息】

浪涌电压（surge voltage）相关词：冲击电压*，电涌电压*。【信息】

lao

铹后元素（translawrencium element）相关词：锕系后元素#；超锕系*。【化学】

老花*⟶老视【生物】

老花眼*⟶老视【生物】

老化*⟶陈化【化工】【化学】【计量】【药】

老化变硬*—→时效硬化【物理】

老化故障（ageing fault; wear-out fault）相关词：耗损故障#。【机械】

老化皮肤（aging skin）相关词：皮肤老化*。【医】

老化失效（ageing failure; wear-out failure）相关词：耗损失效#；磨损故障*，磨损破坏*，疲劳故障*，消耗失效*。【机械】

老年黄斑变性*—→老年性黄斑变性【医】

老年聋（presbyacusis）相关词：老年性耳聋*。【医】

老年性痴呆*—→阿尔茨海默病【心理】【医】

老年性耳聋*—→老年聋【医】

老年性黄斑变性（senile macular degeneration）相关词：老年黄斑变性*。【医】

老视（presbyopia）相关词：老花*，老花眼*，老视眼*。【生物】

老视眼*—→老视【生物】

酪蛋白（casein）相关词：干酪素*，酪朊*，奶酪素*，乳酪素*。【生物】

酪朊*—→酪蛋白【生物】

le

勒1&—→勒克斯【计量】

勒2*—→对数能降【计量】

勒克司*—→勒克斯【计量】

勒克斯（lux）相关词：勒&；勒克司*。【计量】

lei

雷达领航（radar pilotage）相关词：雷达引航*。【信息】

雷达引航*—→雷达领航【信息】

雷射*—→激光【物理】【信息】

雷射刀*—→激光手术刀【医】

雷射印字机*—→激光打印机【机械】

镭射*—→激光【物理】【信息】

类比（analogy）相关词：类似*。【化工】

类比交换*—→模拟交换【信息】

类磁通守恒（fluxoid conservation）相关词：全磁通守恒*，完全磁通守恒*。【物理】

类电子*—→准电子【物理】

类固醇（steroid）相关词：类甾醇*，类甾体*，拟脂醇*。【生物】

类似*—→类比【化工】

类甾醇*—→类固醇【生物】

类甾体*—→类固醇【生物】

类脂蛋白沉积症*—→类脂质蛋白沉积症【医】

类脂性肾上腺增生（lipoid adrenal hyperplasia）相关词：类脂质性肾上腺增生症*。【医】

类脂质蛋白沉积症（lipoid proteinosis）相关词：类脂蛋白沉积症*。【医】

类脂质性肾上腺增生症*—→类脂性肾上腺增生【医】

leng

棱镜分光谱*⟶棱镜光谱【物理】

棱镜分光仪*⟶棱镜摄谱仪【物理】

棱镜光谱（prismatic spectrum）相关词：棱镜分光谱*。【物理】

棱镜摄谱仪（prism spectrograph）相关词：棱镜分光仪*。【物理】

冷成形（cold working）相关词：冷成型*，冷作*。【机械】

冷成型*⟶冷成形【机械】

冷冻保存*⟶超低温保存【农】

冷冻干燥制品（freeze-dried product）相关词：冻干物料*。【药】

冷冻疗法*⟶冷疗法【医】

冷冻治疗*⟶冷疗法【医】

冷负电极*⟶冷阴极【信息】

冷光镜*⟶冷镜【机械】

冷焊（cold weld）相关词：冷焊缝*，冷压接*。【机械】

冷焊缝*⟶冷焊【机械】

冷剂（cryogen）相关词：冷却剂*，致冷剂*。【物理】

冷阱（cold trap）相关词：冷肼*。【航空】【航天】【机械】【物理】【信息】

冷肼*⟶冷阱【航空】【航天】【机械】【物理】【信息】

冷镜（cold mirror）相关词：冷光镜*。【机械】

冷疗法（cold therapy）相关词：冷冻疗法*，冷冻治疗*。【医】

冷凝热*⟶液化热【化学】

冷凝吸附*⟶低温吸附【物理】

冷凝系*⟶凝聚系统【化学】

冷却剂*⟶冷剂【物理】

冷却曲线（cooling curve）相关词：步冷曲线*。【化学】

冷却循环*⟶制冷循环【化工】

冷杉醇（abienol）相关词：松香醇*。【林】

冷伤（cold injury）相关词：冻伤*，寒冷损伤*。【医】

冷血动物*⟶外温动物【生物】

冷压焊（cold pressure welding）相关词：低温压力焊接*。【机械】

冷压接*⟶冷焊【机械】

冷阴极（cold cathode）相关词：冷负电极*。【信息】

冷硬黏结剂#⟶自硬黏结剂【机械】

冷硬铸铁（chilled cast iron）相关词：激冷铸铁#；冷铸铁*。【机械】

冷铸铁*⟶冷硬铸铁【机械】

冷作*⟶冷成形【机械】

li

厘米（centimetre；cm）相关词：公分*。【计量】

厘米克秒制（CGS system of units）相关词：CGS制#。【物理】

离解度*⟶解离度【计量】

离解复合&⟶离解复合过程【物理】

离解复合过程（dissociative recombination）相关词：离解复合&；分解复合*，分解复合过程*，解离复合*。【物理】

离解激光器（dissociative laser）相关词：分离激光器*，离解雷射*。【物理】

离解雷射*→离解激光器【物理】

离聚物&→离子交联聚合物【材料】

离散波*→发散波【航海】【物理】

离散多频*→离散多载波【信息】

离散多频音*→离散多载波【信息】

离散多音频*→离散多载波【信息】

离散多载波（discrete multitone）相关词：离散多频*，离散多频音*，离散多音频*。【信息】

离线加工*→脱机处理【信息】

离线设备*→脱机设备【信息】

离心浇注1（centrifugal pressure casting）相关词：离心浇铸*，离心铸法*。【机械】

离心浇注2*→离心铸造【机械】

离心浇铸1*→离心浇注1【机械】

离心浇铸2*→离心铸造【机械】

离心离合器（centrifugal clutch）相关词：离心式离合器*。【机械】

离心轮*→离心叶轮【机械】

离心式离合器*→离心离合器【机械】

离心式制动器*→离心制动器【机械】

离心式转速表（centrifugal tachometer）相关词：离心式转速计*，离心转速计*。【机械】

离心式转速计*→离心式转速表【机械】

离心调节器*→离心调速器【机械】

离心调速器（centrifugal governor）相关词：离心调节器*。【机械】

离心叶轮（centrifugal wheel）相关词：离心轮*。【机械】

离心闸*→离心制动器【机械】

离心制动机*→离心制动器【机械】

离心制动器（centrifugal brake）相关词：离心式制动器*，离心闸*，离心制动机*。【机械】

离心铸法*→离心浇注1【机械】

离心铸件*→离心铸造【机械】

离心铸造（centrifugal casting）相关词：离心浇注*，离心浇铸*，离心铸件*。【机械】

离心转速计*→离心式转速表【机械】

离子氮化炉#→真空离子渗氮炉【机械】

离子导电率*→离子电导率【物理】

离子电导率（ionic conductivity）相关词：离子导电率*，离子电导性*。【物理】

离子电导性*→离子电导率【物理】

离子电镀*→离子镀【信息】

离子电镀法*→离子镀【信息】

离子镀（ion plating）相关词：离子电镀*，离子电镀法*。【信息】

离子对（ion pair）相关词：离子偶*。【化学】

离子键（ionic bond）相关词：电价键*，盐键*。【化学】

离子交联聚合物（ionomer）相关词：离聚物&；多离子聚合物*。【材料】

离子密度*⟶离子数密度【计量】

离子偶*⟶离子对【化学】

离子数密度（ion number density）相关词：离子密度*。【计量】

离子移植*⟶离子注入【化学】

离子注入（ion implantation）相关词：离子移植*。【化学】

浬*⟶海里【航海】

理想玻璃（ideal glass）相关词：概念玻璃*。【物理】

理想导体（perfect conductor）相关词：完全导体*。【物理】

理想钟（ideal clock）相关词：概念钟*。【物理】

力臂（arm of force；moment arm）相关词：力矩臂*。【机械】

力传感器（force transducer）相关词：测力传感器*。【机械】

力矩臂*⟶力臂【机械】

力矩传感器（torque transducer）相关词：扭矩传感器*。【机械】

力矩电动机（torque motor）相关词：扭矩电动机*，扭矩马达*，转矩电动机*，转矩电机*，转矩式电动机*。【机械】

力热效应（mechanocaloric effect）相关词：功–热效应*，机械热效应*。【物理】

力学量传感器*⟶力学式传感器【机械】

力学式传感器（mechanical quantity transducer）相关词：力学量传感器*。【机械】

力学试验（mechanical test）相关词：机械试验*。【信息】

力学系&⟶力学系统【力】【物理】

力学系统（mechanical system）相关词：力学系&。【力】【物理】

力学阻抗*⟶机械阻抗【机械】

力阻抗*⟶机械阻抗【机械】

立方米（cubic metre；m^3）相关词：立米*，标准立方米*。【计量】

立方米每秒（cubic metre per second）相关词：立方米/秒*，立米秒*，秒立方米*，秒立米*。【计量】

立方米/秒*⟶立方米每秒【计量】

立即地址（immediate address）相关词：即时地址*，即时位址*，立即位址*，直接地址*。【信息】

立即位址*⟶立即地址【信息】

立米*⟶立方米【计量】

立米秒*⟶立方米每秒【计量】

立面图（elevation）相关词：立视图*，正视图*。【机械】

立木材积*⟶立木蓄积量【林】

立木蓄积&⟶立木蓄积量【林】

立木蓄积量（growing stock）相关词：立木蓄积&；立木材积*，森林蓄积*，森林贮积量*。【林】

立升*⟶升【计量】

立视图*→立面图【机械】

立体测图*→立体映射【信息】

立体对映*→立体映射【信息】

立体光学（stereoptics）相关词：立体投影光学*，体视光学*。【物理】

立体投影*→透视投影【机械】【信息】

立体投影光学*→立体光学【物理】

立体映射（stereomapping）相关词：立体测图*，立体对映*。【信息】

立体照相式记忆器*→全息存储器【信息】

励磁电流*→磁化电流【电】【机械】

励磁曲线*→激发曲线【物理】

励磁线圈*→磁化线圈【机械】

粒度（granularity）相关词：颗粒性*，粒性*。【信息】

粒性*→粒度【信息】

粒状结构（granular structure）相关词：颗粒结构*。【土壤】

粒状渗碳体#→球状渗碳体1【机械】

粒状碳化物#→球状碳化物【机械】

粒状珠光体*→球化体【机械】

粒状组织#→球状组织【机械】

粒子感应X射线发射*→粒子诱发X射线发射【物理】

粒子通量密度#→粒子注量率【计量】

粒子性（corpuscular property）相关词：微粒性*。【物理】

粒子诱发X发射&→粒子诱发X射线发射【物理】

粒子诱发X射线发射（particle induced X-ray emission）相关词：粒子诱发X发射&；粒子感应X射线发射*。【物理】

粒子注量率（particle fluence rate）相关词：粒子通量密度#。【计量】

lian

连串反应（consecutive reaction）相关词：连锁反应*。【化学】

连带电离&→连带电离作用【物理】

连带电离作用（associative ionization）相关词：连带电离&；相关电离作用*。【物理】

连呼*→顺序调用【信息】

连环码（recurrent code）相关词：循环码*。【信息】

连接导向协定*→面向连接协议【信息】

连接力矩（coupling torque）相关词：耦合转动力矩*，耦合转矩*。【信息】

连接图*→接线图【机械】

连锁反应*→连串反应【化学】

连体儿*→联体儿【医】

连桶连铸*→连续铸造【机械】

连头婴*→颅联体【医】

连续焊（continuous welding）相关词：连续焊接*。【机械】

连续焊接*→连续焊【机械】

连续肌电纤维活动综合征*→艾萨克综合征【医】

连续衰变*→系列衰变【物理】

连续铸锭*→连续铸造【机械】

▲无标记且有英文对译的，为“规范词”。▲标“&”的为“简称”，可与规范词等效使用。
▲标“#”的为“又称”，不推荐使用。▲标“*”的为“非规范词”，不能使用。

连续铸造（continuous casting）相关词：连桶连铸*，连续铸锭*，连铸*，全连铸*。【机械】

连铸*⟶连续铸造【机械】

涟波模（rippling mode）相关词：涟模&；脉动模*。【物理】

涟模&⟶涟波模【物理】

联合收割机（combine harvester）相关词：康拜因*，联合收获机*。【机械】

联合收获机*⟶联合收割机【机械】

联合体*⟶络合物【化学】

联机处理（on-line processing）相关词：线上处理*。【信息】

联机排错#⟶联机调试【信息】

联机设备（on-line unit; on-line equipment）相关词：在线设备#；线上设备*。【信息】

联机调试（on-line debug）相关词：联机排错#，在线调试#；线上调试*。【信息】

联接点*⟶关节点【信息】

联体儿（conjoined twins）相关词：连体儿*，联体畸形*，联体婴*，联体婴儿*。【医】

联体畸形*⟶联体儿【医】

联体婴*⟶联体儿【医】

联体婴儿*⟶联体儿【医】

联用网络*⟶对偶网络【信息】

链传动（chain drive）相关词：链驱动*，链条传动*。【机械】

链路加密（link encryption）相关词：通信线路保密*。【信息】

链驱动*⟶链传动【机械】

链式联轴节*⟶链条联轴器【机械】

链条传动*⟶链传动【机械】

链条联轴器（chain coupling）相关词：链式联轴节*，链形连接器*。【机械】

链形连接器*⟶链条联轴器【机械】

liang

良性淋巴上皮病*⟶良性淋巴上皮病变【医】

良性淋巴上皮病变（benign lymphoepithelial lesion）相关词：良性淋巴上皮病*。【医】

梁式天平*⟶杠杆式天平【机械】【计量】

量测变量*⟶被测变量【信息】

量测误差*⟶测量误差【测绘】【机械】【计量】

量块（gage block）相关词：规块*，块规*。【机械】

两性人*⟶真两性畸形【医】

两性物（ampholyte）相关词：两性物质*。【化学】

两性物质*⟶两性物【化学】

亮度1（luminosity）相关词：发光度*。【物理】

亮度2&⟶光亮度【计量】

量纲（dimension）相关词：量纲积#。【物理】

量纲积#⟶量纲【物理】

量纲为一的量（quantity of dimension one）相关词：无量纲量#。【计量】【物理】

量能不灭定律*→能量守恒定律【化工】

量子混沌（quantum chaos）相关词：量子无序*。【物理】

量子集团化（quantum clustering）相关词：量子聚类*，量子团聚*。【物理】

量子聚类*→量子集团化【物理】

量子理论（quantum theory）相关词：量子论*。【物理】

量子论*→量子理论【物理】

量子团聚*→量子集团化【物理】

量子无序*→量子混沌【物理】

量子引力（quantum gravity）相关词：量子重力*。【物理】

量子宇宙*→量子宇宙学【物理】

量子宇宙论*→量子宇宙学【物理】

量子宇宙学（quantum cosmology）相关词：量子宇宙*，量子宇宙论*。【物理】

量子重力*→量子引力【物理】

liao

撩荒地*→弃耕地【土壤】

lie

烈性噬菌体（virulent phage）相关词：毒性噬菌体*。【药】

猎枪弹伤（shotgun wounds）相关词：霰弹枪伤#；散弹枪伤*。【医】

裂变反应碎片*→裂变碎片【物理】

裂变碎片（fission fragment）相关词：分裂碎片*，裂变反应碎片*。【物理】

裂缝率*→面密度【信息】

裂纹舌（fissured tongue）相关词：沟纹舌*。【医】

lin

邻接对（contiguous pair）相关词：邻近对*。【物理】

邻近对*→邻接对【物理】

邻信道串扰*→邻信道干扰【信息】

邻信道干扰（adjacent channel interference）相关词：邻信道串扰*。【信息】

林地冠层*→林冠层【大气】【林】【生物】

林冠&→林冠层【大气】【林】【生物】

林冠层（forest canopy）相关词：冠层&，林冠&；森林冠层#，树冠#；林地冠层*，森林树冠*，树尖*。【大气】【林】【生物】

临产妇*→产妇【医】

临界点[1]（critical point）相关词：关键点*。【大气】【地理】【电】【化工】【化学】【生物】【石油】【数】【物理】【医】

临界点[2]#→相变点【机械】

临界高血压*→临界性高血压【医】

临界路径（critical path）相关词：临界线路*。【化工】【信息】

临界区淬火#→亚温淬火【机械】

临界线路*→临界路径【化工】【信息】

临界性高血压（borderline hypertension）相关词：临界高血压*。【医】

临界载荷*⟶弹簧极限载荷【机械】

临界值*⟶阈值【航天】【化工】【农】【信息】

临界转速（critical speed）相关词：共振转速#；极限速率*。【机械】

临时文件（temporary file）相关词：暂存文件*，暂时性档案*。【信息】

临终关怀#⟶临终照料【医】

临终护理*⟶临终照料【医】

临终照料（terminal care）相关词：临终关怀#；临终护理*，终端护理*。【医】

淋巴瘤性甲状腺肿（struma lymphomatosa）相关词：淋巴性甲状腺炎*。【医】

淋巴球*⟶淋巴细胞【生物】

淋巴细胞（lymphocyte）相关词：淋巴球*。【生物】

淋巴性甲状腺炎*⟶淋巴瘤性甲状腺肿【医】

淋积作用*⟶淀积作用【土壤】

磷化（phosphorization; phosphatizing）相关词：磷酸盐处理#；渗磷*，增磷*。【化学】【机械】

磷酸盐处理#⟶磷化【化学】【机械】

鳞癌*⟶鳞状细胞癌【医】

鳞状细胞癌（squamous cell carcinoma）相关词：鳞癌*。【医】

ling

灵敏开关#⟶微动开关【机械】

灵巧卡*⟶智能卡【信息】

灵长类动物学*⟶灵长类学【生物】

灵长类学（primatology）相关词：灵长类动物学*。【生物】

零磁道*⟶零道【信息】

零道（zero track）相关词：零磁道*。【信息】

零点摆动*⟶零点振动【物理】

零点差*⟶零点误差【机械】

零点误差（zero error）相关词：零点差*，零位误差*，零误差*。【机械】

零点振动（zero-point vibration）相关词：零点摆动*。【物理】

零级地址*⟶虚拟地址【信息】

零件&⟶机械零件【机械】

零件图（detail drawing）相关词：细部图*，详图*。【机械】

零位误差*⟶零点误差【机械】

零位线*⟶零线【机械】【物理】

零误差*⟶零点误差【机械】

零线（zero line）相关词：基线*，基准线*，零位线*。【机械】【物理】

领示信号*⟶导频信号【信息】

领域建模（domain modeling; DM）相关词：领域模型化*。【信息】

领域模型（domain model）相关词：域模型*。【信息】

领域模型化*⟶领域建模【信息】

▲无标记且有英文对译的，为“规范词”。▲标“&”的为“简称”，可与规范词等效使用。
▲标“#”的为“又称”，不推荐使用。▲标“*”的为“非规范词”，不能使用。

令牌传递协议#→权标传递协议【信息】

liu

流（stream）相关词：通量*。【信息】

流变学（rheology）相关词：流动学*。【材料】【化学】【机械】【力】【物理】

流程图（flowchart；flow diagram）相关词：程序框图*，工艺流程图*。【机械】【信息】

流动电势&→流动起电势【物理】

流动起电势（electrokinetic potential）相关词：动电势&，流动电势&；动电位#；电动电位*，电动势*，电动位*。【物理】

流动系数*→流量系数【机械】

流动学*→流变学【材料】【化学】【机械】【力】【物理】

流控制&→流量控制1【信息】

流量1*→体积流率【化工】【计量】【冶金】

流量2*→质量流量【计量】

流量传感器（flow transducer）相关词：流速传感器*。【机械】

流量阀&→流量控制阀【机械】

流量管理#→业务量管理【信息】

流量控制1（flow control）相关词：流控制&；信息流控制*。【信息】

流量控制2#→业务量控制【信息】

流量控制阀（flow control valve）相关词：流量阀&。【机械】

流量系数（flow coefficient）相关词：径流系数*，流动系数*。【机械】

流密度矢量（flux-density vector）相关词：磁通密度矢量*，通量密度矢量*。【物理】

流速传感器*→流量传感器【机械】

流体浸蚀（fluid erosion）相关词：冲蚀*，流体磨蚀*，流体侵蚀磨损*。【机械】

流体摩擦（fluid friction）相关词：流体磨擦*，液体摩擦*。【机械】

流体磨擦*→流体摩擦【机械】

流体磨蚀*→流体浸蚀【机械】

流体侵蚀磨损*→流体浸蚀【机械】

流体润滑*→液体润滑【机械】

流涎症*→涎腺肿大症【医】

流行性角结膜炎*→流行性角膜结膜炎【医】

流行性角膜结膜炎（epidemic kerato-conjunctivitis；EKC）相关词：流行性角结膜炎*。【医】

流阻（flow resistance）相关词：稳态流阻#。【计量】

硫化*→渗硫【机械】

硫属元素（chalcogen）相关词：硫族元素*，氧属元素*，氧族元素*。【化学】

硫族元素*→硫属元素【化学】

六角螺帽*→六角螺母【机械】

六角螺母（hexagon nut）相关词：六角螺帽*。【机械】

六角螺栓*→六角头螺栓【机械】

六角头螺栓（hexagon bolt）相关词：六角螺栓*。【机械】

lou

漏磁系数#⟶漏磁因数【计量】

漏磁因数（magnetic leakage factor）相关词：漏磁系数#。【计量】

漏电缆*⟶泄漏电缆【信息】

漏泄试验*⟶密封性检验【机械】

lu

颅骨粉碎骨折（comminuted fracture of skull）相关词：颅骨粉碎性骨折*。【医】

颅骨粉碎性骨折*⟶颅骨粉碎骨折【医】

颅骨骨盆牵引&⟶颅骨骨盆牵引术【医】

颅骨骨盆牵引术（halo-pelvic distraction）相关词：颅骨骨盆牵引&；头盆环牵引*。【医】

颅骨牵引器*⟶颅骨牵引钳【医】

颅骨牵引钳（Crutchfield tongs）相关词：颅骨牵引器*。【医】

颅联体（craniopagus）相关词：连头婴*。【医】

颅狭窄*⟶狭颅症【医】

卤化钨灯*⟶卤素钨丝灯【机械】

卤素钨灯*⟶卤素钨丝灯【机械】

卤素钨丝灯（tungsten halogen lamp）相关词：卤钨灯&，卤钨丝灯&；卤化钨灯*，卤素钨灯*。【机械】

卤钨灯&⟶卤素钨丝灯【机械】

卤钨丝灯&⟶卤素钨丝灯【机械】

陆稻（upland rice）相关词：旱稻#。【农】

录像磁头*⟶视频磁头【信息】

鹿角形肾结石*⟶肾鹿角状结石【医】

路径保护（trail protection）相关词：跟踪保护*。【信息】

路径分析（path analysis）相关词：通路分析*。【信息】

路由（route）相关词：布线*。【信息】

路由协议*⟶选路协议【信息】

lü

铝化*⟶渗铝【机械】

铝热焊*⟶热剂焊【机械】

绿肥*⟶农家肥【农】

绿色电脑*⟶绿色计算机【信息】

绿色计算机（green computer）相关词：节能型计算机*，绿色电脑*。【信息】

氯丁橡胶#⟶聚氯丁二烯【化学】

滤气器*⟶空气过滤器【机械】【信息】

luan

孪激光器（twin laser）相关词：双激光器*。【物理】

孪晶（twin crystal）相关词：双晶*，双晶体*。【信息】

卵巢功能早衰（premature ovarian fail-

▲无标记且有英文对译的，为“规范词”。▲标“&”的为“简称”，可与规范词等效使用。
▲标“#”的为“又称”，不推荐使用。▲标“*”的为“非规范词”，不能使用。

ure）相关词：卵巢早衰*。【医】

卵巢早衰*⟶卵巢功能早衰【医】

卵黄蛋白1&⟶卵黄磷蛋白【生物】

卵黄蛋白2*⟶卵黄原蛋白1【生物】

卵黄磷蛋白（vitellin）相关词：卵黄蛋白&；蛋黄素*，卵黄原蛋白*，卵磷脂*。【生物】

卵黄原蛋白1（vitellogenin；Vg）相关词：卵黄蛋白*。【生物】

卵黄原蛋白2*⟶卵黄磷蛋白【生物】

卵磷酰胆碱#⟶卵磷脂1【化工】【生物】

卵磷脂1（lecithin）相关词：卵磷酰胆碱#；蛋黄素*。【化工】【生物】

卵磷脂2*⟶卵黄磷蛋白【生物】

lun

轮齿分厘卡*⟶公法线千分尺【机械】【计量】

轮闸鼓*⟶制动鼓【机械】

轮种法*⟶套作【农】

luo

逻辑编程技术*⟶逻辑程序设计【信息】

逻辑编程语言（Logic programming language）相关词：逻辑程序设计语言*。【信息】

逻辑操作*⟶逻辑运算【信息】

逻辑程式规划*⟶逻辑程序设计【信息】

逻辑程序设计（logic programming）相关词：逻辑编程技术*，逻辑程式规划*，逻辑程序设计技术*。【信息】

逻辑程序设计技术*⟶逻辑程序设计【信息】

逻辑程序设计语言*⟶逻辑编程语言【信息】

逻辑地址（logical address）相关词：逻辑位址*。【信息】

逻辑仿真*⟶逻辑模拟【信息】

逻辑模拟（logic simulation）相关词：逻辑仿真*。【信息】

逻辑搜索*⟶布尔查找【信息】

逻辑位址*⟶逻辑地址【信息】

逻辑运算（logic operation）相关词：逻辑操作*。【信息】

螺菌&⟶螺旋菌【生物】

螺帽*⟶螺母【机械】

螺母（nut）相关词：螺帽*。【机械】

螺丝刀（screw-driver）相关词：改锥*，螺丝起子*，起子*。【机械】

螺丝起子*⟶螺丝刀【机械】

螺纹大径（major diameter）相关词：大径&；大直径*，螺纹大直径*，螺纹外径*，外径*。【机械】

螺纹大直径*⟶螺纹大径【机械】

螺纹法兰（screwed flange）相关词：螺旋凸缘*。【机械】

螺纹管（corrugated tubing）相关词：波纹管*。【医】

螺纹环规（screw ring gage）相关词：螺纹卡规#。【机械】

螺纹卡规#⟶螺纹环规【机械】

螺纹连接*⟶螺纹联接【机械】

螺纹联接（screwed joint）相关词：螺纹连接*，螺旋接合*。【机械】

螺纹量规（screw gage）相关词：螺旋千分尺*。【机械】

螺纹内径*⟶螺纹小径【机械】

螺纹外径*⟶螺纹大径【机械】

螺纹小径（minor diameter）相关词：小径&；螺纹内径*，螺纹小直径*，内径*，小直径*。【机械】

螺纹小直径*⟶螺纹小径【机械】

螺烯*⟶螺旋烃【化学】

螺线管（solenoid）相关词：电磁线圈*。【物理】

螺线扫描*⟶螺旋扫描【信息】

螺线式扫描*⟶螺旋扫描【信息】

螺旋齿轮*⟶斜齿轮【机械】

螺旋电位计*⟶螺旋电位器【信息】

螺旋电位器（helical potentiometer）相关词：螺旋电位计*，螺旋分压器*。【信息】

螺旋分压器*⟶螺旋电位器【信息】

螺旋接合*⟶螺纹联接【机械】

螺旋菌（spirillum）相关词：螺菌&；螺旋状菌*，螺旋状菌属*。【生物】

螺旋千分尺*⟶螺纹量规【机械】

螺旋扫描（helical scan）相关词：螺线扫描*，螺线式扫描*。【信息】

螺旋烃（helicene）相关词：螺烯*。【化学】

螺旋凸缘*⟶螺纹法兰【机械】

螺旋状菌*⟶螺旋菌【生物】

螺旋状菌属*⟶螺旋菌【生物】

裸耦合（bare coupling）相关词：空耦合*。【物理】

洛仑兹场*⟶洛伦兹场【物理】

洛伦兹场（Lorentz field）相关词：洛仑兹场*，洛伦兹电场*。【物理】

洛伦兹电场*⟶洛伦兹场【物理】

络合剂（complexing agent；complexant；complex agent）相关词：螯合分散剂#，螯合剂#；配位剂*，钳合剂*。【化学】

络合物（complex）相关词：配合物#，配位化合物#；错合物*，联合体*。【化学】

络离子（complex ion）相关词：配离子#；错离子*。【化学】

▲无标记且有英文对译的，为“规范词”。▲标“&”的为“简称”，可与规范词等效使用。
▲标“#”的为“又称”，不推荐使用。▲标“*”的为“非规范词”，不能使用。

M

ma

麻点*→痘痕【医】

麻口铁*→麻口铸铁【机械】

麻口铸铁（mottled cast iron）相关词：斑铸铁#；麻口铁*，杂晶铸铁*。【机械】

麻子*→痘痕【医】

马鞍鼻*→鞍鼻【医】

马蹄内翻足（talipes equinovarus）相关词：马蹄足畸形*。【医】

马蹄足畸形*→马蹄内翻足【医】

马铁*→可锻铸铁【机械】

马魏氏症候群*→食管黏膜撕裂症【医】

玛钢*→可锻铸铁【机械】

码&→代码【信息】

码变换器*→代码转换器【机械】【信息】

码表*→代码表【信息】

码动*→代码移动【信息】

码稽核*→代码审计【信息】

码间串扰*→符号间干扰【信息】

码间干扰#→符号间干扰【信息】

码检验*→代码审查1【信息】

码块#→码组【信息】

码框同步*→帧同步【信息】

码率*→符号率【信息】

码延伸*→代码扩充【信息】

码优化*→代码优化【信息】

码元同步*→位同步【信息】

码转换器*→代码转换器【机械】【信息】

码组（code block）相关词：码块#；编码块*，代码块*。【信息】

码最佳化*→代码优化【信息】

mai

埋弧焊1（submerged arc welding）相关词：焊剂层下焊*，潜弧焊*。【机械】

埋弧焊2*→焊条电弧焊【机械】

埋头铆钉*→沉头铆钉【机械】

迈*→千米每小时【计量】

脉长调制*→脉宽调制【信息】

脉冲1（pulse）相关词：脉动*。【信息】

脉冲2*→脉动1【大气】【地质】【化工】【机械】【医】

脉冲成形*→脉冲整型【信息】

脉冲成型*→脉冲整型【信息】

脉冲串（pulse train）相关词：脉冲序列*。【信息】

▲无标记且有英文对译的，为“规范词”。▲标“&”的为“简称”，可与规范词等效使用。
▲标“#”的为“又称”，不推荐使用。▲标“*”的为“非规范词”，不能使用。

脉冲电动机*⟶步进电动机【机械】

脉冲电流*⟶脉动电流【物理】

脉冲幅度 (pulse amplitude) 相关词：脉冲振幅*，脉幅*。【信息】

脉冲加热淬火#⟶冲击淬火【机械】

脉冲检波 (pulse detection) 相关词：脉冲检测*。【信息】

脉冲检测*⟶脉冲检波【信息】

脉冲宽度调制#⟶脉宽调制【信息】

脉冲氙灯 (xenon flash lamp) 相关词：氙闪光灯*，氙气闪光灯*。【机械】

脉冲形状鉴别*⟶脉冲形状甄别【物理】

脉冲形状甄别 (pulse-shape discrimination) 相关词：脉冲形状鉴别*。【物理】

脉冲序列*⟶脉冲串【信息】

脉冲选取*⟶时钟提取【信息】

脉冲振幅*⟶脉冲幅度【信息】

脉冲整形*⟶脉冲整型【信息】

脉冲整型 (pulse shaping) 相关词：脉冲成形*，脉冲成型*，脉冲整形*。【信息】

脉动¹ (pulsation) 相关词：脉冲*。【大气】【地质】【化工】【机械】【医】

脉动²*⟶脉冲¹【信息】

脉动场磁控管 (rippled field magnetron) 相关词：波场磁控管*。【信息】

脉动电流 (pulsating current) 相关词：脉冲电流*，脉动直流电流*，脉流*。【物理】

脉动模*⟶涟波模【物理】

脉动循环 (pulsation cycle) 相关词：脉动周期*。【机械】

脉动载荷*⟶变载荷【机械】

脉动直流电流*⟶脉动电流【物理】

脉动周期*⟶脉动循环【机械】

脉幅*⟶脉冲幅度【信息】

脉宽调制 (pulse width modulation) 相关词：脉冲宽度调制#；脉长调制*。【信息】

脉流*⟶脉动电流【物理】

man

慢化面积 (slowing-down area) 相关词：减速面积*。【计量】

慢脉*⟶心动过缓【生物】【医】

慢性匍行性角膜溃疡*⟶蚕食性角膜溃疡【医】

慢性移行性红斑*⟶慢性游走性红斑【医】

慢性龈缘炎*⟶边缘性龈炎【医】

慢性游走性红斑 (erythema chronicum migrans) 相关词：慢性移行性红斑*。【医】

mao

毛发角化病 (keratosis pilaris) 相关词：毛发角化症*。【医】

毛发角化症*⟶毛发角化病【医】

毛管力 (capillary force) 相关词：毛细管力*，毛细作用力*。【农】

毛管容量 (capillary capacity) 相关

词：毛细管容量*，毛细容量*，毛细吸湿量*。【农】

毛过多*⟶多毛症【生物】【医】

毛铁*⟶生铁【机械】

毛细管力*⟶毛管力【农】

毛细管容量*⟶毛管容量【农】

毛细管现象*⟶毛细现象【物理】

毛细容量*⟶毛管容量【农】

毛细吸湿量*⟶毛管容量【农】

毛细现象（capillarity）相关词：毛细管现象*。【物理】

毛细作用力*⟶毛管力【农】

铆钉搭接*⟶铆钉联接【机械】

铆钉接合*⟶铆钉联接【机械】

铆钉联接（riveted joint；riveting）相关词：铆接&；铆钉搭接*，铆钉接合*。【机械】

铆接&⟶铆钉联接【机械】

mei

媒介玻色子*⟶中间玻色子【物理】

媒介键*⟶居间键【物理】

媒介物*⟶介质【物理】

媒介中子*⟶中能中子【物理】

媒体存取控制协议*⟶媒体访问控制协议【信息】

媒体访问控制协议（medium access control protocol；MAC protocol）相关词：MAC协议&；媒体存取控制协议*，媒体接入控制协议*。【信息】

媒体接入控制协议*⟶媒体访问控制协议【信息】

媒体网关（media gateway）相关词：介质网关*，媒质网关*。【信息】

媒体网关控制器（media gateway controller）相关词：介质网关控制器*，媒质网关控制器*。【信息】

媒质网关*⟶媒体网关【信息】

媒质网关控制器*⟶媒体网关控制器【信息】

酶法分析（enzymatic analysis）相关词：酵素分析*，酶分析法*，酞分析*。【化工】

酶分析法*⟶酶法分析【化工】

每秒米*⟶米每秒【计量】

美夸克*⟶b夸克【物理】

men

门限电流*⟶阈值电流【信息】

门限电压*⟶阈值电压【信息】

门限值*⟶阈值【航天】【化工】【农】【信息】

meng

萌出期囊肿（eruption cyst）相关词：萌牙性囊肿*。【医】

萌牙性囊肿*⟶萌出期囊肿【医】

梦幻状态*⟶梦样状态【医】

梦样状态（oneiroid state）相关词：梦幻状态*。【医】

mi

弥补基*—→辅基【药】

弥漫性躯体性血管角化瘤（angiokeratoma corporis diffusum）相关词：弥漫性躯体血管角皮瘤*。【医】

弥漫性躯体血管角皮瘤*—→弥漫性躯体性血管角化瘤【医】

弥散电镀#—→复合电镀【机械】

弥散模型（dispersion model）相关词：分散模型*。【化工】

弥散系数（dispersion coefficient）相关词：分散率*。【土壤】

迷路周围炎*—→迷路周炎【医】

迷路周炎（perilabyrinthitis）相关词：迷路周围炎*。【医】

迷你电脑*—→小型计算机【信息】

米（metre；m）相关词：公尺*。【计量】

米每二次方秒（metre per second squared；m/s^2）相关词：米每秒每秒*。【计量】

米每秒（metre per second；m/s）相关词：每秒米*，秒分之米*，秒米*。【计量】

米每秒每秒*—→米每二次方秒【计量】

米千克力秒制（m-kgf-s system of units）相关词：m-kgf-s制#。【物理】

米四次方*—→四次方米【计量】

米突制*—→米制【物理】

米制（metric system）相关词：公制#；国际公制*，米突制*。【物理】

米制吨*—→吨【计量】

泌尿生殖膈（urogenital diaphragm）相关词：泌尿生殖横膈*。【医】

泌尿生殖横膈*—→泌尿生殖膈【医】

泌气腺*—→气腺【生物】

密闭容器*—→闭式容器【化工】

密闭系统*—→封闭系统【化学】

密闭性检查*—→检漏[1]【信息】

密度波动*—→密度涨落【物理】

密度涨落（density fluctuation）相关词：密度波动*。【物理】

密封*—→封装【地理】【信息】

密封焊*—→密封焊缝【机械】

密封焊缝（seal weld）相关词：密封焊*，致密焊缝*。【机械】

密封性检验（leak test）相关词：检漏*，漏泄试验*，泄漏试验*。【机械】

密码术*—→密码学【信息】

密码算法#—→加密算法【信息】

密码体制#—→密码系统【信息】

密码文本*—→密文【信息】

密码系统（cryptosystem）相关词：密码体制#。【信息】

密码协议*—→加密协议【信息】

密码学（cryptography；cryptology）相关词：密码术*。【信息】

密文（cipher text）相关词：加密电文*，密码文本*。【信息】

mian

棉铃（cotton boll）相关词：棉桃*。【农】

棉铃虫（cotton bollworm）相关词：棉蛉虫*，棉桃虫*。【农】

棉蛉虫*⟶棉铃虫【农】

棉桃*⟶棉铃【农】

棉桃虫*⟶棉铃虫【农】

棉织皮带*⟶编织平带【机械】

免除性*⟶抗干扰性【信息】

免疫促进剂*⟶免疫兴奋药【药】

免疫防御（immune defence）相关词：免疫屏障*。【医】

免疫屏障*⟶免疫防御【医】

免疫兴奋药（immunostimulant）相关词：免疫促进剂*。【药】

免疫性不育症*⟶免疫性不孕【医】

免疫性不孕（immune infertility）相关词：免疫性不育症*。【医】

面磁矩（magnetic moment）相关词：磁矩&；电磁矩#。【计量】

面电荷密度&⟶表面电荷密度【电】【计量】【物理】

面发光度*⟶光出射度【计量】

面积电荷#⟶表面电荷密度【电】【计量】【物理】

面积电流*⟶电流密度【电】【化学】【计量】【石油】【物理】【冶金】

面积热流量*⟶热流密度【电】【航天】【计量】【建】

面积质量*⟶面密度【信息】

面际张力*⟶界面张力【化工】

面密度（area density）相关词：裂缝率*，面积质量*。【信息】

面蚀（surface erosion）相关词：地表浸蚀*。【土壤】

面向比特协议（bit-oriented protocol）相关词：面向位的协议*。【信息】

面向对象编程语言（Object-Oriented Programming Language；OOPL）相关词：对象式编程语言#。【信息】

面向对象程序设计（object-oriented programming；OOP）相关词：对象式程序设计#。【信息】

面向对象的（object-oriented）相关词：对象式#；面向目标*。【信息】

面向对象方法（object-oriented method）相关词：对象式方法#。【信息】

面向对象分析（object-oriented analysis；OOA）相关词：对象式分析#。【信息】

面向对象设计（object-oriented design；OOD）相关词：对象式设计#。【信息】

面向对象语言（object-oriented language）相关词：对象式语言#。【信息】

面向机器语言（machine-oriented language）相关词：机向语言*。【信息】

面向连接的协议*⟶面向连接协议【信息】

面向连接协议（connection-oriented protocol）相关词：连接导向协定*，面向

▲无标记且有英文对译的，为“规范词”。▲标“&”的为“简称”，可与规范词等效使用。
▲标“#”的为“又称”，不推荐使用。▲标“*”的为“非规范词”，不能使用。

连接的协议*。【信息】

面向目标*⟶面向对象的【信息】

面向位的协议*⟶面向比特协议【信息】

miao

苗床（seed bed）相关词：播种床*，种床*，种子床*。【农】

秒分之米*⟶米每秒【计量】

秒立方米*⟶立方米每秒【计量】

秒立米*⟶立方米每秒【计量】

秒米*⟶米每秒【计量】

ming

名录服务#⟶目录服务【信息】

名义应变（nominal strain）相关词：公称应变*。【机械】

名义应力（nominal stress）相关词：公称应力*。【机械】

名义直径*⟶公称直径【机械】

明矾（alum）相关词：钾铝矾#；矾*，钾矾*，钾明矾*。【化学】

明火炉#⟶手锻炉【机械】

明胶（gelatin）相关词：动物明胶#；动物胶*，骒胶*。【化学】【生物】

命令翻译程式*⟶命令解释程序【信息】

命令格式*⟶指令格式【信息】

命令解释程序（command interpreter）相关词：命令翻译程式*。【信息】

命令控制系统（command control system）相关词：指挥控制系统*，指令控制系统*。【信息】

命令系统（command system）相关词：指挥系统*。【信息】

mo

模仿程式*⟶仿真器【信息】

模糊度函数*⟶模糊函数【大气】【信息】

模糊函数（ambiguity function）相关词：含糊函数*，模糊度函数*。【大气】【信息】

模块测试（module testing）相关词：程序块测试*，模组测试*，组件测试*。【信息】

模块度*⟶模块性【信息】

模块化（modularization）相关词：积木化*。【信息】

模块性（modularity）相关词：模块度*，模组性*。【信息】

模拟*⟶仿真【信息】

模拟交换（analog switching）相关词：仿真交换*，类比交换*。【信息】

模拟内存*⟶虚拟内存【信息】

模拟能力（analog capability）相关词：模拟性能*。【信息】

模拟性能*⟶模拟能力【信息】

模偶合*⟶模式耦合【信息】

模耦合&⟶模式耦合【信息】

模砂*⟶型砂【机械】

模式耦合（mode coupling）相关词：模

耦合&；波型耦合*，模偶合*。【信息】

模式配对*⟶模式匹配【信息】

模式匹配（pattern matching）相关词：模式配对*。【信息】

模压*⟶造型【机械】

模压回火*⟶加压回火【机械】

模制*⟶造型【机械】

模组测试*⟶模块测试【信息】

模组性*⟶模块性【信息】

膜衣*⟶薄膜衣【药】

摩擦腐蚀*⟶微动腐蚀【机械】

摩擦焊（friction welding）相关词：摩擦焊接*，摩擦熔焊*。【机械】

摩擦焊接*⟶摩擦焊【机械】

摩擦块离合器（friction block clutch）相关词：块式离合器#。【机械】

摩擦疲劳*⟶微动疲劳【机械】

摩擦片#⟶制动衬片【机械】

摩擦熔焊*⟶摩擦焊【机械】

摩擦式制动器（friction brake）相关词：摩擦制动器&；摩擦闸*。【机械】

摩擦系数#⟶动摩擦因数【计量】

摩擦闸*⟶摩擦式制动器【机械】

摩擦制动器&⟶摩擦式制动器【机械】

摩尔百分数*⟶摩尔分数【计量】

摩尔分数（mole fraction）相关词：物质的量分数#；克分子百分数*，克分子分数*，摩尔百分数*。【计量】

摩尔功函*⟶摩尔亥姆霍兹函数【计量】

摩尔亥姆霍兹函数（molar Helmholtz function）相关词：摩尔亥姆霍兹自由能#；摩尔功函*，摩尔自由能*。【计量】

摩尔亥姆霍兹自由能#⟶摩尔亥姆霍兹函数【计量】

摩尔焓（molar enthalpy）相关词：摩尔热含量*，摩尔热函*。【计量】

摩尔吉布斯函数（molar Gibbs function）相关词：摩尔吉布斯自由能#；摩尔热力学势*，摩尔自由能*。【计量】

摩尔吉布斯自由能#⟶摩尔吉布斯函数【计量】

摩尔量*⟶物质的量【计量】

摩尔内能#⟶摩尔热力学能【计量】

摩尔热含量*⟶摩尔焓【计量】

摩尔热函*⟶摩尔焓【计量】

摩尔热力学能（molar thermodynamic energy）相关词：摩尔内能#。【计量】

摩尔热力学势*⟶摩尔吉布斯函数【计量】

摩尔热容（molar heat capacity）相关词：克分子热容量*，摩尔热容量*。【化学】【计量】

摩尔热容量*⟶摩尔热容【化学】【计量】

摩尔数*⟶物质的量【计量】

摩尔体积（molar volume）相关词：克分子体积*。【计量】

摩尔吸收系数（molar absorption coefficient）相关词：克分子吸收系数*。【计量】

摩尔旋光（molar rotation）相关词：克分子旋光度*。【化学】

摩尔自由能 1*⟶摩尔亥姆霍兹函数【计量】

摩尔自由能 2*⟶摩尔吉布斯函数【计量】

磨耗*⟶磨损【机械】

磨合（running-in）相关词：跑合*。【机械】

磨合磨损（running-in wear）相关词：磨合期磨耗*，磨合期磨损*，跑合期磨耗*，跑合期磨损*，试转磨耗*，试转磨损*。【机械】

磨合期磨耗*⟶磨合磨损【机械】

磨合期磨损*⟶磨合磨损【机械】

磨具（grinding tool）相关词：磨削工具*。【机械】

磨蚀（wind abrasion）相关词：风蚀作用*。【土壤】

磨蚀腐蚀*⟶磨损腐蚀【机械】

磨损（wear）相关词：磨耗*。【机械】

磨损腐蚀（erosion-corrosion）相关词：磨蚀腐蚀*。【机械】

磨损故障*⟶老化失效【机械】

磨损疲劳*⟶微动疲劳【机械】

磨损破坏*⟶老化失效【机械】

磨削工具*⟶磨具【机械】

磨牙症*⟶夜磨牙症【医】

抹头#⟶擦除磁头【信息】

末端速度*⟶终极速度【力】【物理】

莫基奥综合征（Morquio syndrome）相关词：非典型性佝偻病*，畸形性软骨营养不良*。【医】

mu

母板（motherboard）相关词：主板#；主机板*。【信息】

母光栅（master grating）相关词：主光栅*。【物理】

母细胞（blast cell）相关词：原始细胞*。【医】

母线*⟶总线【信息】

木柏油*⟶木焦油【林】

木材等级#⟶原木等级【林】

木材干馏*⟶木材热解【林】

木材热解（wood pyrolysis）相关词：木材干馏*。【林】

木醋液（pyroligneous liquor）相关词：焦木酸液*。【林】

木焦油（wood tar）相关词：木柏油*。【林】

木茎糖*⟶木糖【化学】【生物】

木糖（xylose）相关词：吡喃木糖*，木茎糖*。【化学】【生物】

木杂酚油（wood creosote）相关词：木质酚油*。【林】

木质酚油*⟶木杂酚油【林】

目标程序计算机*⟶目标计算机【信息】

目标代码（target code; object code）相关词：目标码&；结果代码*。【信息】

目标计算机（target computer）相关词：

目标程序计算机*，特定程序计算机*。【信息】

目标码&⟶目标代码【信息】

目的地址（destination address）相关词：终点地址#。【信息】

目录服务（directory service）相关词：名录服务#；查号服务*。【信息】

N

na

钠质层（natric horizon）相关词：碱化层*。【土壤】

nai

奶酪素*⟶酪蛋白【生物】

奶油分离器（cream separator）相关词：乳酪分离器*。【农】

氖管指示灯*⟶氖指示灯【机械】

氖管指示器*⟶氖指示灯【机械】

氖指示灯（neon indicator）相关词：氖管指示灯*，氖管指示器*。【机械】

耐腐性*⟶防腐【化学】

耐高压润滑剂*⟶极压润滑剂【机械】

耐攻击性*⟶抗毁性【信息】

耐回火性（temper resistance）相关词：抗回火性#；回火稳定性*。【机械】

耐老化性（ageing resistance）相关词：抗老化性能*，耐老化性能*。【机械】

耐老化性能*⟶耐老化性【机械】

耐霉性*⟶防霉性【机械】

耐磨性（wear resistance）相关词：抗磨性*。【机械】

耐疲劳性*⟶抗疲劳性【机械】

耐蚀力*⟶耐蚀性【机械】

耐蚀性（corrosion resistance）相关词：防锈性*，抗腐性*，抗蚀性*，抗锈性*，耐蚀力*。【机械】

nan

男声女调*⟶男性女声【医】

男性不育&⟶男性不育症【医】

男性不育症（male infertility）相关词：男性不育&；雄性不育*。【医】

男性荷尔蒙*⟶雄激素【生物】

男性化（virilization；virilism）相关词：性男性化*。【医】

男性女声（falsetto）相关词：男声女调*。【医】

男性素*⟶雄激素【生物】

男性性腺功能低下症*⟶男性性腺功能减退症【医】

男性性腺功能减退症（male hypogonadism）相关词：男性性腺功能低下症*。【医】

nang

囊孢子*⟶子囊孢子【生物】

囊胞肾*⟶多囊肾【医】

囊菌地衣*⟶子囊地衣【生物】

囊样黄斑水肿（cystoid macular edema）相关词：黄斑囊样水肿*。【医】

nao

挠性构件（flexible link）相关词：柔性构件*。【机械】

脑梗*⟶脑梗死【医】

脑梗塞*⟶脑梗死【医】

脑梗死（cerebral infarction）相关词：脑梗塞*，脑梗*。【医】

脑器质性综合征*⟶器质性脑病综合征【医】

脑室底造瘘术*⟶脑室造瘘术【医】

脑室造瘘术（ventriculostomy）相关词：脑室底造瘘术*。【医】

脑瘫&⟶大脑性瘫痪【医】

脑外伤后综合征*⟶创伤后脑综合征【医】

脑性瘫痪*⟶大脑性瘫痪【医】

脑震荡后遗症*⟶脑震荡后综合征【医】

脑震荡后综合征（postconcussional syndrome）相关词：脑震荡后遗症*。【医】

nei

内禀半导体（intrinsic semiconductor）相关词：纯半导体*，无杂质半导体*。【物理】

内禀电阻率（intrinsic resistivity）相关词：本征电阻率*。【物理】

内禀方程（intrinsic equation）相关词：本征方程式*。【物理】

内禀线宽（intrinsic linewidth）相关词：本征线宽*。【物理】

内部变换*⟶内转换【物理】

内部函数（intrinsic function）相关词：本质函数*，内函数*，内蕴函数*，内在函数*。【信息】

内部寄存器（internal storage; internal memory）相关词：内储存器*，内存储器*，内记忆器*。【信息】

内部寄生菌*⟶内生菌【土壤】

内部网*⟶内联网【信息】

内部网络*⟶内联网【信息】

内部相似性（internal similarity）相关词：内在相似性*。【物理】

内齿刚轮（internal circular spline）相关词：内齿轮#。【机械】

内齿轮1（internal gear）相关词：内啮合齿轮*。【机械】

内齿轮2#⟶内齿刚轮【机械】

内储存器*⟶内部寄存器【信息】

内存板*⟶存储板【信息】

内存保护（memory protection）相关

▲无标记且有英文对译的，为“规范词”。▲标“&”的为“简称”，可与规范词等效使用。
▲标“#”的为“又称”，不推荐使用。▲标“*”的为“非规范词”，不能使用。

词：存储器保护*。【信息】

内存冲突*⟶存储干扰【信息】

内存储器*⟶内部寄存器【信息】

内存分配*⟶存储器分配【信息】

内存分配程序*⟶存储器分配程序【信息】

内存覆盖区*⟶存储覆盖区【信息】

内存管理*⟶存储管理【信息】

内存配置*⟶存储器分配【信息】

内存碎片*⟶存储碎片【信息】

内存条*⟶存储体【信息】

内分泌性突眼症*⟶内分泌性眼球突出【医】

内分泌性眼球突出（endocrine exophthalmos）相关词：内分泌性突眼症*。【医】

内函数*⟶内部函数【信息】

内核模块（kernel module）相关词：核心模块*。【信息】

内记忆器*⟶内部寄存器【信息】

内径*⟶螺纹小径【机械】

内径千分表*⟶内径千分尺【机械】

内径千分尺（internal micrometer）相关词：内径千分表*。【机械】

内联网（intranet）相关词：内部网络*，内部网*。【信息】

内淋巴（endolymph）相关词：内淋巴液*。【生物】

内淋巴液*⟶内淋巴【生物】

内螺纹（internal thread）相关词：阴螺纹*。【机械】

内能#⟶热力学能【计量】

内啮合齿轮*⟶内齿轮 1【机械】

内皮（endothelium）相关词：内皮细胞层*。【生物】

内皮细胞层*⟶内皮【生物】

内切酶*⟶内肽酶【药】

内生菌（endophyte）相关词：内部寄生菌*。【土壤】

内肽酶（endopeptidase）相关词：内切酶*。【药】

内温动物（endotherm）相关词：恒温动物#；温血动物*。【生物】

内酰胺（lactam）相关词：乳胺*。【化学】

内蕴函数*⟶内部函数【信息】

内在函数*⟶内部函数【信息】

内在相似性*⟶内部相似性【物理】

内脏伤（visceral injury）相关词：脏器损伤*。【医】

内转换（internal conversion）相关词：内部变换*。【物理】

neng

能达到性*⟶可达性【信息】

能达性*⟶可达性【信息】

能级（energy level）相关词：能量级*。【机械】

能级密度（level density）相关词：电平密度*。【物理】

能量不减定律*⟶能量守恒定律【化工】

能量级*⟶能级【机械】

能量守恒定律（law of conservation of energy）相关词：能量不减定律*，量能不灭定律*。【化工】

能量消耗*⟶功率消耗【化工】【机械】

能通量密度#⟶能注量率【计量】

能限*⟶阈能【物理】

能注量率（energy fluence rate）相关词：能通量密度#。【计量】

ni

尼特*⟶坎德拉每平方米【计量】

泥疗法（pelotherapy）相关词：泥浴疗法*。【医】

泥沙浓度*⟶含沙量【土壤】

泥炭表层*⟶有机表层【土壤】

泥浴疗法*⟶泥疗法【医】

拟变量*⟶虚拟变量【化工】

拟病毒子*⟶假病毒粒子【生物】

拟合曲线*⟶曲线拟合【大气】【地理】【航天】【化学】【数】【物理】【信息】【冶金】

拟基因型（genocopy）相关词：拟遗传型*。【生物】

拟卤化合物*⟶拟卤素【化学】

拟卤素（pseudohalogen）相关词：假卤素*，拟卤化合物*。【化学】

拟清蛋白*⟶副清蛋白【生物】

拟遗传型*⟶拟基因型【生物】

拟脂醇*⟶类固醇【生物】

昵称*⟶绰号【信息】

逆变张量*⟶反变张量【数】【物理】

逆波振荡器*⟶返波振荡器【信息】

逆磁共振*⟶抗磁共振【物理】

逆磁光效应（inverse magnetooptical effect）相关词：反磁光效应*。【物理】

逆磁性*⟶抗磁性【信息】

逆反冷凝（retrograde condensation）相关词：逆冷凝*。【化工】

逆反应&⟶逆向反应【化学】

逆冷凝*⟶逆反冷凝【化工】

逆流（countercurrent）相关词：反流#；返流*。【药】

逆向反应（backward reaction）相关词：逆反应&。【化学】

逆信道（inverse channel）相关词：倒置信道*。【信息】

nian

年青性青光眼*⟶青少年型青光眼【医】

粘稠度*⟶稠度【地质】【航海】【化工】【机械】【建】【力】

粘度比*⟶相对黏度 2【材料】

粘度计*⟶黏度计【机械】【药】

粘多糖*⟶黏多糖【药】

粘附*⟶黏合【化学】

粘附力*⟶黏着力【机械】

粘合*⟶黏合【化学】

粘合强度*⟶键强度【化学】

粘胶纤维*⟶黏胶纤维【化学】

粘结剂*⟶黏结剂【机械】

▲无标记且有英文对译的，为“规范词”。▲标“&”的为“简称”，可与规范词等效使用。
▲标“#”的为“又称”，不推荐使用。▲标“*”的为“非规范词”，不能使用。

粘结金属*⟶黏结金属【机械】
粘数*⟶黏数【化学】
粘土硬层*⟶黏磐【土壤】
粘性假足*⟶黏足【生物】
粘性力*⟶黏性力【物理】
粘性流*⟶黏滞流【信息】
粘性系数*⟶黏度系数【化学】
粘液*⟶黏液【药】
粘液表皮样癌*⟶黏液表皮样癌【医】
粘液瘤*⟶黏液瘤【医】
粘液肉瘤*⟶黏液肉瘤【医】
粘液细胞*⟶黏液细胞【药】
粘液性癌*⟶黏液癌【医】
粘液性水肿*⟶黏液性水肿【医】
粘滞计*⟶黏度计【机械】【药】
粘滞力*⟶黏性力【物理】
粘滞真空计*⟶黏滞性真空计【机械】
粘着附着系数*⟶黏附系数【物理】
粘着力*⟶黏着力【机械】
粘着系数*⟶黏附系数【物理】
黏度比#⟶相对黏度2【材料】
黏度计（viscometer）相关词：粘度计*，粘滞计*。【机械】【药】
黏度系数（coefficient of viscosity）相关词：粘性系数*。【化学】
黏多糖（mucopolysaccharide）相关词：粘多糖*。【药】
黏附系数（sticking coefficient）相关词：粘着附着系数*，粘着系数*。【物理】
黏合（adhesion）相关词：粘附*，粘合*。【化学】
黏合剂（adhesive）相关词：胶粘剂*。【化学】
黏胶纤维（viscose fiber）相关词：粘胶纤维*。【化学】
黏结剂（binder）相关词：胶着剂*，粘结剂*。【机械】
黏结金属（binder metal）相关词：粘结金属*。【机械】
黏力&⟶黏性力【物理】
黏磐（clay pan）相关词：隔水粘土层*，粘土硬层*。【土壤】
黏数（viscosity number）相关词：粘数*。【化学】
黏土（clay）相关词：白土*。【机械】
黏性力（viscous force）相关词：黏力&；粘性力*，粘滞力*。【物理】
黏液（mucilage）相关词：粘液*。【药】
黏液癌（mucinous carcinoma）相关词：粘液性癌*。【医】
黏液表皮样癌（mucoepidermoid carcinoma）相关词：粘液表皮样癌*。【医】
黏液瘤（myxoma）相关词：粘液瘤*。【医】
黏液肉瘤（myxosarcoma）相关词：粘液肉瘤*。【医】
黏液水肿&⟶黏液性水肿【医】
黏液水肿性昏迷*⟶黏液性水肿昏迷【医】
黏液细胞（mucilage cell）相关词：粘液细胞*。【药】

黏液性水肿（myxedema）相关词：黏液水肿&；粘液性水肿*。【医】

黏液性水肿昏迷（myxedema coma）相关词：黏液水肿性昏迷*。【医】

黏滞流（viscous flow）相关词：粘性流*，滞流*。【信息】

黏滞性真空计（viscosity vacuum gauge）相关词：黏滞真空计&；粘滞真空计*。【机械】

黏滞真空计&⟶黏滞性真空计【机械】

黏着力（adhesive force）相关词：粘附力*，粘着力*。【机械】

黏足（myxopodium）相关词：胶状伪足*，粘性假足*。【生物】

niao

尿道发育不良*⟶尿道发育不全【医】

尿道发育不全（hypoplastic urethra）相关词：尿道发育不良*。【医】

尿道膨出（urethrocele）相关词：尿道憩室*。【医】

尿道憩室*⟶尿道膨出【医】

尿毒性心包膜炎*⟶尿毒症心包炎【医】

尿毒症心包炎（uremic pericarditis）相关词：尿毒性心包膜炎*。【医】

尿管*⟶输尿管【生物】

尿肌红蛋白*⟶肌红蛋白尿【医】

尿酸（uric acid）相关词：脲酸*。【生物】

脲酸*⟶尿酸【生物】

nie

捏脊#⟶脊柱推拿疗法【医】

啮合齿轮*⟶配对齿轮【机械】

啮合力（engaging force）相关词：结合力*。【信息】

啮合面*⟶啮合平面【机械】

啮合平面（plane of action）相关词：啮合面*。【机械】

镍的电处理*⟶渗镍【机械】

镍电解淀积处理*⟶渗镍【机械】

ning

凝胶固化*⟶胶凝作用【化学】

凝胶过滤（gel filtration）相关词：胶体过滤*。【化工】

凝胶形成*⟶胶凝作用【化学】

凝聚态物理*⟶凝聚体物理学【物理】

凝聚态物理学*⟶凝聚体物理学【物理】

凝聚体物理&⟶凝聚体物理学【物理】

凝聚体物理学（condensed matter physics）相关词：凝聚体物理&；凝聚态物理*，凝聚态物理学*。【物理】

凝聚系统（condensed system）相关词：冷凝系*。【化学】

凝壳铸造*⟶壳型铸造【机械】

凝血酵素*⟶凝血酶【生物】

凝血酶（thrombin）相关词：凝血酵素*。【生物】

niu

牛痘（vaccinia；cowpox）相关词：痘苗*。【医】

牛痘样水疱病（hydroa vacciniforme）相关词：种痘样水疱病*。【医】

牛奶碱化症候群*⟶乳碱综合征【医】

牛皮癣*⟶银屑病【医】

扭矩传感器*⟶力矩传感器【机械】

扭矩电动机*⟶力矩电动机【机械】

扭矩马达*⟶力矩电动机【机械】

扭转力矩*⟶转矩【机械】【物理】

纽扣电池*⟶扁形电池【信息】

nong

农家肥（farmyard manure）相关词：绿肥*。【农】

农药残毒*⟶残毒【农】

农业土壤学（edaphology）相关词：应用土壤学*。【农】

浓化铀*⟶富集铀【材料】【化学】

浓缩胆汁症候群*⟶胆汁浓缩综合征【医】

浓缩胆汁综合征*⟶胆汁浓缩综合征【医】

浓缩胆汁综合症*⟶胆汁浓缩综合征【医】

浓缩铀#⟶富集铀【材料】【化学】

脓毒血症*⟶脓血症【医】

脓疱病（impetigo）相关词：脓疱疮*。【医】

脓疱疮*⟶脓疱病【医】

脓疱型牛皮癣*⟶脓疱性银屑病【医】

脓疱型银屑病*⟶脓疱性银屑病【医】

脓疱性银屑病（pustular psoriasis）相关词：脓疱型牛皮癣*，脓疱型银屑病*。【医】

脓血症（pyemia）相关词：脓毒血症*。【医】

nü

女性激素*⟶雌激素【生物】

O

ou

欧氏联轴节*⟶十字滑块联轴器【机械】

偶发故障*⟶随机失效【信息】

偶合氧化#⟶偶联氧化【化学】

偶合终止（coupling termination）相关词：结合终止#；耦合终止*。【化学】

偶极天线*⟶对称振子天线【信息】

偶联*⟶耦合【电】【机械】【数】

▲无标记且有英文对译的，为“规范词”。▲标“&”的为“简称”，可与规范词等效使用。
▲标“#”的为“又称”，不推荐使用。▲标“*”的为“非规范词”，不能使用。

【信息】

偶联氧化（coupled oxidation）相关词：偶合氧化#；耦合氧化*，耦联氧化*。【化学】

偶然故障*→随机失效【信息】

偶然性差错*→随机差错【机械】【信息】

偶然性畸变*→不规则畸变【信息】

偶振子*→极化子【物理】

耦合（coupling）相关词：偶联*。【电】【机械】【数】【信息】

耦合摆（coupled pendulums）相关词：共轭摆*。【物理】

耦合氧化*→偶联氧化【化学】

耦合终止*→偶合终止【化学】

耦合转动力矩*→连接力矩【信息】

耦合转矩*→连接力矩【信息】

耦联氧化*→偶联氧化【化学】

P

pai

排程演算法*→调度算法【信息】

排程运算*→调度算法【信息】

排涝#→地面排水【水利】【铁道】【土壤】

排尿性晕厥*→排尿晕厥【医】

排尿晕厥（micturition syncope）相关词：排尿性晕厥*。【医】

pan

攀爬植物*→藤本植物【生物】

盘&→磁盘【信息】

盘驱&→磁盘驱动器1【信息】

盘驱动器&→磁盘驱动器1【信息】

盘式离合器#→片式离合器【机械】

盘式制动器（disk brake）相关词：圆盘闸*，圆盘制动器*。【机械】

盘形离合器*→片式离合器【机械】

盘形弹簧*→碟形弹簧【机械】

盘形凸轮（plate cam；disk cam）相关词：平板凸轮*，圆盘凸轮*。【机械】

盘阵列*→磁盘阵列【信息】

盘状半月板#→盘状软骨【医】

盘状软骨（discoid meniscus）相关词：盘状半月板#。【医】

判别层*→诊断层【土壤】

判定函数*→决策函数【信息】

pang

旁路（bypassing）相关词：分路*。【信息】

pao

抛丸清理（shot blasting）相关词：喷丸处理*。【机械】

抛物环面天线（parabolic torus antenna）相关词：抛物螺绕环天线*。【信息】

抛物螺绕环天线*⟶抛物环面天线【信息】

抛物面天线（parabolic antenna）相关词：抛物线天线*。【信息】

抛物线天线*⟶抛物面天线【信息】

跑合*⟶磨合【机械】

跑合期磨耗*⟶磨合磨损【机械】

跑合期磨损*⟶磨合磨损【机械】

泡沫剂*⟶发泡剂【化学】

泡沫稳定剂#⟶稳泡剂【化学】

泡腾冲剂*⟶泡腾颗粒剂【药】

泡腾颗粒剂（effervescent granule）相关词：泡腾冲剂*。【药】

疱疹病毒性角膜炎#⟶单纯疱疹性角膜炎【医】

疱疹性齿龈口腔炎*⟶疱疹性龈口炎【医】

疱疹性口炎*⟶疱疹性龈口炎【医】

疱疹性龈口炎（herpetic gingivostomatitis）相关词：疱疹性齿龈口腔炎*，疱疹性口炎*。【医】

pei

胚嫁接（embryo grafting）相关词：胚芽嫁接*。【农】

胚胎瘤（embryoma）相关词：胎组织瘤*。【生物】

胚胎性抗原*⟶胎儿抗原【医】

胚芽嫁接*⟶胚嫁接【农】

培养液*⟶营养液【土壤】

配对齿轮（mating gear）相关词：啮合齿轮*。【机械】

配合物#⟶络合物【化学】

配价键*⟶配位键【化学】

配键*⟶配位键【化学】

配离子#⟶络离子【化学】

配送优先权*⟶分派优先级【信息】

配体场论*⟶配位场理论【化学】

配位场理论（ligand field theory）相关词：配体场论*，配位势场理论*。【化学】

配位共价键#⟶配位键【化学】

配位化合物#⟶络合物【化学】

配位剂*⟶络合剂【化学】

配位键（coordination bond）相关词：配位共价键#；配价键*，配键*。【化学】

配位势场理论*⟶配位场理论【化学】

配置管理（configuration management）相关词：组态管理*。【信息】

pen

喷镀锌*⟶渗锌【机械】

喷金*⟶金属喷涂1【机械】

喷墨印刷机（ink jet printer）相关词：喷墨印字机*。【信息】

喷墨印字机*⟶喷墨印刷机【信息】

喷射模塑*⟶注射成型【化学】

喷射造型*⟶注射成型【化学】

喷水淬火*⟶喷液淬火【机械】

喷丸处理*⟶抛丸清理【机械】

喷雾润滑*⟶油雾润滑【机械】

喷雾治疗*⟶气溶胶吸入疗法【医】

喷液淬火（spray hardening）相关词：喷水淬火*。【机械】

盆部侧位联胎*⟶臀部联体儿【医】

盆腔积血（pelvic hematocele）相关词：盆腔淤血*。【医】

盆腔淤血*⟶盆腔积血【医】

peng

硼化*⟶渗硼【机械】

膨胀度*⟶膨胀率【物理】

膨胀率（expansivity）相关词：膨胀度*。【物理】

碰撞检测（collision detection）相关词：冲突检出*。【信息】

碰撞式打印机*⟶击打式打印机【信息】

pi

批处理控制*⟶批量控制【信息】

批处理文件（batch file）相关词：成批文件*。【信息】

批处理系统（batch processing system）相关词：成批处理系统*。【信息】

批量控制（batch control）相关词：批处理控制*。【信息】

坯铁*⟶生铁【机械】

披衣菌结膜炎*⟶衣原体性结膜炎【医】

劈离式肝移植*⟶劈裂式肝移植【医】

劈裂式肝移植（split liver transplantation）相关词：劈离式肝移植*。【医】

皮带传动*⟶带传动【机械】

皮带驱动*⟶带传动【机械】

皮带转速*⟶带速【机械】

皮肤白细胞破碎性血管炎#⟶变应性血管炎【医】

皮肤老化*⟶老化皮肤【医】

皮革胃*⟶皮革样胃【医】

皮革样胃（leather bottle stomach）相关词：皮革胃*。【医】

皮质醇增多症（hypercortisolism）相关词：库欣综合征*。【医】

皮质酮（corticosterone）相关词：肾上腺酮*。【生物】

疲劳故障*⟶老化失效【机械】

疲劳极限（fatigue limit）相关词：持久限度*，疲劳强度极限*。【材料】【机械】【建】

疲劳强度极限*⟶疲劳极限【材料】【机械】【建】

pian

偏侧舞蹈症（hemichorea）相关词：半侧跳跃症*，半侧舞蹈症*。【医】

偏光度*⟶偏振度【大气】【机械】

【物理】

偏光计*—→偏振计【物理】

偏克分子量*—→偏摩尔量【化工】【计量】

偏摩尔量（partial molar quantity）相关词：偏克分子量*，偏摩尔数量*。【化工】【计量】

偏摩尔数量*—→偏摩尔量【化工】【计量】

偏斜*—→偏转【信息】

偏斜函数*—→偏转函数【物理】

偏心机构*—→偏心轮机构【机械】

偏心轮机构（eccentric mechanism）相关词：偏心机构*。【机械】

偏振度（degree of polarization）相关词：偏光度*。【大气】【机械】【物理】

偏振反转*—→极化反转【物理】

偏振计（polarimeter）相关词：偏光计*。【物理】

偏振现象反转*—→极化反转【物理】

偏振子*—→极化子【物理】

偏转（deflection）相关词：偏斜*。【信息】

偏转变形*—→偏转畸变【信息】

偏转函数（deflection function）相关词：偏斜函数*。【物理】

偏转畸变（deflection distortion）相关词：偏转变形*，偏转失真*。【信息】

偏转失真*—→偏转畸变【信息】

片层状珠光体#—→珠光体【机械】

片胶#—→紫胶片【林】

片蚀&—→片状侵蚀【地理】

片式离合器（disc clutch）相关词：盘式离合器#；盘形离合器*，圆盘离合器*。【机械】

片状侵蚀（sheet erosion）相关词：片蚀&；表面冲蚀*。【地理】

piao

漂游生物*—→水漂生物【海洋】【生物】

漂白虫胶*—→漂白紫胶【林】

漂白胶*—→漂白紫胶【林】

漂白紫胶（bleached lac）相关词：漂白虫胶*，漂白胶*。【林】

pin

贫血性梗塞*—→贫血性梗死【医】

贫血性梗死（anemic infarct）相关词：贫血性梗塞*，缺血性梗塞*。【医】

贫营养性（oligotrophy）相关词：营养不足*。【土壤】

频畴*—→频域【信息】

频带宽度*—→带宽【信息】

频道效应*—→沟道效应【化学】【信息】

频段（frequency band）相关词：频区*。【信息】

频率（frequency）相关词：周率*。【信息】

频率变换#—→变频【信息】

频率辨别*—→鉴频【信息】

频率不稳定*—→频率抖动【信息】

频率测量*—→测频【信息】

▲无标记且有英文对译的，为“规范词”。▲标“&”的为“简称”，可与规范词等效使用。
▲标“#”的为“又称”，不推荐使用。▲标“*”的为“非规范词”，不能使用。

频率抖动（frequency jitter）相关词：频率不稳定*。【信息】
频率反应式起搏器（rate responsive pacemaker）相关词：频率适应性起搏器*。【医】
频率范围*—→频域【信息】
频率赋值*—→频率指配【信息】
频率鉴别*—→鉴频【信息】
频率扩展*—→扩频【信息】
频率偏差*—→频偏【信息】
频率偏移*—→频偏【信息】
频率平面*—→频谱面【物理】
频率适应性起搏器*—→频率反应式起搏器【医】
频率特性响应*—→频率响应【信息】
频率调制失真*—→调频失真【信息】
频率稳定度（frequency stability）相关词：频率稳定性*。【信息】
频率稳定性*—→频率稳定度【信息】
频率下转换*—→降频转换【物理】
频率响应（frequency response）相关词：频率特性响应*。【信息】
频率因子#—→指前因子【化工】【化学】【计量】【冶金】
频率展开*—→扩频【信息】
频率指配（frequency assignment）相关词：频率赋值*。【信息】
频偏（frequency deviation）相关词：频率偏差*，频率偏移*。【信息】
频谱分解（spectral decomposition）相关词：谱分解&；频谱分析*。【物理】
频谱分析*—→频谱分解【物理】
频谱宽*—→谱宽【信息】
频谱面（frequency plane）相关词：频率平面*。【物理】
频区*—→频段【信息】
频闪灯（strobe lamp）相关词：闪频灯*。【机械】
频闪仪（stroboscope）相关词：闪频仪*。【物理】
频域（frequency domain）相关词：频畴*，频率范围*。【信息】

ping

平板扫描仪（flat-bed scanner）相关词：平台式扫描机*。【信息】
平板凸轮*—→盘形凸轮【机械】
平扁电缆*—→扁平电缆【石油】【信息】
平带（flat belt）相关词：平皮带*。【机械】
平带传动（flat belt drive）相关词：平皮带传动*。【机械】
平垫*—→平垫圈【机械】
平垫圈（plain washer）相关词：平垫*。【机械】
平方公里#—→平方千米【计量】
平方米每秒*—→二次方米每秒【计量】
平方千米（square kilometre；km^2）相关词：平方公里#。【计量】
平衡电路（balanced circuit）相关词：对称电路*。【信息】
平衡码（balanced code）相关词：对称

码*。【信息】

平均存取时间（average access time）相关词：平均访问时间#；平均接达时间*。【信息】

平均访问时间#⟶平均存取时间【信息】

平均功率#⟶有功功率【计量】【物理】

平均接达时间*⟶平均存取时间【信息】

平均结合能#⟶比结合能【电】【计量】【物理】

平面度测量仪*⟶平直度测量仪【机械】

平皮带*⟶平带【机械】

平皮带传动*⟶平带传动【机械】

平台式扫描机*⟶平板扫描仪【信息】

平头焊*⟶定位焊【机械】

平头焊接*⟶定位焊【机械】

平行处理*⟶并行处理【信息】

平行传输*⟶并行传输【信息】

平行连接*⟶并行联结【信息】

平行模拟*⟶并行模拟【信息】

平行运算*⟶并行操作【信息】

平直度测量仪（flatness measuring instrument）相关词：平面度测量仪*。【机械】

平跖外翻足（splayfoot）相关词：八字脚*。【医】

评效测试*⟶基准测试【信息】

屏蔽码*⟶掩码【信息】

po

坡面侵蚀（slope erosion）相关词：边坡侵蚀*。【土壤】

破骨细胞瘤（osteoclastoma）相关词：骨巨细胞瘤*。【医】

破坏机理*⟶失效机理【机械】

破乳（emulsion breaking）相关词：反乳化*，反乳化作用*，去乳化*。【化学】

破乳剂（emulsion breaker）相关词：去乳化剂*。【化学】

pu

匍匐繁殖（stolonization）相关词：匐枝生殖*。【生物】

葡糖胺（glucosamine）相关词：氨基葡糖#，壳糖胺#；氨基葡萄糖*，葡醣胺*，葡萄糖胺*。【生物】

葡醣胺*⟶葡糖胺【生物】

葡萄糖胺*⟶葡糖胺【生物】

谱分解&⟶频谱分解【物理】

谱宽（spectral width）相关词：频谱宽*。【信息】

谱仪&⟶光谱仪【化工】【化学】【计量】【物理】

瀑布侵蚀*⟶跌水侵蚀【土壤】

曝辐量&⟶曝辐射量【计量】

曝辐射量（radiance exposure）相关词：曝辐量&；辐射能量密度#，辐照量#。【计量】

▲无标记且有英文对译的，为“规范词”。▲标“&”的为“简称”，可与规范词等效使用。
▲标“#”的为“又称”，不推荐使用。▲标“*”的为“非规范词”，不能使用。

Q

qi

栖岩生物*⟶石栖动物【生物】

期前收缩（extrasystole）相关词：过早搏动*，早搏*。【医】

齐聚*⟶低聚反应【化学】

齐聚反应*⟶低聚反应【化学】

齐聚物*⟶低聚物【材料】【化工】【化学】【生物】【药】

齐纳二极管（Zener diode）相关词：稳压二极管*。【物理】【信息】

奇特分子（exotic molecule）相关词：奇异分子*，特殊分子*，外部分子*，外来分子*。【物理】

奇特态（exotic state）相关词：奇异态*。【物理】

奇异分子*⟶奇特分子【物理】

奇异夸克#⟶s夸克【物理】

奇异态*⟶奇特态【物理】

脐部感染*⟶脐炎【医】

脐肠瘘（omphalomesenteric fistula）相关词：脐瘘#；脐漏*。【生物】

脐带帆样附着#⟶脐带帆状附着【医】

脐带帆状附着（cord velamentous insertion）相关词：脐带帆样附着#；帆状胎盘*。【医】

脐带扭曲*⟶脐带扭转【医】

脐带扭转（torsion of cord）相关词：脐带扭曲*。【医】

脐瘘#⟶脐肠瘘【生物】

脐漏*⟶脐肠瘘【生物】

脐疝（umbilical hernia）相关词：脐突出*。【生物】

脐突出*⟶脐疝【生物】

脐炎（omphalitis）相关词：脐部感染*。【医】

企业到企业的电子商务模式*⟶企业对企业【信息】

企业到用户的电子商务模式*⟶企业对客户【信息】

企业对客户（business to customer; B to C）相关词：企业到用户的电子商务模式*，B2C*。【信息】

企业对企业（business to business; B to B）相关词：企业到企业的电子商务模式*，B2B*。【信息】

启动程序*⟶初启程序【信息】

启动力矩（starting moment）相关词：起动力矩*。【机械】

启用（invocation）相关词：调用#。【信息】

起磁电流*⟶磁化电流【电】【机械】

起动力矩*⟶启动力矩【机械】

起始磁导率（initial permeability）相关词：起始导磁率*。【机械】

起始导磁率*⟶起始磁导率【机械】

起始符号*⟶开始符号【信息】

起始构件*⟶主动件【机械】

起始耐药*⟶初始耐药【医】

起始器*⟶初启程序【信息】

起始状态*⟶初始状态【信息】

起子*⟶螺丝刀【机械】

气锤#⟶空气锤【机械】

气道狭小*⟶气管狭窄【医】

气道狭窄*⟶气管狭窄【医】

气动锤*⟶空气锤【机械】

气动放大器（pneumatic amplifier）相关词：气动继动器*，气动替续器*。【机械】

气动工具（pneumatic tool）相关词：风动工具*。【机械】

气动激光器（gas dynamic laser）相关词：气体动态激光器*。【机械】

气动技术（pneumatics）相关词：气压传动与控制技术#。【机械】

气动继动器*⟶气动放大器【机械】

气动控制（pneumatic control）相关词：气控&；气压操纵*，气压调节*。【机械】

气动控制阀*⟶气动调节阀【化工】

气动螺丝刀（pneumatic screw driver）相关词：气螺刀&；气动螺丝起子*。【机械】

气动螺丝起子*⟶气动螺丝刀【机械】

气动替续器*⟶气动放大器【机械】

气动调节阀（pneumatic control valve）相关词：气动控制阀*。【化工】

气割（oxygen cutting）相关词：火焰割*，氧气切割*。【机械】

气管切开术*⟶气管造口术【医】

气管狭窄（tracheal stenosis）相关词：气道狭小*，气道狭窄*。【医】

气管造口术（tracheostomy）相关词：气管切开术*。【医】

气化[1]（gasification）相关词：汽化*。【电】【化工】【机械】【建】【力】【煤炭】【农】

气化[2]*⟶汽化[1]【电】【海洋】【化工】【化学】【物理】【冶金】【医】

气锯（pneumatic saw）相关词：风锯*。【机械】

气控&⟶气动控制【机械】

气冷&⟶空气冷却【电】【化工】【机械】

气螺刀&⟶气动螺丝刀【机械】

气密试验*⟶气密性检验【机械】

气密性检查*⟶气密性检验【机械】

气密性检验（air tight test）相关词：气密试验*，气密性检查*。【机械】

气敏件*⟶气敏元件【机械】

气敏元件（gas sensitive element）相关词：气敏件*。【机械】

气囊止血带*⟶充气止血带【医】

气泡式水准仪（spirit level）相关词：

酒精水平仪*，酒精水准仪*，气泡水平仪*，气泡水准仪*。【机械】

气泡水平仪*⟶气泡式水准仪【机械】

气泡水准仪*⟶气泡式水准仪【机械】

气溶胶吸入疗法（aerosol therapy）相关词：喷雾治疗*，雾气治疗*。【医】

气栓&⟶空气栓塞【医】

气体保护电弧焊（gas metal arc welding；GMAW）相关词：气体保护焊&；气体保护金属极电弧焊*，熔化极气体保护焊*。【机械】【建】

气体保护焊&⟶气体保护电弧焊【机械】【建】

气体保护金属极电弧焊*⟶气体保护电弧焊【机械】【建】

气体动态激光器*⟶气动激光器【机械】

气体介质温度计*⟶气体温度计【机械】

气体色层法*⟶气相色谱法【机械】

气体色层分离法*⟶气相色谱法【机械】

气体色谱法*⟶气相色谱法【机械】

气体栓塞*⟶空气栓塞【医】

气体碳氮化*⟶碳氮共渗【机械】

气体温度计（gas thermometer）相关词：气体介质温度计*。【机械】

气体腺*⟶气腺【生物】

气腺（gas gland）相关词：泌气腺*，气体腺*。【生物】

气相沉积（vapor deposition）相关词：气相淀积*，汽相沉积*，蒸镀*，蒸气沉积*。【材料】【航天】【化工】【化学】【机械】【物理】

气相淀积*⟶气相沉积【材料】【航天】【化工】【化学】【机械】【物理】

气相色谱&⟶气相色谱法【机械】

气相色谱法（gas chromatography）相关词：气相色谱&；气相色谱分析#；气体色层法*，气体色层分离法*，气体色谱法*。【机械】

气相色谱分析#⟶气相色谱法【机械】

气性膀胱炎（emphysematous cystitis）相关词：气肿性膀胱炎*。【医】

气压操纵*⟶气动控制【机械】

气压传动与控制技术#⟶气动技术【机械】

气压调节*⟶气动控制【机械】

气中生物*⟶空中漂浮生物【生物】

气肿性膀胱炎*⟶气性膀胱炎【医】

气钻（pneumatic drill）相关词：风钻*，空气钻*。【机械】

弃耕地（abandoned field）相关词：撩荒地*，弃荒地*。【土壤】

弃荒地*⟶弃耕地【土壤】

汽化[1]（vaporization）相关词：气化*。【电】【海洋】【化工】【化学】【物理】【冶金】【医】

汽化[2]*⟶气化[1]【电】【化工】【机械】【建】【力】【煤炭】【农】

汽相沉积*⟶气相沉积【材料】【航天】【化工】【化学】【机械】【物理】

▲无标记且有英文对译的，为“规范词”。▲标“&”的为“简称”，可与规范词等效使用。
▲标“#”的为“又称”，不推荐使用。▲标“*”的为“非规范词”，不能使用。

器质性脑病综合征（organic brain syndrome）相关词：脑器质性综合征*。【医】

qia

卡环*⟶弹性挡圈【机械】

卡纸（paper jam）相关词：堵纸*。【信息】

卡住*⟶咬死【机械】

qian

千克（kilogram；kg）相关词：公斤#。【计量】

千克二次方米（kilogram metre squared；kg · m^2）相关词：千克平方米*。【计量】

千克二次方米每秒（kilogram metre squared per second；kg · m^2/s）相关词：千克平方米每秒*。【计量】

千克平方米*⟶千克二次方米【计量】

千克平方米每秒*⟶千克二次方米每秒【计量】

千米（kilometre；km）相关词：公里#。【计量】

千米每时&⟶千米每小时【计量】

千米每小时（kilometre per hour；km/h）相关词：千米每时&；公里每时#，公里每小时#；迈*。【计量】

迁徙性钙化（metastatic calcification）相关词：转移性钙化*。【医】

迁移（transfer）相关词：变换*。【心理】

牵伸运动（stretch exercise）相关词：伸展运动*。【医】

前被子植物（proangiosperm）相关词：原被子植物*。【生物】

前病毒#⟶原病毒【生物】

前部*⟶前台【信息】

前部区*⟶前台区【信息】

前后直排*⟶汇接【信息】

前后直排电路*⟶汇接电路【信息】

前胶元*⟶前胶原【生物】

前胶原（procollagen）相关词：前胶元*，溶胶原*。【生物】

前臼齿*⟶前磨牙【生物】

前列环素（prostacyclin）相关词：环前列腺素*。【生物】

前磨牙（premolars）相关词：双尖牙#；前臼齿*，小臼齿*。【生物】

前期设计*⟶概要设计【信息】

前视图*⟶主视图【机械】

前噬菌体*⟶原噬菌体【生物】

前台（foreground）相关词：前部*。【信息】

前台操作方式（foreground mode）相关词：前台方式*。【信息】

前台初启程序（foreground initiator）相关词：前台启动程序*。【信息】

前台方式*⟶前台操作方式【信息】

前台启动程序*⟶前台初启程序【信息】

前台区（foreground region）相关词：

▲无标记且有英文对译的，为"规范词"。▲标"&"的为"简称"，可与规范词等效使用。
▲标"#"的为"又称"，不推荐使用。▲标"*"的为"非规范词"，不能使用。

前部区*。【信息】

前庭成形术（vestibuloplasty）相关词：前庭再造*。【医】

前庭适应*⟶前庭习服【医】

前庭习服（vestibular habituation）相关词：前庭适应*。【医】

前庭再造*⟶前庭成形术【医】

前致癌物（procarcinogen）相关词：致癌物前体*。【药】

前置放大器（preamplifier）相关词：预放大器*。【信息】

钳合剂*⟶络合剂【化学】

潜伏热*⟶潜热【物理】

潜伏型感染*⟶潜在性感染【医】

潜弧焊*⟶埋弧焊[1]【机械】

潜热（latent heat）相关词：潜伏热*。【物理】

潜育层（gley horizon）相关词：灰粘层*，灰黏层*。【地理】【农】【土壤】

潜在性感染（latent infection）相关词：潜伏型感染*。【医】

浅层点状角膜病变（superficial punctate keratopathy）相关词：表面点状角膜病变*。【医】

浅层点状角膜炎（superficial punctate keratitis）相关词：表层点状角膜炎*。【医】

欠速淬火（slack quenching）相关词：不完全淬火*，断续淬火*。【机械】

嵌顿疝[1]*⟶绞窄性疝【医】

嵌顿疝[2]*⟶嵌顿性疝【医】

嵌顿性疝（incarcerated hernia）相关词：嵌顿疝*。【医】

嵌合式离合器（positive clutch）相关词：非摩擦离合器*，刚性离合器*，强制离合器*。【机械】

嵌入式电脑*⟶嵌入式计算机【信息】

嵌入式计算机（embedded computer）相关词：嵌入式电脑*。【信息】

嵌入式轴承*⟶外球面轴承【机械】

嵌入轴承*⟶外球面轴承【机械】

qiang

枪弹伤（gunshot wound）相关词：枪伤*。【医】

枪伤*⟶枪弹伤【医】

强淋溶土*⟶低活性强酸土【地理】【土壤】

强流电子光学（high density electron beam optics）相关词：高密度电子光学*，高密度电子束光学*。【信息】

强扰动*⟶强湍动【物理】

强湍动（strong turbulence）相关词：强扰动*，强湍流*。【物理】

强湍流*⟶强湍动【物理】

强行停机*⟶硬停机【信息】

强制风冷*⟶强制气冷【信息】

强制离合器*⟶嵌合式离合器【机械】

强制气冷（forced air cooling）相关词：强迫风冷*，强制风冷*，通风冷却*。【信息】

强子量能器（hadron calorimeter）相关

词：强子热量计*。【物理】

强子热量计*⟶强子量能器【物理】

强迫风冷*⟶强制气冷【信息】

qiao

跷板式开关*⟶波动开关【机械】

乔林（high forest）相关词：用材林*。【林】

桥接（bridging）相关词：架桥*。【信息】

桥接器*⟶网桥【信息】

桥路连接器*⟶网桥路由器【信息】

桥路器*⟶网桥路由器【信息】

壳果*⟶颖果【生物】

壳模铸造*⟶壳型铸造【机械】

壳糖胺#⟶葡糖胺【生物】

壳型铸造（shell mold casting）相关词：壳模铸造*，空壳铸造*，空心件铸造*，凝壳铸造*。【机械】

鞘膜积液*⟶精索水囊肿【医】

qie

切变面*⟶剪切平面【机械】

切变模*⟶剪切模【物理】

切变模量#⟶剪切模量【计量】

切除焦痂#⟶焦痂切除术【医】

切创*⟶切伤【医】

切杆机*⟶切条机【林】

切根机（root cutter）相关词：块根切碎机*。【林】

切换（handoff; handover）相关词：转换*，转移*。【信息】

切痂 1*⟶焦痂切除术【医】

切痂 2*⟶焦痂切开术【医】

切痂术*⟶焦痂切除术【医】

切开焦痂#⟶焦痂切开术【医】

切伤（incised wound）相关词：刀伤*，切创*。【医】

切条机（cutting cutter）相关词：切杆机*。【林】

切线加速度*⟶切向加速度【物理】

切向变形&⟶切向变形量【机械】

切向变形量（tangential deflection）相关词：切向变形&；切向位移#。【机械】

切向加速度（tangential acceleration）相关词：切线加速度*。【物理】

切向位移#⟶切向变形量【机械】

切向圆（tangent circle）相关词：拐点圆#；切圆*，相切圆*。【机械】

切圆*⟶切向圆【机械】

茄果类蔬菜（solanaceous vegetables）相关词：茄子科蔬菜*。【农】

茄子科蔬菜*⟶茄果类蔬菜【农】

qin

侵入性感染（invasive infection）相关词：侵袭性感染*。【医】

侵蚀性*⟶腐蚀性【机械】

侵袭性感染*⟶侵入性感染【医】

亲电体（electrophile）相关词：亲电子剂*，亲电子物质*。【化学】【物理】

亲电子剂*⟶亲电体【化学】【物理】

亲电子物质*⟶亲电体【化学】【物理】

亲合力[1]（avidity）相关词：亲和力*。【医】

亲合力[2]*⟶亲和力[1]【生物】【药】【医】

亲合势*⟶化学反应亲和势【化学】【计量】

亲和力[1]（affinity）相关词：亲合力*。【生物】【药】【医】

亲和力[2]*⟶亲合力[1]【医】

亲和势&⟶化学反应亲和势【化学】【计量】

亲水绝缘材料*⟶亲水性绝缘材料【物理】

亲水性*⟶向水性【生物】

亲水性绝缘材料（hydrophilic insulant）相关词：亲水绝缘材料*，吸湿性绝缘材料*，吸水性绝缘材料*。【物理】

擒纵机*⟶擒纵机构【机械】

擒纵机构（escapement）相关词：擒纵机*。【机械】

qing

青春期前乳房发育（premature thelarche）相关词：单纯性乳房早发育*，乳房早发育*。【医】

青春期妊娠（teenage pregnancy）相关词：青少年妊娠*，少女妊娠*。【医】

青春型纤维腺瘤*⟶幼年纤维腺瘤【医】

青年型糖尿病*⟶幼年型糖尿病【医】

青少年脊髓性肌萎缩*⟶库格尔贝格-韦兰德病【医】

青少年妊娠*⟶青春期妊娠【医】

青少年型青光眼（juvenile glaucoma）相关词：年青性青光眼*。【医】

青少年型牙周炎（juvenile periodontitis）相关词：青少年牙周炎*。【医】

青少年牙周炎*⟶青少年型牙周炎【医】

轻壤&⟶轻壤土【土壤】

轻壤土（light loam）相关词：轻壤&；轻亚粘土*，轻亚黏土*，轻质壤土*。【土壤】

轻泻药（laxative）相关词：缓泻药*，泻剂*。【药】

轻亚粘土*⟶轻壤土【土壤】

轻亚黏土*⟶轻壤土【土壤】

轻质壤土*⟶轻壤土【土壤】

氢氟酸烧伤（hydrofluoric acid burn）相关词：氢氟酸灼伤*。【医】

氢氟酸灼伤*⟶氢氟酸烧伤【医】

氢过氧化物（hydroperoxide）相关词：过氧化氢物*。【化学】

氢离子计*⟶pH计【化学】

氢离子浓度计*⟶pH计【化学】

氢氧焊（oxy-hydrogen welding）相关词：氢氧焊接*，氢氧焰焊接*。【机械】

氢氧焊接*⟶氢氧焊【机械】

氢氧焰（oxy-hydrogen flame）相关词：氧氢焰*。【机械】

氢氧焰焊接*⟶氢氧焊【机械】

倾斜度*⟶梯度【化工】

倾斜系数*⟶倾斜因子【物理】

倾斜因数*⟶倾斜因子【物理】

倾斜因子（inclination factor）相关词：倾斜系数*，倾斜因数*。【物理】

清除1（clear）相关词：归零*，清零*。【信息】

清除2*⟶复位【航海】【化工】【信息】

清除脉冲*⟶复位脉冲【信息】

清零*⟶清除1【信息】

清晰度*⟶锐度【物理】

清洗磁头*⟶擦除磁头【信息】

清洗头*⟶擦除磁头【信息】

氰化#⟶液体碳氮共渗【机械】

氰化物激光器*⟶氰激光器【物理】

氰激光器（cyanic laser）相关词：氰化物激光器*。【物理】

qiu

球包囊#⟶球状胞【生物】

球差&⟶球面像差【航天】【计量】【物理】【信息】

球果脱粒机（seed extractor）相关词：取籽机*。【林】

球化渗碳体*⟶球状渗碳体1【机械】

球化体（spheroidite）相关词：球状珠光体#；球状渗碳体*，球状体*，粒状珠光体*。【机械】

球径仪（spherometer）相关词：测球仪*，球面曲率计*，球面仪*。【机械】

球面曲率计*⟶球径仪【机械】

球面投影（spherical projection）相关词：球投影*。【物理】

球面凸轮（spherical cam）相关词：球形凸轮*。【机械】

球面像差（spherical aberration）相关词：球差&；球像差*。【航天】【计量】【物理】【信息】

球面仪*⟶球径仪【机械】

球旁细胞瘤*⟶肾素瘤【医】

球头手柄（ball handle）相关词：球形手柄*。【机械】

球投影*⟶球面投影【物理】

球像差*⟶球面像差【航天】【计量】【物理】【信息】

球形手柄*⟶球头手柄【机械】

球形凸轮*⟶球面凸轮【机械】

球形细胞*⟶球状胞【生物】

球轴承（ball bearing）相关词：滚球轴承*。【机械】

球状胞（sphaerocyst）相关词：球包囊#；球形细胞*。【生物】

球状化渗碳体*⟶球状渗碳体1【机械】

球状结构*⟶球状组织【机械】

球状渗碳体1（spheroidized cementite）相关词：粒状渗碳体#；球化渗碳体*，球状化渗碳体*，球状雪明碳铁*。【机械】

球状渗碳体2*⟶球化体【机械】

球状碳化物（spheroidized carbide）相关词：粒状碳化物#。【机械】

球状体*⟶球化体【机械】

球状雪明碳铁*⟶球状渗碳体1【机械】

球状珠光体#⟶球化体【机械】

球状组织（globular structure）相关词：粒状组织#；球状结构*。【机械】

qu

区地址&⟶区域地址【信息】

区间估计（interval estimation）相关词：区域估计*。【化学】【数】【心理】

区内地址*⟶区域地址【信息】

区域标定（region labeling）相关词：区域标号*，区域标记*。【信息】

区域标号*⟶区域标定【信息】

区域标记*⟶区域标定【信息】

区域地址（regional address）相关词：区地址&；区内地址*，区域位址*。【信息】

区域分段*⟶区域分割【信息】

区域分割（region segmentation）相关词：区域分段*，区域细分*。【信息】

区域估计*⟶区间估计【化学】【数】【心理】

区域位址*⟶区域地址【信息】

区域细分*⟶区域分割【信息】

区域阻滞（field block）相关词：部位阻滞*。【医】

曲臂*⟶曲柄【机械】

曲柄（crank）相关词：曲臂*，曲拐*，曲轴*。【机械】

曲拐*⟶曲柄【机械】

曲面*⟶弯曲表面【化工】

曲线拟合（curve fitting）相关词：拟合曲线*，曲线配适*，曲线贴合*。【大气】【地理】【航天】【化学】【数】【物理】【信息】【冶金】

曲线配适*⟶曲线拟合【大气】【地理】【航天】【化学】【数】【物理】【信息】【冶金】

曲线贴合*⟶曲线拟合【大气】【地理】【航天】【化学】【数】【物理】【信息】【冶金】

曲张性动脉瘤*⟶蔓状动脉瘤【医】

曲轴*⟶曲柄【机械】

驱动齿轮*⟶主动齿轮【机械】

驱动电流（drive current）相关词：激励电流*。【信息】

驱动力矩（driving moment）相关词：传动力矩*，驱动扭矩*。【机械】

驱动扭矩*⟶驱动力矩【机械】

屈地性*⟶向地性【生物】

屈光度（diopter）相关词：折光度#。【计量】

屈光性*⟶向光性【生物】

屈水性*⟶向水性【生物】

屈性*⟶向性【生物】

祛除文身*⟶去除文身【医】

躯体变形障碍（body dysmorphic disorder）相关词：体象障碍#，自觉躯体畸形症#；惧畸障碍*。【医】

趋地性*⟶向地性【生物】

趋光性*⟶向光性【生物】

趋热性*⟶趋温性【生物】

趋温性（thermotaxis）相关词：趋热性*，向热性*。【生物】

趋性*—→向性【生物】

取代反应*—→置换反应【化学】

取数速率*—→接入速率【信息】

取样*—→采样【信息】

取样控制*—→采样控制【机械】

取籽机*—→球果脱粒机【林】

去除文身（removing tattoo）相关词：祛除文身*，去除纹身*。【医】

去除纹身*—→去除文身【医】

去磁*—→退磁[1]【机械】

去磁器*—→退磁器【机械】【信息】

去磁装置*—→退磁器【机械】【信息】

去多路复接*—→分用【信息】

去复用*—→分用【信息】

去复用器*—→分用器【信息】

去活化*—→失活作用【化学】

去离子水（deionized water; demineralized water）相关词：脱离子水*，无离子水*。【化工】【化学】【信息】【药】【医】

去溶剂化（desolvation）相关词：反溶剂*，解溶*。【化工】【化学】

去乳化*—→破乳【化学】

去乳化剂*—→破乳剂【化学】

去色*—→脱色【物理】

去势*—→去雄【林】【农】【生物】

去雄（emasculation）相关词：去势*，阉割*。【林】【农】【生物】

去氧黄酮*—→黄烷【生物】

去氧血红蛋白（deoxyhemoglobin）相关词：还原血红蛋白#；脱氧血红蛋白*。【生物】

去应力退火（stress relief annealing）相关词：消除应力退火*，消应力退火*。【机械】

quan

权标传递协议（token passing protocol）相关词：令牌传递协议#。【信息】

全部硬化*—→透淬【机械】

全垂体功能减低症*—→全垂体功能减退症【医】

全垂体功能减退症（panhypopituitarism）相关词：全垂体功能减低症*。【医】

全磁通守恒*—→类磁通守恒【物理】

全动感视频（full motion video）相关词：全动态视频*，全移动视频*。【信息】

全动态视频*—→全动感视频【信息】

全脊麻*—→全脊椎麻醉【医】

全脊椎麻醉（total spinal anesthesia）相关词：全脊麻*。【医】

全局存储器（global memory）相关词：全盘记忆器*。【信息】

全连铸*—→连续铸造【机械】

全联想超高速缓存*—→全相联高速缓存【信息】

全麻&—→全身麻醉【医】

全能比长仪*—→万能测长仪【机械】

全盘记忆器*⟶全局存储器【信息】

全屏幕（full screen）相关词：全屏显示*，全萤幕*。【信息】

全屏显示*⟶全屏幕【信息】

全球卫星移动个人通信（global mobile personal communications by satellite）相关词：全球移动个人通信*。【信息】

全球协调时*⟶协调世界时间【信息】

全球移动个人通信*⟶全球卫星移动个人通信【信息】

全身麻醉（general anesthesia）相关词：全麻&。【医】

全退火*⟶完全退火【机械】

全息存储器（holographic memory）相关词：立体照相式记忆器*。【信息】

全息摄影*⟶全息图【信息】

全息图（hologram）相关词：全息摄影*。【信息】

全相联高速缓存（fully- associative cache）相关词：全联想超高速缓存*，全相联高速缓存快取*。【信息】

全相联高速缓存快取*⟶全相联高速缓存【信息】

全向传声器（omnidirectional microphone）相关词：全向扩音器*，全向麦克风*。【信息】

全向扩音器*⟶全向传声器【信息】

全向麦克风*⟶全向传声器【信息】

全移动视频*⟶全动感视频【信息】

全萤幕*⟶全屏幕【信息】

全站仪#⟶电子速测仪【测绘】

que

缺陷晶体（imperfect crystal）相关词：不完整晶体*，非完美晶体*。【化学】

缺陷树分析*⟶故障树分析【电】【航天】【机械】【数】【信息】

缺血性梗塞*⟶贫血性梗死【医】

缺页岔断*⟶缺页中断【信息】

缺页中断（missing page interrupt）相关词：缺页岔断*。【信息】

qun

群编码（group coding）相关词：成组编码#；分类编码*，分组编码*，组编码*。【信息】

群迟延*⟶群时延【信息】

群集*⟶簇【大气】【海洋】【生物】

群集器*⟶机群【信息】

群聚（bunch）相关词：聚束*。【物理】

群聚压缩（bunch compression）相关词：聚束压缩*。【物理】

群路比特率（aggregate bit rate）相关词：集合比特率*，聚合比特率*，聚集比特率*。【信息】

群时延（group delay）相关词：群迟延*，群延迟*。【信息】

群速&⟶群速度【计量】

群速度（group velocity）相关词：群速&。【计量】

群延迟*⟶群时延【信息】

群组位址*⟶成组地址【信息】

R

ran

燃料炉#⟶火焰炉【机械】

燃烧源*⟶点火源【物理】

染色（staining）相关词：染色法#；着色*。【生物】

染色法#⟶染色【生物】

染色粒（chromomere）相关词：染色体小粒*。【生物】

染色体小粒*⟶染色粒【生物】

rang

壤沙土*⟶壤砂土【土壤】

壤砂土（loamy sand）相关词：壤沙土*，壤质砂土*，砂壤土*。【土壤】

壤质砂土*⟶壤砂土【土壤】

rao

桡骨茎突狭窄性腱鞘炎（de Quervain disease；tenosynovitis stenosans of styloid process of radius）相关词：狄魁文氏狭窄性腱鞘炎*。【医】

扰动力（perturbed force）相关词：干扰力#。【机械】

扰动力矩（perturbed moment）相关词：干扰力矩#。【机械】

绕杆式天线（turnstile antenna）相关词：旋转天线*，转栅天线*。【信息】

绕射分解*⟶衍射分解【物理】

绕射晕*⟶衍射晕【物理】

re

热变电阻1*⟶热敏电阻1【物理】【信息】

热变电阻2*⟶热阻【物理】【信息】

热参数（thermal parameter）相关词：热工参数*，热力参数*，热学参数*。【化学】

热成型（thermoforming）相关词：加热成形*。【材料】【化工】

热传导真空计（thermal conductivity vacuum gauge）相关词：导热性真空计*，热导率真空计*，热导真空计*。【机械】【信息】

热传递*⟶传热【电】【化工】【建】【信息】【冶金】

热传感器*⟶热感器【信息】

热传系数*⟶传热系数【电】【化工】【建】【冶金】

热磁效应*⟶磁场热流效应【物理】

热导率真空计*⟶热传导真空计【机械】【信息】

热导真空计*—→热传导真空计【机械】【信息】

热电堆*—→温差电堆【物理】

热电偶式仪表（thermocouple instrument）相关词：热偶式仪表&；热电偶仪表*，温差电偶仪表*。【机械】

热电偶温度计*—→热电温度计【机械】

热电偶仪表*—→热电偶式仪表【机械】

热电耦*—→温差电偶【物理】

热电器件（thermoelectric device）相关词：温差电敏器件*。【信息】

热电式温度计*—→热电温度计【机械】

热电温度计（thermoelectric thermometer）相关词：热电偶温度计*，热电式温度计*，温差电偶温度计*。【机械】

热电效应*—→热释电效应【物理】

热风冲天炉（hot blast cupola）相关词：热风化铁炉*。【机械】

热风化铁炉*—→热风冲天炉【机械】

热腐蚀（hot corrosion）相关词：高温腐蚀*。【机械】

热感器（thermal sensor）相关词：热传感器*。【信息】

热工参数*—→热参数【化学】

热固化#—→热聚合干燥【机械】

热函*—→焓【物理】

热化学处理*—→化学热处理【机械】

热化学反应式*—→热化学方程式【化学】

热化学方程式（thermochemical equation）相关词：热化学反应式*。【化学】

热机（heat engine）相关词：热力发动机*。【化工】

热机处理*—→形变热处理【机械】

热机械处理#—→形变热处理【机械】

热计*—→热量计【化学】【机械】【生物】

热剂焊（thermit welding）相关词：铝热焊*。【机械】

热交换*—→热效应[1]【化学】

热解（pyrolysis）相关词：高温分解*。【化学】

热浸镀铝*—→渗铝【机械】

热聚合干燥（hot polymerization drying）相关词：热固化#。【机械】

热控管*—→热敏电阻[1]【物理】【信息】

热扩散（thermal diffusion）相关词：热漫布*。【化学】【物理】

热离子负极*—→热离子阴极【信息】

热离子阴极（thermionic cathode）相关词：热离子负极*。【信息】

热力参数*—→热参数【化学】

热力发动机*—→热机【化工】

热力学能（thermodynamic energy）相关词：内能#。【计量】

热力学平衡常数*—→标准平衡常数【化工】【计量】

热力学温标（thermodynamic temperature scale）相关词：绝对温标#，开尔文温标#。【电】【化工】【化学】【力】【物理】

热力学温度（thermodynamic temperature）相关词：绝对温度#。【电】【化工】【化学】【力】【物理】

热量计（calorimeter）相关词：测热计*，热计*，热量器*。【化学】【机械】【生物】

热量器*→热量计【化学】【机械】【生物】

热流量密度#→热流密度【电】【航天】【计量】【建】

热流密度（specific rate of heat flow; heat flux）相关词：热流量密度#，面积热流量*。【电】【航天】【计量】【建】

热漫布*→热扩散【化学】【物理】

热敏电阻1（thermistor）相关词：热变电阻*，热控管*。【物理】【信息】

热敏电阻2*→热阻【物理】【信息】

热敏式印字机*→热敏印刷机【信息】

热敏印刷机（thermal printer）相关词：感热式打印机*，感热式印字机*，热敏式印字机*，热式打印机*。【信息】

热偶腐蚀（thermogalvanic corrosion）相关词：温差电偶腐蚀*。【机械】

热偶式仪表&→热电偶式仪表【机械】

热喷镀*→热喷涂【机械】

热喷涂（thermal spraying）相关词：热喷镀*。【机械】

热平衡（thermal equilibrium）相关词：热稳定#。【机械】

热屏负电极*→热屏阴极【信息】

热屏阴极（heat-shielded cathode）相关词：热屏负电极*。【信息】

热启动（warm start）相关词：热起动*，热态启动*。【信息】

热起动*→热启动【信息】

热色现象*→热色性【物理】

热色性（thermochromatism）相关词：热色现象*，热致变色*。【物理】

热式打印机*→热敏印刷机【信息】

热释电效应（pyroelectric effect）相关词：焦电效应*，热电效应*。【物理】

热态启动*→热启动【信息】

热稳定#→热平衡【机械】

热效率（thermal efficiency）相关词：热效应*。【化工】

热效应1（heat effect）相关词：热交换*。【化学】

热效应2*→热效率【化工】

热学参数*→热参数【化学】

热压焊（hot pressure welding; HPW）相关词：热压焊接*。【机械】

热压焊接*→热压焊【机械】

热原（pyrogen）相关词：热原质*。【材料】【药】【医】

热原质*→热原【材料】【生物】【药】

热致变色*→热色性【物理】

热阻（thermal resistance）相关词：热变电阻*，热敏电阻*。【物理】【信息】

热阻率（thermal resistivity）相关词：热阻系数*。【物理】

热阻系数*→热阻率【物理】

ren

人工光源（artificial light source）相关词：人造光源*。【机械】

人工焊接*⟶手工焊【机械】

人工合成抗原*⟶合成抗原【医】

人工加速老化试验*⟶加速老化试验【机械】

人工晶体*⟶人工晶状体【医】

人工晶体植入*⟶人工晶状体植入术【医】

人工晶状体（intraocular lens）相关词：人工晶体*。【医】

人工晶状体植入术（implantation of artificial lens）相关词：人工晶体植入*。【医】

人工抗原#⟶合成抗原【医】

人工老化试验#⟶加速老化试验【机械】

人工认别*⟶人工认知【信息】

人工认知（artificial cognition）相关词：人工认别*，人工识别*。【信息】

人工识别*⟶人工认知【信息】

人工输入*⟶手动输入【信息】

人工输入键*⟶手动输入键【信息】

人工血管（artificial blood vessel）相关词：人造血管*。【医】

人工语言（artificial language）相关词：人造语言*。【信息】

人工元素*⟶人造元素【化学】

人工智慧*⟶人工智能【信息】

人工智能（artificial intelligence; AI）相关词：人工智慧*。【信息】

人机交流*⟶人机通信【机械】

人机接口#⟶人机界面【信息】

人机介面*⟶人机界面【信息】

人机界面（human-machine interface）相关词：人机接口#；人机介面*。【信息】

人机通信（man-machine communication）相关词：人机交流*，人机通讯*。【机械】

人机通讯*⟶人机通信【机械】

人力制动器（manual brake）相关词：手闸*，手制动机*，手制动器*。【机械】

人造光源*⟶人工光源【机械】

人造化学元素*⟶人造元素【化学】

人造血管*⟶人工血管【医】

人造语言*⟶人工语言【信息】

人造元素（artificial element）相关词：人工元素*，人造化学元素*。【化学】

人字齿轮（herringbone gear; double helical gear）相关词：双斜齿轮#。【机械】

任务结束*⟶任务终止【信息】

任务终止（task termination）相关词：任务结束*。【信息】

韧化*⟶可锻化退火【机械】

韧铁退火*⟶可锻化退火【机械】

韧性波导*⟶软波导【信息】

韧性导线*⟶软导线【信息】

韧性铸铁*⟶可锻铸铁【机械】

▲无标记且有英文对译的，为“规范词”。▲标“&”的为“简称”，可与规范词等效使用。
▲标“#”的为“又称”，不推荐使用。▲标“*”的为“非规范词”，不能使用。

妊娠肝内胆汁淤积症（intrahepatic cholestasis of pregnancy）相关词：妊娠期肝内胆汁淤积症*。【医】

妊娠高血压（gestational hypertension）相关词：妊娠期高血压*。【医】

妊娠期肝内胆汁淤积症*⟶妊娠肝内胆汁淤积症【医】

妊娠期高血压*⟶妊娠高血压【医】

妊娠晚期（late trimester of pregnancy）相关词：晚期妊娠*。【医】

ri

日光疗法（heliotherapy）相关词：光线疗法*。【医】

日光性角化病*⟶光线性角化病【医】

rong

容错（fault tolerance）相关词：错误容差*，故障容许偏差*。【信息】

容积热处理*⟶整体热处理【机械】

容量性质#⟶广度性质【化学】

溶度曲线#⟶溶线【物理】

溶骨症*⟶骨质溶解【医】

溶胶原*⟶前胶原【生物】

溶解酵素*⟶溶菌酶【化工】

溶菌酶（lysozyme）相关词：溶解酵素*。【化工】

溶线（solubility curve）相关词：溶度曲线#。【物理】

溶血性尿毒症综合征（hemolytic uremic syndrome）相关词：溶血性尿毒综合征*。【医】

溶血性尿毒综合征*⟶溶血性尿毒症综合征【医】

熔敷金属#⟶焊缝金属【机械】

熔焊&⟶熔化焊【机械】

熔合反应（fusion reaction）相关词：熔解反应*。【物理】

熔化焊（fusion welding）相关词：熔焊&；熔融焊*，熔融焊接*。【机械】

熔化极气体保护焊*⟶气体保护电弧焊【机械】【建】

熔化热（heat of fusion）相关词：熔解热*。【化学】

熔结*⟶烧结【化学】

熔解反应*⟶熔合反应【物理】

熔解热*⟶熔化热【化学】

熔蜡*⟶脱蜡【化工】【机械】【农】

熔模铸造1（investment casting; lost wax casting）相关词：失蜡铸造#；精密铸造*，蜡模铸造*。【机械】

熔模铸造2*⟶精密铸造1【机械】

熔融焊*⟶熔化焊【机械】

熔融焊接*⟶熔化焊【机械】

熔铁炉*⟶冲天炉【机械】【冶金】

冗余核对*⟶冗余检验【信息】

冗余检验（redundancy check）相关词：冗余核对*，冗余信息校验*。【信息】

冗余信息（redundant information）相关词：重复信息*，过剩信息*。【信息】

冗余信息校验*⟶冗余检验【信息】

冗余自由度*⟶局部自由度【机械】

rou

柔度（compliance）相关词：柔量*，柔性*。【机械】
柔量*⟶柔度【机械】
柔轮&⟶柔性齿轮【机械】
柔软性*⟶可塑性【化学】
柔性1（flexibility）相关词：弯曲性*。【化工】
柔性2*⟶柔度【机械】
柔性齿轮（flexible gear; flexspline）相关词：柔轮&。【机械】
柔性导线*⟶软导线【信息】
柔性构件*⟶挠性构件【机械】
鞣酶&⟶鞣酸酶【生物】
鞣酸1#⟶单宁酸1【林】
鞣酸2*⟶单宁【化学】【生物】
鞣酸酶（tannase）相关词：鞣酶&；丹宁酶*。【生物】
鞣质#⟶单宁【化学】【生物】
肉芽形成（granulation）相关词：肉芽组织形成*。【医】
肉芽组织形成*⟶肉芽形成【医】
肉眼检验*⟶外观检查【机械】
肉柱*⟶闭壳肌【海洋】【生物】【水产】

ru

乳胺*⟶内酰胺【化学】
乳白光*⟶乳光【物理】
乳房过大（macromastia）相关词：巨乳症*。【医】
乳房过小（micromastia）相关词：小乳症*。【医】
乳房早发育*⟶青春期前乳房发育【医】
乳光（opalescence）相关词：蛋白色光*，乳白光*。【物理】
乳化剂（emulsifying agent）相关词：分散剂*。【化学】
乳碱综合征（milk alkali syndrome）相关词：牛奶碱化症候群*。【医】
乳酪分离器*⟶奶油分离器【农】
乳酪素*⟶酪蛋白【生物】
乳糖分解酵素*⟶乳糖酶【生物】
乳糖酶（lactase）相关词：乳糖分解酵素*。【生物】
入口线*⟶接入线【信息】
入陷电子*⟶被俘获电子【化学】

ruan

软波导（flexible waveguide）相关词：可弯曲波导*，韧性波导*。【信息】
软差错（soft error）相关词：软性误差*，暂时性错误*。【信息】
软产道损伤*⟶产道裂伤【医】
软磁盘（floppy disk; flexible disk; diskette）相关词：软盘&。【信息】
软氮化#⟶液体氮碳共渗【机械】
软导线（flexible conductor）相关词：可弯导线*，韧性导线*，柔性导线*。

【信息】

软骨病*⟶骨软化症【医】

软骨发育不良（dyschondroplasia）相关词：季肋发育不全*，软骨发育异常*，软骨关节病*。【医】

软骨发育不全（achondroplasia）相关词：软骨发育不全性侏儒症*。【医】

软骨发育不全性侏儒症*⟶软骨发育不全【医】

软骨发育异常*⟶软骨发育不良【医】

软骨关节病*⟶软骨发育不良【医】

软件（software）相关词：软体*。【信息】

软盘&⟶软磁盘【信息】

软盘机*⟶软盘驱动器【信息】

软盘驱动器（floppy disk drive）相关词：软驱&；磁盘机*，磁盘驱动器*，软盘机*。【信息】

软驱&⟶软盘驱动器【信息】

软体*⟶软件【信息】

软性误差*⟶软差错【信息】

朊酶*⟶蛋白水解酶【生物】

rui

锐度（sharpness）相关词：清晰度*。【物理】

run

润滑剂配伍性*⟶润滑剂相容性【机械】

润滑剂相容性（lubricant compatibility）相关词：润滑剂配伍性*。【机械】

润滑角#⟶滑动角【机械】

ruo

弱流电子光学（low density electron beam optics）相关词：低密度电子光学*。【信息】

弱扰动*⟶弱湍动【物理】

弱湍动（weak turbulence）相关词：弱扰动*，弱湍流*。【物理】

弱湍流*⟶弱湍动【物理】

弱中性流（weak neutral current）相关词：弱中性线电流*。【物理】

弱中性线电流*⟶弱中性流【物理】

S

sa

萨斯*⟶严重急性呼吸道综合征【医】

sai

腮腺素（parotin）相关词：唾液腺素*。

▲无标记且有英文对译的，为“规范词”。▲标“&”的为“简称”，可与规范词等效使用。
▲标“#”的为“又称”，不推荐使用。▲标“*”的为“非规范词”，不能使用。

【生物】

塞焊（plug weld）相关词：电铆焊*。【机械】

san

三重临界点*⟶三相点【化学】

三级非线性（third-order nonlinearity）相关词：三阶非线性*。【物理】

三阶非线性*⟶三级非线性【物理】

三相点（triple point）相关词：三重临界点*，三褶点*。【化学】

三褶点*⟶三相点【化学】

伞齿轮*⟶锥齿轮【机械】

伞毛#⟶菌毛【生物】

伞形齿轮*⟶锥齿轮【机械】

散波*⟶发散波【航海】【物理】

散弹枪伤*⟶猎枪弹伤【医】

散象*⟶像散【物理】

sao

扫描输入（scan-in）相关词：扫入*。【信息】

扫入*⟶扫描输入【信息】

se

色饱和度1（color saturation）相关词：色彰度#。【信息】

色饱和度2*⟶彰度【物理】

色层分离谱*⟶色层谱图【物理】

色层谱图（chromatogram）相关词：色谱图&；色层分离谱*。【物理】

色差*⟶色度【物理】

色纯度公差*⟶色纯度容差【信息】

色纯度容差（color purity allowance）相关词：色纯度公差*，色纯度容限*。【信息】

色纯度容限*⟶色纯度容差【信息】

色调平衡*⟶色平衡【信息】

色度（chrominance）相关词：色品*，色差*。【物理】

色度键*⟶色键【信息】

色分散力*⟶色散力【化学】

色集（color set）相关词：颜色集合*。【信息】

色键（chroma key）相关词：色度键*。【信息】

色弥散力*⟶色散力【化学】

色品*⟶色度【物理】

色平衡（color balance）相关词：彩色平衡*，色调平衡*，颜色平衡*。【信息】

色谱图&⟶色层谱图【物理】

色散力（dispersion force）相关词：色分散力*，色弥散力*。【化学】

色素失禁症*⟶色素失调症【医】

色素失调症（incontinentia pigmenti）相关词：色素失禁症*。【医】

色素性毛表皮痣#⟶贝克痣【医】

色彰度#⟶色饱和度1【信息】

sen

森林冠层#⟶林冠层【大气】【林】

【生物】

森林培育学（silviculture）相关词：造林学*。【林】

森林树冠*⟶林冠层【大气】【林】【生物】

森林蓄积*⟶立木蓄积量【林】

森林贮积量*⟶立木蓄积量【林】

sha

杀毒程序*⟶防病毒程序【信息】

杀菌剂*⟶防腐剂【材料】【农】

沙粘土*⟶砂黏土【土壤】

刹车*⟶制动器【机械】

刹车皮*⟶制动衬片【机械】

砂粘土*⟶砂黏土【土壤】

砂黏土（sand clay）相关词：沙粘土*，砂粘土*，砂土*。【土壤】

砂壤土*⟶壤砂土【土壤】

砂湿型*⟶湿砂型【机械】

砂土*⟶砂黏土【土壤】

砂形铸造*⟶砂型铸造【机械】

砂型铸造（sand casting process）相关词：砂铸#；砂形铸造*。【机械】

砂铸#⟶砂型铸造【机械】

shan

闪变噪声*⟶闪烁噪声【信息】

闪存&⟶闪速存储器【信息】

闪光对焊（flash welding）相关词：火花焊*，闪光焊*。【机械】

闪光感（photopsia）相关词：闪光幻觉*。【医】

闪光焊*⟶闪光对焊【机械】

闪光幻觉*⟶闪光感【医】

闪频灯*⟶频闪灯【机械】

闪频仪*⟶频闪仪【物理】

闪烁噪声（flicker noise）相关词：闪变噪声*，闪烁噪音*。【信息】

闪烁噪音*⟶闪烁噪声【信息】

闪速存储器（flash memory）相关词：闪存&；快闪存储器*，快速存储器*。【信息】

扇段#⟶扇区【信息】

扇区（sector）相关词：扇段#。【信息】

shang

上层记忆体区块*⟶高端存储块【信息】

上尺桡骨融合畸形*⟶先天性桡尺骨融合【医】

上颌窦窦切开术*⟶上颌窦切开术【医】

上颌窦切开术（maxillary sinusotomy）相关词：上颌窦窦切开术*。【医】

上颌窦炎*⟶上颌骨炎【医】

上颌骨炎（maxillitis）相关词：上颌窦炎*。【医】

上视图*⟶俯视图【机械】

上位内存块*⟶高端存储块【信息】

上行链路（uplink）相关词：上行线路*。【信息】

上行线路*⟶上行链路【信息】

上溢*⟶溢出【信息】

shao

烧成*⟶烧结【化学】

烧碱法浆（soda pulp）相关词：碱法纸浆*。【林】

烧结（sintering）相关词：熔结*，烧成*。【化学】

烧蓝*⟶发蓝处理【材料】【航天】【机械】

烧伤创面（burn wound）相关词：烫伤创面*。【医】

少精症*⟶少精子症【医】

少精子症（oligospermia）相关词：精液缺乏*，少精症*。【医】

少突神经胶质瘤（oligodendroglioma）相关词：少枝胶质细胞瘤*。【医】

少枝胶质细胞瘤*⟶少突神经胶质瘤【医】

少女妊娠*⟶青春期妊娠【医】

she

舌乳头炎*⟶叶状乳头炎【医】

舌下囊肿（ranula）相关词：舌下腺囊肿*。【医】

舌下腺囊肿*⟶舌下囊肿【医】

设备分配*⟶设备指派【信息】

设备认证*⟶机型批准【信息】

设备任务分配*⟶设备指派【信息】

设备指派（device assignment）相关词：设备分配*，设备任务分配*。【信息】

射极#⟶发射极【物理】

射极区#⟶发射区【电】【信息】

射频（radio frequency）相关词：无线电频率*。【信息】

射束强度*⟶束流强度【物理】

射线检测（radiographic inspection）相关词：放射线检查*，射线照相检查*。【机械】

射线照相检查*⟶射线检测【机械】

摄谱术*⟶摄谱学【物理】

摄谱学（spectrography）相关词：摄谱术*，质谱法*。【物理】

摄谱仪*⟶光谱仪【化工】【化学】【计量】【物理】

摄象管*⟶摄像管【信息】

摄像管（pickup tube）相关词：摄象管*。【信息】

摄像机标定（camera calibration）相关词：摄影机检定*。【信息】

摄影机检定*⟶摄像机标定【信息】

shen

伸长系数*⟶延伸系数【机械】

伸开线*⟶渐开线【机械】

伸展运动*⟶牵伸运动【医】

深度图（depth map）相关词：景深图*。【信息】

深熔焊（deep penetration welding）相关词：深熔透焊接*。【机械】

深熔透焊接*⟶深熔焊【机械】

神经耳聋*→神经性聋【医】

神经计算机（neural computer）相关词：神经元计算机*。【信息】

神经模拟*→神经元仿真【信息】

神经胚（neurula）相关词：神经芽*。【生物】

神经细胞*→神经元【生物】

神经纤维瘤*→神经纤维瘤病【医】

神经纤维瘤病（neurofibromatosis）相关词：神经纤维瘤*。【医】

神经性肌强直*→艾萨克综合征【医】

神经性聋（nerve deafness）相关词：神经耳聋*。【医】

神经性疼痛（neuropathic pain）相关词：神经源性痛*。【医】

神经芽*→神经胚【生物】

神经元（neuron）相关词：神经细胞*，神经原*。【生物】

神经元仿真（neuron simulation）相关词：神经模拟*。【信息】

神经元计算机*→神经计算机【信息】

神经原*→神经元【生物】

神经源性痛*→神经性疼痛【医】

神经阻滞剂恶性综合征（neuroleptic malignant syndrome）相关词：抗精神病药恶性综合征*。【医】

肾病性水肿（nephrotic edema）相关词：肾病综合征水肿*。【医】

肾病综合征水肿*→肾病性水肿【医】

肾钙沉着症（nephrocalcinosis）相关词：肾钙质沉淀症*，肾钙质沉着*。【医】

肾钙质沉淀症*→肾钙沉着症【医】

肾钙质沉着*→肾钙沉着症【医】

肾梗塞*→肾梗死【医】

肾梗死（infarction of kidney）相关词：肾梗塞*。【医】

肾鹿角状结石（staghorn stone of kidney）相关词：鹿角形肾结石*。【医】

肾上腺残余瘤*→肾上腺剩余肿瘤【医】

肾上腺剩余肿瘤（adrenal rest tumor）相关词：肾上腺残余瘤*。【医】

肾上腺酮*→皮质酮【生物】

肾嗜酸细胞瘤（renal oncocytoma）相关词：肾脏嗜酸细胞瘤*。【医】

肾丝球*→血管球【医】

肾素瘤（reninoma）相关词：球旁细胞瘤*。【医】

肾脏嗜酸细胞瘤*→肾嗜酸细胞瘤【医】

渗氮（nitriding）相关词：氮化#。【机械】

渗氮气氛（nitriding atmosphere）相关词：氮化气氛*。【机械】

渗铬（chromizing）相关词：铬化*，扩散镀铬*。【机械】

渗灌#→地下灌溉【建】【农】【生物】【水利】

渗硅（siliconizing）相关词：硅化处理*，扩散渗硅*。【机械】

渗磷*→磷化【化学】【机械】

渗硫 (sulphurizing) 相关词：硫化*。【机械】

渗铝 (aluminizing) 相关词：铝化*，热浸镀铝*，渗铝法*。【机械】

渗铝法*⟶渗铝【机械】

渗镍 (nickelizing) 相关词：镍的电处理*，镍电解淀积处理*。【机械】

渗硼 (boriding) 相关词：硼化*。【机械】

渗水层*⟶透水层【地质】【土壤】

渗钛 (titanizing) 相关词：镀钛*，钛化*。【机械】

渗碳氮化*⟶碳氮共渗【机械】

渗碳气氛 (carburizing atmosphere) 相关词：碳化气氛*。【机械】

渗碳体 (cementite) 相关词：碳化铁体*。【机械】

渗透计 (osmometer) 相关词：渗压计*。【化学】

渗锌 (sherardizing) 相关词：镀锌粉*，喷镀锌*。【机械】

渗压计*⟶渗透计【化学】

sheng

升 (litre; L; l) 相关词：公升*，立升*，标准升*。【计量】

升降率*⟶梯度【化工】

升血压药*⟶抗低血压药【药】

升压药*⟶抗低血压药【药】

生化工程 (biochemical engineering) 相关词：生物化工*。【化工】

生理光学 (physiological optics) 相关词：生理学光学*。【物理】

生理学光学*⟶生理光学【物理】

生漆 (Chinese lacquer) 相关词：天然漆*。【林】

生态位 (ecological niche) 相关词：小生境*。【土壤】

生体工学*⟶仿生学【生物】

生铁 (pig iron) 相关词：毛铁*，坯铁*，铣铁*。【机械】

生物层积学 (biostratinomy) 相关词：生物埋藏学*，生物遗体沉积学*。【生物】

生物程序*⟶生物过程【化工】

生物过程 (bioprocess) 相关词：生物程序*。【化工】

生物化工*⟶生化工程【化工】

生物碱 (alkaloid) 相关词：植物碱基*。【化学】【生物】

生物埋藏学*⟶生物层积学【生物】

生物遥测&⟶生物遥测术【生物】

生物遥测术 (biotelemetry) 相关词：生物遥测&；生物指标遥测术*。【生物】

生物遗体沉积学*⟶生物层积学【生物】

生物指标遥测术*⟶生物遥测术【生物】

声传导性*⟶声导【物理】

声带白斑*⟶喉白斑病【医】

声导 (acoustic conductance) 相关词：声传导性*。【物理】

声功率（sound power）相关词：声能通量*。【计量】

声功率级（sound power level）相关词：声能级*。【机械】

声轨*⟶音轨【信息】

声码器（voice coder; vocoder）相关词：声频编码器*。【信息】

声门上癌*⟶声门上喉癌【医】

声门上喉癌（supraglottic carcinoma）相关词：声门上癌*，声门上型喉癌*。【医】

声门上型喉癌*⟶声门上喉癌【医】

声门下癌*⟶声门下喉癌【医】

声门下喉癌（subglottic carcinoma）相关词：声门下癌*。【医】

声呐[1]（sonar; sound navigation and ranging）相关词：声纳*。【测绘】【船舶】【海洋】【航海】【力】【物理】【信息】

声呐[2]*⟶声纳[1]【力】【物理】

声纳[1]（acoustic susceptance）相关词：声呐*。【力】【物理】

声纳[2]*⟶声呐[1]【测绘】【船舶】【海洋】【航海】【力】【物理】【信息】

声能级*⟶声功率级【机械】

声能通量*⟶声功率【计量】

声频*⟶音频【信息】

声频编码器*⟶声码器【信息】

声频合成*⟶音频合成【信息】

声频混频器*⟶混音器【信息】

声强&⟶声强度【机械】

声强度（sound intensity）相关词：声强&；音强*。【机械】

声强计（phonometer）相关词：测声计*，音强度计*，音强计*。【物理】

声效*⟶音效【信息】

声效应*⟶音效【信息】

声讯邮件*⟶话音邮件【信息】

声压（sound pressure）相关词：声压强#；音压*，音压强度*。【力】【物理】

声压反射系数#⟶声压反射因数【计量】

声压反射因数（sound pressure reflection factor）相关词：声压反射系数#。【计量】

声压强#⟶声压【力】【物理】

声压透射系数#⟶声压透射因数【计量】

声压透射因数（sound pressure transmission factor）相关词：声压透射系数#。【计量】

声音合成[1]（voice synthesis）相关词：话音合成*。【信息】

声音合成[2]*⟶音频合成【信息】

声音降低指数*⟶隔声量【计量】【建】

声质点加速度（sound particle acceleration）相关词：质点加速度&。【计量】

声质点速度（sound particle velocity）相关词：质点速度&。【计量】

声质点位移（sound particle displacement）相关词：质点位移&。【计量】

声致发光（sonoluminescence）相关词：

声致冷光*。【物理】
声致冷光*⟶声致发光【物理】
胜*⟶肽【化学】
胜肽*⟶肽【化学】
剩余熵#⟶残余熵【化工】
剩余液*⟶萃余液【化工】【冶金】
剩余应力*⟶残余应力【机械】【力】

shi

失活&⟶失活作用【化学】
失活作用（deactivation）相关词：失活&；去活化*。【化学】
失蜡铸造1#⟶熔模铸造1【机械】
失蜡铸造2*⟶精密铸造1【机械】
失配（mismatch）相关词：不匹配*。【信息】
失声（aphonia）相关词：失音*。【医】
失效保护（fail safe）相关词：故障保险*。【机械】
失效机理（failure mechanism）相关词：破坏机理*。【机械】
失效率（failure rate）相关词：事故率*，误失率*。【机械】【信息】
失效树分析*⟶故障树分析【电】【航天】【机械】【数】【信息】
失音*⟶失声【医】
失用性萎缩（disuse atrophy）相关词：废用性萎缩#。【医】
施轰粒子*⟶轰击粒子【物理】
施主浓度（volumic donor number）相关词：施主数密度#。【计量】
施主数密度#⟶施主浓度【计量】
湿法筛分*⟶湿筛分【机械】
湿法冶金#⟶电解提取【化学】【冶金】
湿分*⟶含湿量【化学】
湿润*⟶增湿【物理】
湿砂模*⟶湿砂型【机械】
湿砂型（green sand mold）相关词：湿型&；潮砂*，砂湿型*，湿砂模*。【机械】
湿筛*⟶湿筛分【机械】
湿筛分（wet sieving）相关词：湿法筛分*，湿筛*。【机械】
湿式离合器（wet clutch）相关词：浸油离合器#；液体粘性离合器*。【机械】
湿型&⟶湿砂型【机械】
十进数位*⟶十进制数字【信息】
十进制数位*⟶十进制数字【信息】
十进制数字（decimal digit）相关词：十进数位*，十进制数位*。【信息】
十克（decagram；dag）相关词：公钱*。【计量】
十六进数位*⟶十六进制数字【信息】
十六进制数位*⟶十六进制数字【信息】
十六进制数字（hexadecimal digit）相关词：十六进数位*，十六进制数位*。【信息】
十米（decametre；dam）相关词：公丈*。【计量】
十字滑块联轴器（Oldham coupling）相关词：欧氏联轴节*。【机械】

石骨症#→骨硬化症【医】

石灰沉着病*→钙质沉着症【医】

石灰结核*→钙质结核【土壤】

石灰壤植物*→喜钙植物【土壤】

石灰质结核*→钙质结核【土壤】

石蜡疗法（paraffin therapy）相关词：蜡疗&。【医】

石绵沉着病*→石棉沉着病【医】

石绵肺*→石棉沉着病【医】

石棉沉着病（asbestosis）相关词：石绵沉着病*，石绵肺*，石棉肺*。【医】

石棉肺*→石棉沉着病【医】

石栖动物（petrocole；lapidicolous animal）相关词：栖岩生物*，石棲动物*。【生物】

石棲动物*→石栖动物【生物】

石炭酸烧伤（phenol burn）相关词：酚灼伤*。【医】

石碳酸*→苯酚【化工】【化学】

石盐1（halite）相关词：岩盐*。【材料】【地质】【化工】

石盐2*→岩盐1【海洋】【化学】

石竹烯（caryophyllene）相关词：丁香烯*，丁子香烯*。【林】

时畴*→时域【大气】【地理】【电】【建】【数】【信息】

时基恢复*→时钟恢复【信息】

时间常数（time constant）相关词：弛豫时间#。【计量】

时空关联（spacetime correlation）相关词：时空相关*。【物理】

时空相关*→时空关联【物理】

时脉*→时钟脉冲【信息】

时效强化*→时效硬化【物理】

时效硬化（age-hardening）相关词：老化变硬*，时效强化*。【物理】

时序调度系统*→顺序调度系统【信息】

时序仿真*→时序模拟【信息】

时序控制*→顺序控制【机械】

时序模拟（timing simulation）相关词：时序仿真*。【信息】

时域（time domain）相关词：时畴*。【大气】【地理】【电】【建】【数】【信息】

时钟恢复（clock recovery）相关词：时基恢复*，时钟脉冲校正*。【信息】

时钟脉波*→时钟脉冲【信息】

时钟脉冲（clock pulse）相关词：节拍脉冲*，时脉*，时钟脉波*，同步脉冲*。【信息】

时钟脉冲校正*→时钟恢复【信息】

时钟脉冲驱动器*→时钟驱动器【信息】

时钟求根*→时钟提取【信息】

时钟驱动器（clock driver）相关词：时钟脉冲驱动器*。【信息】

时钟提取（clock extraction）相关词：脉冲选取*，时钟求根*。【信息】

实参（actual parameter）相关词：实际参数*，实在参数*。【信息】

实地址（physical address）相关词：物理地址#；实际地址*，物理位址*。

▲无标记且有英文对译的，为“规范词”。▲标“&”的为“简称”，可与规范词等效使用。
▲标“#”的为“又称”，不推荐使用。▲标“*”的为“非规范词”，不能使用。

【信息】

实际参数*⟶实参【信息】

实际地址*⟶实地址【信息】

实时成批处理*⟶实时批处理【信息】

实时批处理（real-time batch processing）相关词：实时成批处理*。【信息】

实在参数*⟶实参【信息】

食虫真菌（predacious fungi）相关词：捕食性真菌*。【土壤】

食道闭锁*⟶食管闭锁【医】

食道黏膜撕裂症*⟶食管黏膜撕裂症【医】

食管贲门黏膜撕裂综合征*⟶食管黏膜撕裂症【医】

食管闭锁（esophageal atresia）相关词：食道闭锁*。【医】

食管粘膜撕裂症*⟶食管黏膜撕裂症【医】

食管黏膜撕裂症（Mallory-Weiss syndrome）相关词：马魏氏症候群*，食道黏膜撕裂症*，食管粘膜撕裂症*，食管贲门黏膜撕裂综合征*。【医】

食疗#⟶食治【药】

食治（dietotherapy）相关词：食疗#。【药】

蚀损*⟶腐蚀磨损【机械】

矢径#⟶径矢【力】【物理】

矢量玻色子（vector boson）相关词：向量玻色子*。【物理】

矢量磁位#⟶磁矢位【电】【计量】

矢量计算机*⟶向量计算机【信息】

矢量径 1#⟶径矢【力】【物理】

矢量径 2*⟶径向量【数】

矢量模型（vector model）相关词：向量模型*。【物理】

矢量指令*⟶向量指令【信息】

使用者记忆器*⟶用户内存【信息】

使用者界面*⟶用户界面【信息】

示极器*⟶极性指示器【机械】

世界标准时*⟶世界时【信息】

世界时（universal time）相关词：格林威治时间*，国际标准时*，世界标准时*。【信息】

世界协调时*⟶协调世界时间【信息】

势差*⟶电势差【物理】

事故率*⟶失效率【机械】【信息】

试机*⟶测试运行【信息】

试验报告*⟶测试报告【信息】

试验程序*⟶测试程序【信息】

试验点*⟶测试点【信息】

试验性运行*⟶测试运行【信息】

试运行*⟶测试运行【信息】

试转磨耗*⟶磨合磨损【机械】

试转磨损*⟶磨合磨损【机械】

视场角*⟶视角【机械】【信息】

视功能障碍*⟶视觉障碍【医】

视黄醛（retinene）相关词：视网醛*。【生物】

视角（visual angle）相关词：视场角*，视界*。【机械】【信息】

视界*⟶视角【机械】【信息】

视觉障碍（visual disorder）相关词：视

功能障碍*，视力障碍*。【医】

视力疲劳*⟶视疲劳【医】

视力障碍*⟶视觉障碍【医】

视盘缺损&⟶视神经盘缺损【医】

视疲劳（asthenopia）相关词：视力疲劳*，眼疲劳*。【医】

视频处理器（video processor）相关词：图象信号处理器*。【信息】

视频磁头（video head）相关词：录像磁头*。【信息】

视频存储器（video memory）相关词：图象存储器*。【信息】

视频会议（video conferencing）相关词：电视会议#。【信息】

视频通信#⟶视像通信【信息】

视频通讯*⟶视像通信【信息】

视青质（iodopsin）相关词：视青紫素*。【生物】

视青紫素*⟶视青质【生物】

视乳头缺损*⟶视神经盘缺损【医】

视神经盘缺损（coloboma of optic disc）相关词：视盘缺损&；视乳头缺损*。【医】

视网膜切除术（retinectomy）相关词：视网膜切开*。【医】

视网膜切开*⟶视网膜切除术【医】

视网膜脱离眼内注气术*⟶充气性视网膜固定术【医】

视网醛*⟶视黄醛【生物】

视像管（vidicon）相关词：光电导摄像管*。【信息】

视像通信（video communication）相关词：视频通信#；电视通信*，视频通讯*。【信息】

视硬度*⟶表观硬度【电】【机械】

视在功率电度表*⟶视在功率电能表【机械】

视在功率电能表（volt-ampere-hour meter）相关词：伏安时计*，视在功率电度表*。【机械】

适配控制*⟶自适应控制【化工】

适热微生物*⟶嗜热微生物【土壤】

适酸植物*⟶酸土植物【生物】

适应性*⟶可塑性【化学】

适用性*⟶兼容性【信息】

室颤&⟶心室纤颤【医】

室性自搏心律#⟶心室自主心律【医】

嗜热微生物（thermophilic microorganism）相关词：适热微生物*。【土壤】

嗜酸粒细胞性胃肠炎*⟶嗜酸细胞性胃肠炎【医】

嗜酸细胞肉芽肿（eosinophilic granuloma）相关词：嗜酸性肉芽肿*，嗜伊红性肉芽肿*。【医】

嗜酸细胞性胃肠炎（eosinophilic gastroenteritis）相关词：嗜酸粒细胞性胃肠炎*。【医】

嗜酸细胞增多综合征（hypereosinophilic syndrome）相关词：嗜酸性粒细胞增高综合征*。【医】

嗜酸性粒细胞增高综合征*⟶嗜酸细胞增多综合征【医】

嗜酸性肉芽肿*—→嗜酸细胞肉芽肿【医】

嗜伊红性肉芽肿*—→嗜酸细胞肉芽肿【医】

shou

收费电视*—→付费电视【信息】

收集*—→陷俘【物理】

手动电焊*—→手工焊【机械】

手动工具*—→手工工具【机械】

手动控制（manual control）相关词：手控*，手调*。【机械】

手动输入（manual input）相关词：人工输入*。【信息】

手动输入键（manual load key）相关词：人工输入键*。【信息】

手锻炉（smith forging furnace）相关词：明火炉#。【机械】

手法康复*—→推拿术【医】

手工工具（manual tool）相关词：手动工具*，手用工具*。【机械】

手工焊（manual welding）相关词：人工焊接*，手动电焊*，手工焊接*，手焊*。【机械】

手工焊接*—→手工焊【机械】

手焊*—→手工焊【机械】

手控*—→手动控制【机械】

手口足症*—→手足口病【医】

手调*—→手动控制【机械】

手用工具*—→手工工具【机械】

手闸*—→人力制动器【机械】

手制动机*—→人力制动器【机械】

手制动器*—→人力制动器【机械】

手足发绀（acrocyanosis）相关词：手足紫绀#。【医】

手足口病（hand-foot-mouth disease）相关词：手口足症*。【医】

手足紫绀#—→手足发绀【医】

受激发射（stimulated emission）相关词：激发发射*。【机械】

受激分子雷射*—→准分子激光器【机械】【信息】

受激态*—→激发态【物理】

受激准分子激光器*—→激基分子激光器【物理】

受控存取#—→受控访问【信息】

受控访问（controlled access）相关词：受控存取#。【信息】

受迫振荡*—→受驱振荡【物理】

受驱振荡（driven oscillation）相关词：受迫振荡*。【物理】

受压面积*—→承载面积【机械】

受主浓度（volumic acceptor number）相关词：受主数密度#。【计量】

受主数密度#—→受主浓度【计量】

shu

舒-亨综合征*—→变应性紫癜【医】

疏松介质*—→多孔介质【地质】【化工】【力】【生物】【石油】【水利】

输出优先度*—→输出优先级【信息】

输出优先级（output priority）相关词：

输出优先度*，输出优先权*。【信息】
输出优先权*⟶输出优先级【信息】
输电线*⟶传输线【物理】【信息】
输卵管流产（tubal abortion）相关词：输卵管妊娠流产*。【医】
输卵管妊娠流产*⟶输卵管流产【医】
输尿管（ureter）相关词：尿管*。【生物】
输入构件*⟶主动件【机械】
输水桥*⟶渡槽【农】【水利】
输送链（conveyor chain）相关词：传送链*，输送链带*，运输链*。【机械】
输送链带*⟶输送链【机械】
输液*⟶补液【医】
熟土（mellow soil）相关词：松透性土*。【土壤】
术语库&⟶术语数据库【信息】
术语数据库（terminological database）相关词：术语库&；专业词库#。【信息】
束流强度（beam intensity）相关词：电子注强度*，射束强度*。【物理】
束散角（divergence angle）相关词：发散角#。【计量】
树冠#⟶林冠层【大气】【林】【生物】
树尖*⟶林冠层【大气】【林】【生物】
树脂粘合剂*⟶树脂黏结剂【机械】
树脂黏结剂（resin binder）相关词：树脂粘合剂*。【机械】
数据保护（data protection）相关词：资料保护*。【信息】
数据变形*⟶数据偏斜【信息】
数据标记*⟶数据权标【信息】
数据采集（data acquisition）相关词：资料获取*。【信息】
数据查询*⟶数据检索【化工】
数据初始加工（data origination）相关词：资料原流*。【信息】
数据处理（data processing; data handling; DP）相关词：数据加工*。【化工】【化学】【信息】
数据处理系统（data processing system; DPS）相关词：资料处理系统*。【信息】
数据传输（data transmission）相关词：资料传输*。【信息】
数据存取路径（data access path）相关词：数据访问路径#；数据存取通路*。【信息】
数据存取通路*⟶数据存取路径【信息】
数据定义语言#⟶数据描述语言【信息】
数据访问路径#⟶数据存取路径【信息】
数据复原*⟶数据恢复【信息】
数据高速公路*⟶数据高速通道【信息】
数据高速缓存（data cache）相关词：高速数据缓冲存储器*，高速数据缓存*。【信息】
数据高速通道（data highway）相关词：数据高速公路*，数据总线*。

【信息】

数据格式（data format）相关词：资料格式*。【信息】

数据管理（data management）相关词：资料管理*。【信息】

数据管理程序（data management program）相关词：资料管理程式*。【信息】

数据合法性*⟶数据确认【信息】

数据恢复（data restoration）相关词：数据复原*。【信息】

数据加工*⟶数据处理【化工】【化学】【信息】

数据检索（data retrieval）相关词：数据查询*。【化工】

数据结构（data structure）相关词：资料结构*。【信息】

数据介质*⟶数据媒体【信息】

数据库（database）相关词：资料库*，资料基*。【信息】

数据库机（database machine）相关词：数据库计算机*。【信息】

数据库计算机*⟶数据库机【信息】

数据流（data flow）相关词：资料流程*。【信息】

数据流图（data flow graph）相关词：资料流程图*。【信息】

数据媒介*⟶数据媒体【信息】

数据媒体（data medium）相关词：数据介质*，数据媒介*，资料媒介*。【信息】

数据描述语言（data description language；DDL）相关词：数据定义语言#。【信息】

数据偏斜（data skew）相关词：数据变形*。【信息】

数据权标（data token）相关词：数据标记*。【信息】

数据确认（data validation）相关词：数据合法性*，数据验证*，数据有效性*，数据有效性检验*。【信息】

数据属性（data attribute）相关词：资料属性*。【信息】

数据通信网（data communication network）相关词：资料通讯网*。【信息】

数据误码*⟶数字差错【信息】

数据细目*⟶数据项【信息】

数据项（data item）相关词：数据细目*，数据项目*，资料项*。【信息】

数据项目*⟶数据项【信息】

数据信号传送速率（data signaling rate）相关词：数据信号速率&；数据信号率*。【信息】

数据信号率*⟶数据信号传送速率【信息】

数据信号速率&⟶数据信号传送速率【信息】

数据验证*⟶数据确认【信息】

数据有效性*⟶数据确认【信息】

数据有效性检验*⟶数据确认【信息】

数据总线[1]（data bus）相关词：资料汇流排*。【信息】

▲无标记且有英文对译的，为“规范词”。▲标“&”的为“简称”，可与规范词等效使用。
▲标“#”的为“又称”，不推荐使用。▲标“*”的为“非规范词”，不能使用。

数据总线2*—→数据高速通道【信息】

数控机床&—→数值控制机床【机械】

数控系统（numerical control system）相关词：数字控制系统*。【机械】

数理物理&—→数理物理学【物理】

数理物理学（mathematical physics）相关词：数理物理&；数学物理*，数学物理学*。【物理】

数位段*—→数字段【信息】

数学物理*—→数理物理学【物理】

数学物理学*—→数理物理学【物理】

数元*—→二进制位1【信息】

数元密度*—→位密度【信息】

数值控制机*—→数值控制机床【机械】

数值控制机床（numerical control machine tool；NC machine tool）相关词：数控机床&；数值控制机*，数字控制机床*。【机械】

数值数据（numerical data）相关词：数字数据*。【信息】

数值字元*—→数字字符【信息】

数字差错（digital error）相关词：数据误码*。【信息】

数字段（digital section）相关词：数位段*。【信息】

数字对象（digital object）相关词：数字目标*。【信息】

数字多用表（digital multimeter）相关词：数字式多量程测量仪表*，数字式万用表*，数字万用表*。【机械】【信息】

数字符号*—→数字字符【信息】

数字干线无线电*—→数字集群无线电【信息】

数字集群无线电（digital trunked radio）相关词：数字干线无线电*。【信息】

数字控制机床*—→数值控制机床【机械】

数字控制系统*—→数控系统【机械】

数字目标*—→数字对象【信息】

数字式多量程测量仪表*—→数字多用表【机械】【信息】

数字式万用表*—→数字多用表【机械】【信息】

数字数据*—→数值数据【信息】

数字图象加工*—→数字图像处理【信息】

数字图像处理（digital image processing）相关词：数字图象加工*。【信息】

数字万用表*—→数字多用表【机械】【信息】

数字微波继电系统*—→数字微波接力通信系统【信息】

数字微波接力通信系统（digital microwave relay system）相关词：数字微波继电系统*。【信息】

数字字符（numeric character）相关词：数值字元*，数字符号*，数字字元*。【信息】

数字字符集（numeric character set）相关词：数字字元集*。【信息】

数字字元*⟶数字字符【信息】

数字字元集*⟶数字字符集【信息】

数组处理器（array processor）相关词：阵列处理机*，阵列计算机*。【信息】

shua

刷新电路（refresh circuit）相关词：更新电路*。【信息】

刷新率&⟶刷新速率【信息】

刷新速率（refresh rate）相关词：刷新率&；更新率*，再生率*。【信息】

刷新周期（refresh cycle）相关词：更新周期*。【信息】

shuai

衰变率#⟶放射性活度【电】【海洋】【化学】【计量】【物理】【医】

衰耗*⟶衰减1【信息】

衰减1（attenuation）相关词：衰耗*。【信息】

衰减2*⟶阻尼【物理】

衰减串话比（attenuation-tocrosstalk ratio）相关词：串音衰减比*。【信息】

衰减系数&⟶光衰减系数【大气】【计量】【农】【物理】【信息】

摔跌伤*⟶跌伤【医】

shuang

双场*⟶对偶场【物理】

双重共振*⟶双关共振【物理】

双重睑术（double eyelid operation）相关词：重睑成形术*，重睑术*，双眼皮手术*。【医】

双重偏瘫（double hemiplegia）相关词：双重瘫*。【医】

双重瘫*⟶双重偏瘫【医】

双房子宫*⟶双腔子宫【生物】

双关共振（dual resonance）相关词：双重共振*。【物理】

双关模型（dual model）相关词：二重模型*。【物理】

双合体*⟶二聚体【大气】【化学】【数】

双激光器*⟶孪激光器【物理】

双极电极*⟶双极性电极【机械】

双极晶体管（bipolar transistor）相关词：双极型晶体管*，双极性电晶体*，双极性晶体管*。【信息】

双极型晶体管*⟶双极晶体管【信息】

双极性电极（bipolar electrode）相关词：双极电极*。【机械】

双极性电晶体*⟶双极晶体管【信息】

双极性晶体管*⟶双极晶体管【信息】

双尖牙#⟶前磨牙【生物】

双介质淬火（interrupted quenching）相关词：双液淬火#；断续淬火*，分级淬火*。【机械】

双晶*⟶孪晶【信息】

双晶体*⟶孪晶【信息】

双绝热逼近*⟶浸渐绝热近似【物理】

双绝热近似*⟶浸渐绝热近似【物理】

▲无标记且有英文对译的，为“规范词”。▲标“&”的为“简称”，可与规范词等效使用。
▲标“#”的为“又称”，不推荐使用。▲标“*”的为“非规范词”，不能使用。

双联离合器#→双作用离合器【机械】
双密钥加密系统*→双钥密码系统【信息】
双目成象*→双目成像【信息】
双目成像（binocular imaging）相关词：双目成象*。【信息】
双目观察*→双眼视觉【生物】
双目显微镜（binocular microscope）相关词：双筒显微镜*。【机械】
双腔起搏*→双心腔起搏器【医】
双腔子宫（uterus bilocularis）相关词：双房子宫*，有隔子宫*。【生物】
双曲透镜（hyperbolic lens）相关词：双曲线透镜*。【信息】
双曲线透镜*→双曲透镜【信息】
双色镜1*→二向色反射镜【物理】
双色镜2*→分色镜【机械】
双色膜*→分色膜【机械】
双色偏振器*→二向色性偏振器【物理】
双色涂层*→分色膜【机械】
双体*→二聚体【大气】【化学】【数】
双天线*→对称振子天线【信息】
双筒显微镜*→双目显微镜【机械】
双下巴*→重颏【医】
双向电泳1（two-dimensional electrophoresis）相关词：二维电泳*。【生物】【医】
双向电泳2*→介电电泳【物理】
双向电泳力*→介电电泳力【物理】
双向汇流排*→双向总线【信息】
双向总线（bidirectional bus）相关词：双向汇流排*。【信息】
双斜齿轮#→人字齿轮【机械】
双心腔起搏器（dual chamber pacemaker）相关词：双腔起搏*。【医】
双性人*→真两性畸形【医】
双眼皮手术*→双重睑术【医】
双眼视觉（binocular vision）相关词：双目观察*。【生物】
双钥密码系统（two-key cryptosystem）相关词：双密钥加密系统*。【信息】
双液淬火#→双介质淬火【机械】
双元符号*→二进制字符【信息】
双元字符*→二进制字符【信息】
双轴晶体（biaxial crystal）相关词：二轴晶体*。【化学】
双作用离合器（dual clutch）相关词：双联离合器#。【机械】

shui

水玻璃粘合剂*→水玻璃黏结剂【机械】
水玻璃黏结剂（sodium silicate binder）相关词：水玻璃粘合剂*。【机械】
水淬*→水冷淬火【机械】
水淬硬化*→水冷淬火【机械】
水蛋*→精索水囊肿【医】
水份梯度*→含水率梯度【林】
水分含量#→含湿量【化学】
水分梯度*→含水率梯度【林】
水耕*→水培【生物】

▲无标记且有英文对译的，为“规范词”。▲标“&”的为“简称”，可与规范词等效使用。
▲标“#”的为“又称”，不推荐使用。▲标“*”的为“非规范词”，不能使用。

水合发光*→晶溶发光【物理】

水合发光现象*→晶溶发光【物理】

水解*→水解降解【化学】

水解氮（hydrolyzable nitrogen）相关词：水解性氮*。【土壤】

水解降解（hydrolytic degradation）相关词：水解*。【化学】

水解性氮*→水解氮【土壤】

水冷淬火（water hardening）相关词：水淬*，水淬硬化*。【机械】

水力泵*→液压泵【机械】

水力喷砂*→水砂清砂【机械】

水脑畸形*→积水性无脑畸形【医】

水培（hydroponics）相关词：水耕*，水栽培*。【生物】

水漂生物（pleuston）相关词：表浮生物*，漂游生物*。【海洋】【生物】

水平冗余检查*→横向冗余检验【信息】

水平扫描频率*→行频【信息】

水砂清砂（hydraulic blast）相关词：水力喷砂*。【机械】

水下切割（underwater cutting）相关词：水中切割*。【机械】

水压帮浦*→液压泵【机械】

水压泵*→液压泵【机械】

水压锤*→液压锤【机械】

水栽培*→水培【生物】

水蒸气（steam）相关词：蒸汽#；水蒸汽*。【电】【化工】【化学】【机械】

水蒸汽*→水蒸气【电】【化工】【化学】【机械】

水中切割*→水下切割【机械】

睡中磨牙*→夜磨牙症【医】

shun

顺序成批处理*→顺序批处理【信息】

顺序存取（sequential access）相关词：按序存取*，按序访问*，顺序访问*。【信息】

顺序调度（sequential scheduling）相关词：按序调度*。【信息】

顺序调度系统（sequential scheduling system）相关词：按序调度系统*，时序调度系统*，顺序排程系统*。【信息】

顺序调用（sequence call）相关词：连呼*，顺序呼叫*。【信息】

顺序访问*→顺序存取【信息】

顺序号#→序列号【信息】

顺序呼叫*→顺序调用【信息】

顺序检索*→顺序搜索【信息】

顺序控制（sequence control）相关词：次序控制*，时序控制*。【机械】

顺序控制寄存器*→指令地址寄存器【信息】

顺序排程系统*→顺序调度系统【信息】

顺序批处理（sequential batch processing）相关词：顺序成批处理*，顺序批量处理*。【信息】

顺序批量处理*→顺序批处理【信息】

顺序搜索（sequential search）相关词：

顺序检索*，顺序搜寻*。【信息】

顺序搜寻*⟶顺序搜索【信息】

瞬变运动*⟶暂态运动【物理】

瞬时运动*⟶暂态运动【物理】

瞬时振动*⟶瞬态振动【机械】

瞬态平衡*⟶暂态平衡【物理】

瞬态无序*⟶暂态混沌【物理】

瞬态相干光学效应*⟶暂态相干光学效应【物理】

瞬态振动（transient vibration）相关词：过渡振动*，瞬时振动*。【机械】

si

丝胶蛋白（sericin）相关词：丝胶朊*。【生物】

丝胶朊*⟶丝胶蛋白【生物】

丝状角膜炎（filamentary keratitis）相关词：壁状角膜病变*。【医】

私人密钥*⟶私钥【信息】

私钥（private key）相关词：个人密钥*，私人密钥*，私有密钥*。【信息】

私有高速缓存（private cache）相关词：用户超高速缓存*。【信息】

私有密钥*⟶私钥【信息】

斯石英#⟶斯氏石英【物理】

斯氏石英（stishovite）相关词：斯石英#；超石英*。【物理】

四次方米（metre to the fourth power; m^4）相关词：米四次方*。【计量】

四肢瘫*⟶四肢瘫痪【医】

四肢瘫痪（quadriplegia）相关词：四肢瘫*。【医】

song

松弛法#⟶弛豫法【化工】【化学】

松弛模量*⟶弛豫模量【化学】

松弛模数*⟶弛豫模量【化学】

松放弹簧*⟶分离弹簧【机械】

松套法兰*⟶活套法兰【机械】

松透性土*⟶熟土【土壤】

松香醇*⟶冷杉醇【林】

松香烷#⟶枞烷【林】

松香烯#⟶枞烯【林】

sou

搜算法*⟶搜索算法【信息】

搜索法*⟶搜索算法【信息】

搜索树（search tree）相关词：查找树*，检索树*。【信息】

搜索算法（search algorithm）相关词：查找算法*，搜算法*，搜索法*，搜寻演算法*。【信息】

搜寻演算法*⟶搜索算法【信息】

su

苏打#⟶纯碱【化学】

速比#⟶传动比1【机械】

速度控制阀#⟶调速阀【机械】

速度调节器*⟶调速器【机械】

速度调整器*⟶调速器【机械】

速度系数（speed factor）相关词：速度因数*，速度因子*，速率因数*。

▲无标记且有英文对译的，为“规范词”。▲标“&”的为“简称”，可与规范词等效使用。
▲标“#”的为“又称”，不推荐使用。▲标“*”的为“非规范词”，不能使用。

【机械】

速度因数*⟶速度系数【机械】

速度因子*⟶速度系数【机械】

速率因数*⟶速度系数【机械】

速子*⟶快子【物理】

塑封晶体管（epoxy transistor）相关词：环氧晶体管*。【信息】

塑化*⟶增塑作用【化学】

塑化剂*⟶增塑剂【化学】

塑炼*⟶增塑作用【化学】

塑料涂层（plastic coating）相关词：塑料涂膜*。【机械】

塑料涂膜*⟶塑料涂层【机械】

suan

酸处理*⟶酸蚀处理【医】

酸度计#⟶pH计【化学】

酸化（acidification）相关词：成酸性*。【化学】

酸价*⟶酸值【化学】

酸碱计*⟶pH计【化学】

酸碱平衡失调（acid-base imbalance）相关词：酸碱失衡*。【医】

酸碱失衡*⟶酸碱平衡失调【医】

酸蚀处理（acid etching）相关词：酸处理*。【医】

酸土植物（oxylophyte; oxyphile）相关词：适酸植物*。【生物】

酸值（acid value）相关词：酸价*。【化学】

算法分析（algorithm analysis）相关词：演算法分析*。【信息】

算术上溢（arithmetic overflow）相关词：运算溢出*。【信息】

算术下溢（arithmetic underflow）相关词：运算下溢*。【信息】

sui

随伴波*⟶伴波【物理】

随动系统*⟶伺服系统【机械】

随机变动*⟶随机变化【信息】

随机变化（random variation）相关词：随机变动*，无规则变化*。【信息】

随机差错（random error）相关词：偶然性差错*，无规误差*。【机械】【信息】

随机抽样（random sampling）相关词：随意采样*。【化工】

随机存取（random access）相关词：随机接达*。【信息】

随机光学存取（random optical access）相关词：随机光学访问*。【物理】

随机光学访问*⟶随机光学存取【物理】

随机混合近似*⟶无规混合近似【物理】

随机接达*⟶随机存取【信息】

随机失效（random failure）相关词：偶发故障*，偶然故障*。【信息】

随机相位*⟶无规相位【物理】

随机噪声（random noise）相关词：随

▲无标记且有英文对译的，为“规范词”。▲标“&”的为“简称”，可与规范词等效使用。
▲标“#”的为“又称”，不推荐使用。▲标“*”的为“非规范词”，不能使用。

机噪音*，无规则噪声*，杂乱噪声*。【机械】

随机噪音*⟶随机噪声【机械】

随机振动（random vibration）相关词：非确定性振动#；无规律振动*，无规则振动*。【机械】

随意采样*⟶随机抽样【化工】

随遇网*⟶泛在网【信息】

髓周牙本质（circumpulpal dentin）相关词：牙髓周牙本质*。【医】

sun

损耗力*⟶耗散力【物理】

损耗系数#⟶损耗因数【计量】

损耗因数（dissipation factor）相关词：损耗系数#。【计量】

损伤性窒息*⟶创伤性窒息【医】

suo

缩氨酸*⟶肽【化学】

缩胆囊素#⟶胆囊收缩素【生物】【医】

缩多酸*⟶多酸【化学】

缩放比例*⟶放大率【物理】【航天】

缩宫素应激试验*⟶催产素激惹试验【医】

缩醛树脂（acetal resin）相关词：聚甲醛树脂*。【化学】

缩微胶片#⟶缩微平片【信息】

缩微平片（microfiche）相关词：缩微胶片#；微缩胶片*，微缩平片*。【信息】

索道集材机*⟶钢丝绳集材拖拉机【林】

索式集材拖拉机*⟶钢丝绳集材拖拉机【林】

索引标志（index marker）相关词：变址标记*。【信息】

锁爪*⟶棘爪【机械】

锁止螺钉*⟶紧定螺钉【机械】

T

ta

他名*⟶别名1【信息】

塌鼻梁*⟶鞍鼻【医】

塔尔油*⟶浮油【林】

塔轮（step pulley）相关词：宝塔轮*，级轮*。【机械】

塔罗油*⟶浮油【林】

溚尔油*⟶浮油【林】

踏步试验（stepping test）相关词：台

▲无标记且有英文对译的，为"规范词"。▲标"&"的为"简称"，可与规范词等效使用。
▲标"#"的为"又称"，不推荐使用。▲标"*"的为"非规范词"，不能使用。

阶试验*。【医】

tai

胎儿抗原（fetal antigen）相关词：胚胎性抗原*。【医】

胎龄*⟶孕龄【医】

胎盘低置*⟶低置胎盘【医】

胎盘滞留（placental retention）相关词：胎衣不下*。【医】

胎臀牵引术（extraction of breech）相关词：臀位牵引术*。【医】

胎心监护*⟶胎心率监测【医】

胎心率监测（fetal heart rate monitoring）相关词：胎心监护*。【医】

胎衣不下*⟶胎盘滞留【医】

胎组织瘤*⟶胚胎瘤【生物】

台阶试验*⟶踏步试验【医】

台式机*⟶台式计算机【信息】

台式计算机（desktop computer）相关词：台式机*，桌上计算机*。【信息】

苔藓植物学（bryology）相关词：藓苔学*。【生物】

太平犁*⟶防火犁【林】

太阳齿轮*⟶太阳轮【机械】

太阳轮（sun gear）相关词：恒星齿轮*，太阳齿轮*，中心齿轮*。【机械】

态变数*⟶状态变量【化工】

肽（peptide）相关词：胜*，胜肽*，缩氨酸*。【化学】

钛化*⟶渗钛【机械】

酞分析*⟶酶法分析【化工】

tan

弹出菜单#⟶弹出式选单【信息】

弹出式菜单#⟶弹出式选单【信息】

弹出式选单（pop-up menu）相关词：弹出菜单#，弹出式菜单#；快捷菜单*，弹出式选项屏*。【信息】

弹出式选项屏*⟶弹出式选单【信息】

弹簧极限载荷（ultimate load）相关词：极限载荷&；极限负荷*，临界载荷*。【机械】

弹簧螺钉*⟶弹性螺栓【机械】

弹簧螺栓*⟶弹性螺栓【机械】

弹簧螺丝*⟶弹性螺栓【机械】

弹簧挠性*⟶弹簧柔度【机械】

弹簧柔度（flexibility of spring）相关词：弹簧挠性*。【机械】

弹簧闩*⟶弹性螺栓【机械】

弹簧销*⟶开口销【机械】

弹回*⟶反冲【物理】

弹力绷带*⟶弹性绷带【医】

弹力牵引（elastic traction）相关词：弹性牵引*。【医】

弹力素*⟶弹性蛋白【生物】

弹力衣（pressure garment）相关词：弹性衣*。【医】

弹跳#⟶反弹【物理】

弹性绷带（elastic bandage）相关词：弹力绷带*。【医】

弹性蛋白（elastin）相关词：弹力素*。【生物】

▲无标记且有英文对译的，为"规范词"。▲标"&"的为"简称"，可与规范词等效使用。
▲标"#"的为"又称"，不推荐使用。▲标"*"的为"非规范词"，不能使用。

弹性蛋白原*—→原弹性蛋白【生物】

弹性挡环*—→弹性挡圈【机械】

弹性挡圈（circlip；snap ring）相关词：开口环*，卡环*，弹性挡环*。【机械】

弹性后效（spring back）相关词：回跳*，弹性回复*。【机械】

弹性回复*—→弹性后效【机械】

弹性螺栓（spring bolt）相关词：弹簧螺钉*，弹簧螺栓*，弹簧螺丝*，弹簧闩*。【机械】

弹性模量（modulus of elasticity）相关词：杨氏模量#；弹性系数*。【材料】【计量】【力】【冶金】

弹性牵引*—→弹力牵引【医】

弹性系数*—→弹性模量【材料】【计量】【力】【冶金】

弹性衣*—→弹力衣【医】

弹性应力（elastic stress）相关词：弹性张力*。【物理】

弹性张力*—→弹性应力【物理】

探测器灵敏度#—→探测器响应度【计量】

探测器响应度（responsivity of detector）相关词：响应度&；探测器灵敏度#。【计量】

碳氮共渗（carbonitriding）相关词：低温碳氮共渗#；气体碳氮化*，渗碳氮化*。【机械】

碳氮循环*—→碳循环【土壤】

碳化气氛*—→渗碳气氛【机械】

碳化铁体*—→渗碳体【机械】

碳素循环*—→碳循环【土壤】

碳酸氢盐（bicarbonate）相关词：重碳酸盐*。【化学】

碳循环（carbon cycle）相关词：碳氮循环*，碳素循环*。【土壤】

tang

糖尿病白内障&—→糖尿病性白内障【医】

糖尿病视网膜病&—→糖尿病性视网膜病变【医】

糖尿病性白内障（diabetic cataract）相关词：糖尿病白内障&。【医】

糖尿病性视网膜病变（diabetic retinopathy）相关词：糖尿病视网膜病&。【医】

糖元贮积症*—→糖原贮积症【医】

糖原累积症*—→糖原贮积症【医】

糖原贮积症（glycogen storage disease）相关词：糖元贮积症*，糖原累积症*。【医】

烫伤创面*—→烧伤创面【医】

tao

绦虫（cestode；tapeworm）相关词：条虫*。【生物】

陶瓷金属#—→金属陶瓷【化学】

套管接头（sleeve joint）相关词：套筒接头*。【机械】

套筒接头*—→套管接头【机械】

套筒偶极子天线（sleeve-dipole antenna）相关词：轴套偶极子天线*。【信息】

套种*—→套作【农】

套作（relay cropping）相关词：轮种法*，套种*。【农】

te

特定程序计算机*—→目标计算机【信息】

特发性不育症（idiopathic infertility）相关词：不明原因不育*。【医】

特发性血小板减少性紫癜（idiopathic thrombocytopenic purpura）相关词：原发性血小板减少性紫癜*。【医】

特殊分化粘膜*—→特殊分化黏膜【医】

特殊分化黏膜（specialized mucosa）相关词：特殊分化粘膜*，特殊粘膜*，特殊黏膜*。【医】

特殊分子*—→奇特分子【物理】

特殊粘膜*—→特殊分化黏膜【医】

特殊黏膜*—→特殊分化黏膜【医】

特性粘度*—→特性黏度【材料】【化工】【化学】【药】

特性黏度（intrinsic viscosity）相关词：特性粘度*。【材料】【化工】【化学】【药】

特应性哮喘（atopic asthma）相关词：过敏性气喘*。【医】

特征抽取#—→特征提取【信息】

特征提取（feature extraction）相关词：特征抽取#。【信息】

teng

藤本植物（vine）相关词：攀爬植物*。【生物】

ti

梯度（gradient）相关词：倾斜度*，升降率*。【化工】

梯图近似（ladder approximation）相关词：阶梯近似*。【物理】

梯形畸变（trapezoidal distortion）相关词：梯形失真*。【信息】

梯形失真*—→梯形畸变【信息】

梯阵光栅*—→阶梯光栅【机械】【天文】【物理】

体电荷密度（volume charge density; volume density of charge）相关词：电荷密度&；电荷体密度#，体积电荷#。【电】【化学】【计量】【物理】【药】

体积百分数*—→体积分数【计量】

体积磁场能#—→磁场能密度【计量】

体积电场能#—→电场能密度【计量】

体积电磁能#—→电磁能密度【计量】

体积电荷#—→体电荷密度【电】【化学】【计量】【物理】【药】

体积分数（volume fraction）相关词：体积百分数*。【计量】

体积流量#—→体积流率【化工】【计量】【冶金】

体积流率（volumetric flow rate）相关

▲无标记且有英文对译的，为“规范词”。▲标“&”的为“简称”，可与规范词等效使用。
▲标“#”的为“又称”，不推荐使用。▲标“*”的为“非规范词”，不能使用。

词：体积流量#，体积流速#；流量*。【化工】【计量】【冶金】

体积流速#⟶体积流率【化工】【计量】【冶金】

体视光学*⟶立体光学【物理】

体位性蛋白尿（postural proteinuria）相关词：姿势性蛋白尿*。【医】

体象障碍#⟶躯体变形障碍【医】

体砧*⟶干砧【农】

替换名*⟶别名1【信息】

替换算法（replacement algorithm）相关词：置换算法*。【信息】

tian

天然免疫*⟶先天免疫【医】

天然耐药（natural drug resistance）相关词：自然耐药性*。【医】

天然漆*⟶生漆【林】

天使病#⟶巨颌症【医】

天体物理&⟶天体物理学【物理】

天体物理学（astrophysics）相关词：天体物理&；天文物理学*。【物理】

天文单位（astronomical unit；ua；AU）相关词：天文单位距离*。【计量】

天文单位距离*⟶天文单位【计量】

天文物理学*⟶天体物理学【物理】

天线方向性（antenna directionality）相关词：天线指向性*。【信息】

天线阵*⟶阵列天线【信息】

天线阵雷达*⟶相控阵雷达【信息】

天线指向性*⟶天线方向性【信息】

添加剂（additive）相关词：掺和剂*。【机械】

田间试验（field experiment）相关词：野外试验*，野外现场试验*。【土壤】

tiao

条虫*⟶绦虫【生物】

条码（bar code）相关词：条形码#。【信息】

条形码#⟶条码【信息】

调变失真*⟶调制失真【信息】

调节轮*⟶导轮1【机械】

调聚法*⟶调聚反应【化学】

调聚反应（telomerization）相关词：短链聚合*，调聚法*。【化学】

调频畸变*⟶调频失真【信息】

调频失真（frequency modulation distortion）相关词：频率调制失真*，调频畸变*。【信息】

调试辅助程序*⟶调试工具【信息】

调试工具（debugging aids）相关词：除错协助*，调试辅助程序*。【信息】

调速阀（speed control valve）相关词：速度控制阀#。【机械】

调速器（governor；speed regulator）相关词：速度调节器*，速度调整器*。【机械】

调整轮*⟶导轮1【机械】

调制畸变*⟶调制失真【信息】

调制失真（modulation distortion）相关词：调变失真*，调制畸变*。【信息】

跳（jump）相关词：跳变*，跳转*，转移*。【信息】

跳变*⟶跳【信息】

跳弹创*⟶跳弹伤【医】

跳弹伤（ricocheted bullet wound）相关词：跳弹创*。【医】

跳越指令*⟶转移指令【信息】

跳转*⟶跳【信息】

tie

贴地层#⟶地被层【大气】【林】【土壤】

贴身型天线*⟶共形天线【信息】

铁传递蛋白*⟶运铁蛋白【生物】

铁酸盐磁性*⟶亚铁磁性【电】【化学】【物理】【信息】【冶金】

铁氧体磁性*⟶亚铁磁性【电】【化学】【物理】【信息】【冶金】

ting

听觉临界*⟶可听阈【机械】

听觉脑干反应*⟶听性脑干反应【医】

听觉阈*⟶可听阈【机械】

听脑干反应&⟶听性脑干反应【医】

听性脑干反应（auditory brainstem response）相关词：听脑干反应&；听觉脑干反应*。【医】

停循环*⟶循环停止【医】

tong

通称直径*⟶公称直径【机械】

通带宽度*⟶带宽【信息】

通道线*⟶接入线【信息】

通风冷却*⟶强制气冷【信息】

通话层*⟶会话层【信息】

通量*⟶流【信息】

通量密度矢量*⟶流密度矢量【物理】

通路分析*⟶路径分析【信息】

通配符（wild card）相关词：万能符*。【信息】

通信安全*⟶通信保密【信息】

通信保密（communication security）相关词：通信安全*，通讯安全*，通讯保密*。【信息】

通信故障（communication failure）相关词：通信失效*，通讯故障*。【信息】

通信量控制*⟶业务量控制【信息】

通信失效*⟶通信故障【信息】

通信网&⟶通信网络【信息】

通信网络（communication network）相关词：通信网&；通讯网络*。【信息】

通信线路保密*⟶链路加密【信息】

通讯安全*⟶通信保密【信息】

通讯保密*⟶通信保密【信息】

通讯故障*⟶通信故障【信息】

通讯网络*⟶通信网络【信息】

通用比长仪*⟶万能测长仪【机械】

通用编程语言（general purpose programming language）相关词：通用程序设计语言*。【信息】

通用编码（universal coding）相关词：一般编码*。【信息】

通用程序设计语言*→通用编程语言【信息】

通用机床（general purpose machine tool）相关词：万能机床*。【机械】

通用计算机（general purpose computer）相关词：常规计算机*。【信息】

通用夹具（universal fixture）相关词：万能夹具*。【机械】

通用显微镜*→万能显微镜【机械】

同步摆*→等时摆【物理】

同步变换模式*→同步转移模式【信息】

同步分界面*→同步接口【信息】

同步接口（synchronous interface）相关词：同步分界面*，同步转换面*。【信息】

同步脉冲*→时钟脉冲【信息】

同步转换面*→同步接口【信息】

同步转移模式（synchronous transfer mode）相关词：同步变换模式*。【信息】

同沸物*→共沸物【化工】

同聚物（homopolymer）相关词：同质聚合体*。【药】

同类结*→同质结【物理】

同离子效应（common ion effect）相关词：共离子效应*。【化学】

同量异位素（isobar）相关词：同重素*，同重元素*。【化学】

同时解冻线*→等解冻线【农】

同态谱（cepstrum）相关词：对数谱#。【石油】

同系繁殖*→近交【生物】

同系光线（homologous ray）相关词：同源光线*。【物理】

同相表面*→等相面【物理】

同相面*→等相面【物理】

同心导线（concentric conductor）相关词：同轴导线*。【信息】

同信道串扰*→同信道干扰【信息】

同信道干扰（cochannel interference）相关词：同信道串扰*。【信息】

同元聚合物*→均聚物【材料】【化工】【化学】

同源光线*→同系光线【物理】

同质多晶（polymorphism）相关词：同质异形*。【化学】

同质结（homojunction）相关词：单质结*，均质结*，同类结*。【物理】

同质聚合体*→同聚物【药】

同质异形*→同质多晶【化学】

同重素*→同量异位素【化学】

同重元素*→同量异位素【化学】

同轴导线*→同心导线【信息】

同轴全息术（in-line holography）相关词：直线全息术*。【物理】

同作处理*→并发进程【信息】

同作故作检测*→并发故障检测【信息】

同作控制*→并发控制【信息】

铜蓝血浆蛋白*→血浆铜蓝蛋白【化学】

铜锌合金*⟶黄铜【机械】

瞳距*⟶瞳孔距离【医】

瞳孔距离（interpupillary distance）相关词：瞳距*。【医】

统一汇流排*⟶单总线【信息】

统一总线*⟶单总线【信息】

筒式电镀*⟶滚镀【电】【航天】【机械】

筒形销*⟶圆柱销【机械】

痛觉阈*⟶痛阈【机械】

痛阈（threshold of pain）相关词：痛觉阈*。【机械】

tou

头盆环牵引*⟶颅骨骨盆牵引术【医】

投射管*⟶投影管【机械】

投影管（projection tube）相关词：投射管*。【机械】

透淬（through-hardening）相关词：透热淬火#；穿透淬火*，穿透硬化*，淬透*，全部硬化*，透硬淬火*。【机械】

透镜焦度（vergence；lens power）相关词：焦度&；光焦度#。【计量】

透皮给药系统（transdermal drug delivery system）相关词：经皮给药系统*。【药】

透皮治疗系统（transdermal therapeutic system）相关词：经皮给药系统*。【药】

透热淬火#⟶透淬【机械】

透射比*⟶透射率【物理】

透射电子显微镜（transmission electron microscope）相关词：传送电子显微镜*，电子透射显微镜*。【机械】

透射率（transmissivity）相关词：透射比*。【物理】

透射系数#⟶透射因数【计量】

透射因数（transmission factor；transmittance）相关词：透射系数#。【计量】

透视投影（perspective projection）相关词：几何投影*，立体投影*。【机械】【信息】

透水层（permeable layer）相关词：渗水层*。【地质】【土壤】

透硬淬火*⟶透淬【机械】

tu

凸轮从动件（cam follower）相关词：凸轮随动件*。【机械】

凸轮随动件*⟶凸轮从动件【机械】

凸面法兰*⟶突面法兰【机械】

凸缘#⟶法兰【公路】【化工】【机械】【铁道】

凸缘联轴器（flange coupling）相关词：法兰联轴节*，法兰式联轴节*。【机械】

突发性耳聋*⟶突发性聋【医】

突发性聋（sudden deafness）相关词：突发性耳聋*。【医】

突面法兰（raised face flange）相关词：光滑式密封面法兰*，凸面法兰*。【机械】

图素1*⟶像素【地理】【物理】【信息】
图素2*⟶图元1【信息】
图象变形*⟶图像变形【物理】
图象存储器*⟶视频存储器【信息】
图象分段*⟶图像分割【信息】
图象分割*⟶图像分割【信息】
图象复原*⟶图像复原【信息】
图象畸变1*⟶图像畸变【信息】
图象畸变2*⟶图像变形【物理】
图象匹配*⟶图像匹配【信息】
图象通信*⟶图像通信【信息】
图象信号处理器*⟶视频处理器【信息】
图像变形（anamorphose）相关词：图象变形*，图象畸变*。【物理】
图像分割（image segmentation）相关词：局部图象分析*，图象分段*，图象分割*。【信息】
图像复原（image restoration）相关词：图象复原*，象恢复*，象修复*，影象复原*。【信息】
图像畸变（picture distortion）相关词：图象畸变*，图像失真*。【信息】
图像匹配（image matching）相关词：图象匹配*，影象匹配*。【信息】
图像失真*⟶图像畸变【信息】
图像视网膜电图（pattern electroretinogram）相关词：图形视网膜电图*。【医】
图像通信（image communication）相关词：图象通信*，影象通信*。【信息】
图像形成*⟶成像【信息】
图形保真（anti-aliasing）相关词：反走样*，消除混叠现象*。【信息】
图形失真（aliasing）相关词：走样*。【信息】
图形视网膜电图*⟶图像视网膜电图【医】
图元1（primitive）相关词：图素*。【信息】
图元2*⟶像素【地理】【物理】【信息】
徒手肌力测定（manual muscle test）相关词：徒手肌力检查*。【医】
徒手肌力检查*⟶徒手肌力测定【医】
土胶质*⟶土壤胶体【土壤】
土壤多孔性*⟶土壤孔隙度【土壤】
土壤耕性（soil tilth）相关词：土壤适耕性*。【土壤】
土壤胶体（soil colloid）相关词：土胶质*。【土壤】
土壤结皮（soil crust）相关词：土壤硬表层*。【农】
土壤浸蚀率*⟶土壤侵蚀指标【土壤】
土壤孔隙度（soil porosity）相关词：土壤多孔性*。【土壤】
土壤流变学（soil rheology）相关词：土壤质流学*。【土壤】
土壤灭菌*⟶土壤消毒【土壤】
土壤内聚力*⟶土壤黏结力【土壤】
土壤黏结力（soil cohesion）相关词：土壤内聚力*。【土壤】
土壤贫瘠化*⟶养分耗竭【土壤】

土壤侵蚀指标（soil erosion index）相关词：土壤浸蚀率*。【土壤】

土壤生产力（soil productivity）相关词：地力*。【土壤】

土壤生物（geobiont）相关词：地栖生物*。【生物】

土壤适耕性*⟶土壤耕性【土壤】

土壤消毒（soil disinfection）相关词：土壤灭菌*。【土壤】

土壤形成（soil formation）相关词：成土过程*。【土壤】

土壤学*⟶发生土壤学【地理】【土壤】

土壤养分（soil nutrient）相关词：土壤营养*。【土壤】

土壤营养*⟶土壤养分【土壤】

土壤硬表层*⟶土壤结皮【农】

土壤质地（soil texture）相关词：土壤组织*。【土壤】

土壤质流学*⟶土壤流变学【土壤】

土壤组织*⟶土壤质地【土壤】

tuan

湍动加热（turbulent heating）相关词：湍流加热*。【物理】

湍流加热*⟶湍动加热【物理】

团絮状石墨（temper carbon）相关词：退火碳#；二次石墨*，回火碳*。【机械】

tui

推力滚珠轴承*⟶推力球轴承【机械】

推力滚柱轴承*⟶推力滚子轴承【机械】

推力滚子轴承（thrust roller bearing）相关词：滚柱推力轴承*，滚子推力轴承*，推力滚柱轴承*，止推滚柱轴承*。【机械】

推力球轴承（thrust ball bearing）相关词：推力滚珠轴承*，止推滚珠轴承*。【机械】

推拿&⟶推拿术【医】

推拿术（manipulation）相关词：推拿&；手法康复*。【医】

退出*⟶注销【信息】

退磁¹（demagnetization）相关词：去磁*。【机械】

退磁²#⟶消磁【信息】

退磁器（demagnetizer）相关词：消磁器#；去磁器*，去磁装置*，退磁装置*。【机械】【信息】

退磁装置*⟶退磁器【机械】【信息】

退氮（denitriding）相关词：脱氮#。【机械】

退光*⟶消光【地质】【航天】【天文】【物理】

退火碳#⟶团絮状石墨【机械】

tun

吞噬溶酶体（phagolysosome）相关词：吞噬性溶酶体*。【医】

吞噬性溶酶体*⟶吞噬溶酶体【医】

吞咽困难（dysphagia）相关词：吞咽障

碍*。【医】

吞咽障碍*⟶吞咽困难【医】

臀部联体儿（pygopagus）相关词：盆部侧位联胎*。【医】

臀位牵引术*⟶胎臀牵引术【医】

tuo

托滚*⟶导轮2【机械】

托叶（stipule）相关词：叶托*。【生物】

拖拉机（tractor）相关词：曳引机*，运材车*。【机械】【林】

脱除卤素*⟶脱卤【化学】

脱氮#⟶退氮【机械】

脱辅蛋白质（apoprotein）相关词：载脂蛋白*。【药】

脱机处理（off-line processing）相关词：离线加工*。【信息】

脱机设备（off-line equipment）相关词：离线设备*。【信息】

脱蜡（dewaxing）相关词：除蜡*，熔蜡*。【化工】【机械】【农】

脱离子水*⟶去离子水【化工】【化学】【信息】【药】【医】

脱粒（threshing）相关词：打谷*。【农】

脱卤（dehalogenation）相关词：脱除卤素*。【化学】

脱密（decryption；decipherment）相关词：解密#。【信息】

脱色（decoloration）相关词：去色*。【物理】

脱碳*⟶可锻化退火【机械】

脱氧血红蛋白*⟶去氧血红蛋白【生物】

妥尔油#⟶浮油【林】

拓扑变换（topological transformation）相关词：拓扑转化*。【物理】

拓扑度定理（theorem of topological degree）相关词：拓扑度法则*。【物理】

拓扑度法则*⟶拓扑度定理【物理】

拓扑转化*⟶拓扑变换【物理】

唾液（saliva）相关词：口水*。【生物】

唾液腺素*⟶腮腺素【生物】

唾液腺肿大症*⟶涎腺肿大症【医】

W

wa

瓦斯爆炸伤（gas explosion burn）相关词：瓦斯爆炸烧伤*。【医】

瓦斯爆炸烧伤*⟶瓦斯爆炸伤【医】

瓦特表#⟶功率表【电】【计量】

瓦闸*⟶块式制动器【机械】

wai

外摆线（epicycloid）相关词：圆外旋轮线*，圆外旋线*。【机械】

外抱式制动器（external- contacting brake）相关词：抱闸式制动器#。【机械】

外表检查*⟶外观检查【机械】

外部存储器*⟶外存储器【信息】

外部分子*⟶奇特分子【物理】

外部设备#⟶外围设备【信息】

外部网络*⟶外联网【信息】

外齿刚轮（external circular spline）相关词：外齿轮#。【机械】

外齿轮1（external gear）相关词：外接齿轮*，外啮合齿轮*。【机械】

外齿轮2#⟶外齿刚轮【机械】

外存储器1（external storage）相关词：外部存储器*。【信息】

外存储器2#⟶辅助存储器【信息】

外耳道炎*⟶外耳炎【医】

外耳炎（external otitis）相关词：外耳道炎*。【医】

外观检查（visual examination）相关词：表观检查*，肉眼检验*，外表检查*。【机械】

外接齿轮*⟶外齿轮1【机械】

外径*⟶螺纹大径【机械】

外来分子*⟶奇特分子【物理】

外连网#⟶外联网【信息】

外联网（extranet）相关词：外连网#；外部网络*。【信息】

外螺纹（external thread）相关词：阳螺纹*。【机械】

外啮合齿轮*⟶外齿轮1【机械】

外球面轴承（insert bearing）相关词：嵌入式轴承*，嵌入轴承*，镶入式轴承*。【机械】

外伤性窒息*⟶创伤性窒息【医】

外设&⟶外围设备【信息】

外围处理机（peripheral processor）相关词：周边处理机*。【信息】

外围设备（peripheral equipment；peripheral device；peripherals）相关词：外设&；外部设备#；周边设备*，周边装置*。【信息】

外温动物（ectotherm）相关词：冷血动物*。【生物】

外延性质*⟶广度性质【化学】

外因性半导体*⟶非本征半导体【电】【机械】【信息】

外子囊*⟶子囊外壁【生物】

wan

弯曲表面（curved surface）相关词：曲面*。【化工】

弯曲性*⟶柔性1【化工】

完全磁通守恒*⟶类磁通守恒【物理】

完全导体*⟶理想导体【物理】

完全退火（full annealing）相关词：全退火*。【机械】

完全性前置胎盘（total placenta praevia）相关词：中央性前置胎盘*。【医】

晚期流产（late abortion）相关词：大月份流产*。【医】

晚期妊娠*⟶妊娠晚期【医】

万能表*⟶多用表【电】【计量】【物理】【信息】

万能测长仪（universal comparator）相关词：全能比长仪*，通用比长仪*。【机械】

万能符*⟶通配符【信息】

万能机床*⟶通用机床【机械】

万能夹具*⟶通用夹具【机械】

万能角度尺（universal bevel protractor）相关词：万能量角器*，组合角尺*。【机械】

万能量角器*⟶万能角度尺【机械】

万能试验机*⟶万用电表【机械】

万能显微镜（universal microscope）相关词：通用显微镜*。【机械】

万向联轴节*⟶万向联轴器【机械】

万向联轴器（universal joint）相关词：万向联轴节*。【机械】

万用表#⟶多用表【电】【计量】【物理】【信息】

万用电表（multimeter）相关词：多量程测量仪表*，多量程仪表*，多用途计量器*，伏-欧-毫安表*，万能试验机*。【机械】

蔓状动脉瘤（cirsoid aneurysm）相关词：曲张性动脉瘤*。【医】

wang

网关（gateway）相关词：网间连接器*。【信息】

网际网路协定*⟶网际协议【信息】

网际网路协定位址*⟶网际协议地址【信息】

网际协议（internet protocol；IP）相关词：网际网路协定*，网间协议*，Internet协议*。【信息】

网际协议地址（IP address）相关词：IP地址&；网际网路协定位址*，IP位址*。【信息】

网间连接器*⟶网关【信息】

网间协议*⟶网际协议【信息】

网孔负电极*⟶网状阴极【信息】

网路资料库*⟶网状数据库【信息】

网路阻塞*⟶网络拥塞【信息】

网络部件*⟶网络单元【信息】

网络单元（network element；NE）相关词：网元&；网络部件*。【信息】

网络合成*⟶网络综合【信息】

网络瘫痪（network paralysis）相关词：网络停顿*。【信息】

网络停顿*⟶网络瘫痪【信息】

网络新手*⟶网上新手【信息】

网络型数据库*⟶网状数据库【信息】

网络银行业务*⟶电子银行业务【信息】

网络拥堵*⟶网络拥塞【信息】

网络拥塞（network congestion）相关词：

网路阻塞*，网络拥堵*，网络阻塞*。【信息】

网络综合（network synthesis）相关词：网络合成*。【信息】

网络阻塞*⟶网络拥塞【信息】

网膜梗塞症*⟶网膜梗死【医】

网膜梗死（omental infarction）相关词：网膜梗塞症*。【医】

网膜移植（omentum transplantation）相关词：大网膜移植*。【医】

网桥（bridge）相关词：桥接器*。【信息】

网桥路由器（brouter）相关词：桥路连接器*，桥路器*。【信息】

网上新手（newbie）相关词：菜鸟*，网络新手*，新手*。【信息】

网上银行业务*⟶电子银行业务【信息】

网胃（reticulum）相关词：蜂巢胃*。【生物】

网元&⟶网络单元【信息】

网站#⟶站点【信息】

网站名#⟶站点名【信息】

网状假足*⟶网足【生物】

网状数据库（network database）相关词：网路资料库*，网络型数据库*。【信息】

网状伪足*⟶网足【生物】

网状阴极（mesh cathode）相关词：网孔负电极*。【信息】

网足（reticulopodium）相关词：网状假足*，网状伪足*。【生物】

wei

危险率*⟶危险指数【化工】

危险指数（hazard index）相关词：危险率*。【化工】

微波继电系统*⟶微波接力通信系统【信息】

微波接力通信系统（microwave relay system）相关词：微波继电系统*，微波中继系统*。【信息】

微波视频分布*⟶微波视频分配【信息】

微波视频分配（microwave video distribution）相关词：微波视频分布*。【信息】

微波中继系统*⟶微波接力通信系统【信息】

微代码*⟶微码【信息】

微电脑*⟶微型计算机【信息】

微动腐蚀（fretting corrosion）相关词：接触腐蚀*，摩擦腐蚀*，微振腐蚀*。【机械】

微动开关（sensitive switch）相关词：灵敏开关#；传感开关*。【机械】

微动疲劳（fretting fatigue）相关词：摩擦疲劳*，磨损疲劳*。【机械】

微肥&⟶微量元素肥料【农】【土壤】

微分电路（differential circuit）相关词：差动电路*，差分电路*。【信息】

微分反应器（differential reactor）相关

词：差式反应器*。【化工】

微分截面#⟶角截面【计量】

微分溶解热（differential heat of solution）相关词：定浓溶解热*。【化工】

微机&⟶微型计算机【信息】

微计算机*⟶微型计算机【信息】

微粒性*⟶粒子性【物理】

微量泵*⟶注射泵【药】

微量营养肥料*⟶微量元素肥料【农】【土壤】

微量元素肥料（micronutrient fertilizer）相关词：微肥&；微量营养肥料*。【农】【土壤】

微码（microcode）相关词：微代码*，微指令*。【信息】

微米（micrometre；μm）相关词：公微*，micron*。【计量】

微模块（micromodule）相关词：微型模块*，微型器件*。【信息】

微算机*⟶微型计算机【信息】

微缩胶片*⟶缩微平片【信息】

微缩平片*⟶缩微平片【信息】

微型机*⟶微型计算机【信息】

微型计算机（microcomputer）相关词：微机&；微电脑*，微计算机*，微算机*，微型机*。【信息】

微型模块*⟶微模块【信息】

微型器件*⟶微模块【信息】

微振腐蚀*⟶微动腐蚀【机械】

微指令*⟶微码【信息】

微中子振荡*⟶中微子振荡【物理】

围产期死亡率*⟶围生期死亡率【医】

围生儿死亡率*⟶围生期死亡率【医】

围生期死亡率（perinatal mortality）相关词：围产期死亡率*，围生儿死亡率*。【医】

唯读存储器*⟶只读存储器【信息】

维管植物（vascular plant；tracheophyte）相关词：导管植物*，管胞植物*。【生物】

伪变量*⟶虚拟变量【化工】

伪变数*⟶虚拟变量【化工】

伪彩色*⟶假彩色【测绘】【地理】【海洋】【航天】【农】

伪膜性肠炎1*⟶假膜性结肠炎【医】

伪膜性肠炎2*⟶假膜性小肠结肠炎【医】

伪色*⟶假彩色【测绘】【地理】【海洋】【航天】【农】

伪弹性*⟶赝弹性【物理】

伪造色*⟶假彩色【测绘】【地理】【海洋】【航天】【农】

伪张量*⟶赝张量【物理】

萎缩性咽炎（atrophic pharyngitis）相关词：干燥性咽炎*。【医】

未成熟儿（premature infant）相关词：早产婴儿*。【医】

未格式化容量（unformatted capacity）相关词：无格式存储容量*，无格式容量*。【信息】

未减数孢子生殖（apomeiosis）相关词：不完全减数分裂*，无减数分裂*，

无减数无配子生殖*。【生物】

位&——>二进制位1【信息】

位隔行*——>比特交织【信息】

位密度（bit density）相关词：比特密度*，存储密度*，数元密度*，位元密度*。【信息】

位频谱交叉*——>比特交织【信息】

位矢&——>位置矢量【物理】

位填充#——>比特填充【信息】

位同步（bit synchronization）相关词：码元同步*。【信息】

位元1*——>字节【信息】

位元2*——>二进制位1【信息】

位元错误*——>比特差错【信息】

位元流*——>比特流【信息】

位元密度*——>位密度【信息】

位元区间*——>比特间隔【信息】

位元时宽*——>比特间隔【信息】

位址*——>地址【信息】

位址格式*——>地址格式【信息】

位址汇流排*——>地址总线【信息】

位址空格*——>地址空间【信息】

位址栏*——>地址字段【信息】

位址暂存器*——>地址寄存器【信息】

位置变换器*——>位置传感器【信息】

位置传感器（position transducer）相关词：位置变换器*，位置检测器*。【信息】

位置登记（location registration）相关词：位置定位*，位置读数*。【信息】

位置定位*——>位置登记【信息】

位置读数*——>位置登记【信息】

位置更新（location update）相关词：位置校正*，位置修改*。【信息】

位置公差*——>定位公差【机械】

位置检测器*——>位置传感器【信息】

位置校正*——>位置更新【信息】

位置矢量（position vector）相关词：位矢&。【物理】

位置修改*——>位置更新【信息】

位组合格式*——>比特图案【信息】

胃粘膜脱垂*——>胃黏膜脱垂【医】

胃黏膜脱垂（prolapse of gastric mucosa）相关词：胃粘膜脱垂*。【医】

wen

温差电堆（thermopile）相关词：热电堆*。【物理】

温差电敏器件*——>热电器件【信息】

温差电偶（thermocouple）相关词：热电耦*。【物理】

温差电偶腐蚀*——>热偶腐蚀【机械】

温差电偶温度计*——>热电温度计【机械】

温差电偶仪表*——>热电偶式仪表【机械】

温差电效应（thermoelectric effect）相关词：差电效应*。【物理】

温度测定法*——>计温学【化学】

温度控制（temperature control）相关词：温控&。【信息】

温控&——>温度控制【信息】

温血动物*→内温动物【生物】

文本采掘 (text mining) 相关词：文本挖掘#。【信息】

文本挖掘#→文本采掘【信息】

文刺术*→文身术【医】

文档存取*→文件存取【信息】

文档访问*→文件存取【信息】

文档属性*→文件属性【信息】

文件保护 (file protection) 相关词：档保护*。【信息】

文件存取 (file access) 相关词：档案接达*，文档存取*，文档访问*，文件访问*。【信息】

文件定义 (file definition) 相关词：档案定义*。【信息】

文件访问*→文件存取【信息】

文件共享 (file sharing) 相关词：文件共用*。【信息】

文件共用*→文件共享【信息】

文件扩充名*→文件名扩展【信息】

文件名 (file name) 相关词：档案名称*，档名*。【信息】

文件名扩展 (file name extension) 相关词：档名扩大*，文件扩充名*。【信息】

文件属性 (file attribute) 相关词：档案属性*，文档属性*。【信息】

文眉 (tattooing eyebrow) 相关词：纹眉*。【医】

文身 (tattoo) 相关词：纹身*。【医】

文身术 (tattooing) 相关词：刺青*，文刺术*。【医】

文字处理*→字处理【信息】

纹眉*→文眉【医】

纹身*→文身【医】

闻阈*→可听阈【机械】

吻合率*→符合率【物理】

稳定状态误差*→稳态误差【信息】

稳泡剂 (foam stabilizer) 相关词：泡沫稳定剂#；匀泡剂*。【化学】

稳态近似*→定态近似【化工】

稳态流阻#→流阻【计量】

稳态误差 (steady state error) 相关词：定态误差*，固定误差*，稳定状态误差*。【信息】

稳压二极管*→齐纳二极管【物理】【信息】

wo

涡动*→涡旋【物理】

涡流*→旋涡流【机械】

涡流定理*→卷积定理【信息】

涡旋 (vortex) 相关词：涡动*。【物理】

蜗杆传动 (worm drive) 相关词：蜗轮传动*。【机械】

蜗轮传动*→蜗杆传动【机械】

wu

无尘室*→洁净室【信息】

无处不在网#→泛在网【信息】

无电阻率玻璃*→超导电玻璃【物理】

无定向磁力计*→无定向磁强计

【物理】

无定向磁强计（astatic magnetometer）相关词：无定向磁力计*。【物理】

无定形半导体*⟶非晶态半导体【物理】【信息】

无定形态*⟶非晶态【化学】【物理】

无定形纤维素（amorphous cellulose）相关词：非晶态纤维素*。【林】

无格式存储容量*⟶未格式化容量【信息】

无格式容量*⟶未格式化容量【信息】

无功功率（reactive power）相关词：无效功率*，无用功率*。【物理】

无规混合近似（random mixing approximation）相关词：随机混合近似*。【物理】

无规律振动*⟶随机振动【机械】

无规误差*⟶随机差错【机械】【信息】

无规相位（random phase）相关词：随机相位*。【物理】

无规则变化*⟶随机变化【信息】

无规则噪声*⟶随机噪声【机械】

无规则振动*⟶随机振动【机械】

无回声室*⟶消声室【机械】

无机粘结剂*⟶无机黏结剂【机械】

无机黏结剂（inorganic binder）相关词：无机粘结剂*。【机械】

无机酸（inorganic acid; mineral acid）相关词：矿酸*，矿物酸*。【化工】【化学】

无减数分裂*⟶未减数孢子生殖【生物】

无减数无配子生殖*⟶未减数孢子生殖【生物】

无结石胆囊炎（acalculous cholecystitis）相关词：非结石性胆囊炎*。【医】

无菌性血栓性心内膜炎*⟶非细菌性血栓性心内膜炎【医】

无空气喷涂*⟶高压无气喷涂【材料】【机械】

无离子水*⟶去离子水【化工】【化学】【信息】【药】【医】

无量纲量#⟶量纲为一的量【计量】【物理】

无气喷涂&⟶高压无气喷涂【材料】【机械】

无水肌酸*⟶肌酸【生物】

无损耗压缩*⟶无损压缩【信息】

无损检验（nondestructive testing）相关词：不破坏性试验*，非破坏性检查*，非破坏性试验*，无损探伤*。【机械】

无损探伤*⟶无损检验【机械】

无损压缩（lossless compression）相关词：无损耗压缩*。【信息】

无线保真（wireless fidelity）相关词：Wi-Fi#；无线准确度*。【信息】

无线标高语言*⟶无线置标语言【信息】

无线标记语言#⟶无线置标语言【信息】

无线电接力切换*⟶接力切换【信息】

无线电频率*⟶射频【信息】

无线电通讯*⟶电信【信息】

无线电指向标频率*⟶定标频率【信息】

无线访问*⟶无线接入【信息】

无线接入（wireless access）相关词：无线访问*。【信息】

无线置标语言（wireless markup language）相关词：无线标记语言#；无线标高语言*。【信息】

无线准确度*⟶无线保真【信息】

无效功率*⟶无功功率【物理】

无效行程*⟶空程【机械】

无序激光光束*⟶混沌激光【物理】

无序运动*⟶混沌运动【物理】

无氧分解*⟶厌氧分解【海洋】【化工】【土壤】

无用功率*⟶无功功率【物理】

无源成像系统（passive imaging system）相关词：被动成像系统*。【物理】

无源探测（passive detection）相关词：被动探测*。【信息】

无源谐振腔（passive cavity）相关词：被动谐振腔*。【信息】

无杂质半导体*⟶内禀半导体【物理】

舞蹈病*⟶舞蹈症【医】

舞蹈症（chorea）相关词：舞蹈病*。【医】

物理地址#⟶实地址【信息】

物理位址*⟶实地址【信息】

物理吸附（physisorption）相关词：物理吸着*。【物理】

物理吸着*⟶物理吸附【物理】

物量*⟶物质的量【计量】

物料平衡（material balance）相关词：物质平衡*。【化学】

物质的量（amount of substance）相关词：摩尔量*，摩尔数*，物量*。【计量】

物质的量分数#⟶摩尔分数【计量】

物质平衡*⟶物料平衡【化学】

物种形成（speciation）相关词：种别形成*。【生物】

误比特*⟶差错比特【信息】

误比特率#⟶比特差错率【信息】

误差岔断*⟶出错中断【信息】

误差间距*⟶错误跨度【信息】

误差检测*⟶检错【信息】

误差检测码*⟶检错码1【信息】

误差检验码*⟶错误检验码【信息】

误差距离*⟶错误跨度【信息】

误差控制*⟶错误控制【信息】

误差跨度*⟶错误跨度【信息】

误差类型*⟶错误模式【信息】

误差模式*⟶错误模式【信息】

误差条件*⟶错误条件【信息】

误差型式*⟶错误模式【信息】

误差中断*⟶出错中断【信息】

误块率*⟶块差错概率【信息】

误码1#⟶差错比特【信息】

误码2#⟶错误代码【信息】

误码3#⟶比特差错【信息】

误失记录*⟶故障记录【信息】

▲无标记且有英文对译的，为“规范词”。▲标“&”的为“简称”，可与规范词等效使用。
▲标“#”的为“又称”，不推荐使用。▲标“*”的为“非规范词”，不能使用。

误失率*⟶失效率【机械】【信息】

误位原子*⟶错位原子【化学】

误诊*⟶错误诊断【信息】

雾气治疗*⟶气溶胶吸入疗法【医】

X

xi

西西*⟶毫升【计量】

吸附层析法*⟶吸附色谱法【机械】

吸附色层法*⟶吸附色谱法【机械】

吸附色层分离法*⟶吸附色谱法【机械】

吸附色层分析法*⟶吸附色谱法【机械】

吸附色谱法（adsorption chromatography）相关词：吸附层析法*，吸附色层法*，吸附色层分离法*，吸附色层分析法*，吸附色谱分析法*。【机械】

吸附色谱分析法*⟶吸附色谱法【机械】

吸气阀*⟶吸气活瓣【医】

吸气活瓣（inspiratory valve）相关词：吸气阀*。【医】

吸声量（equivalent absorption area）相关词：吸音量*。【建】

吸湿性绝缘材料*⟶亲水性绝缘材料【物理】

吸收校正（absorption correction）相关词：吸收修正*。【物理】

吸收修正*⟶吸收校正【物理】

吸水性绝缘材料*⟶亲水性绝缘材料【物理】

吸音量*⟶吸声量【建】

析出强化#⟶沉淀硬化【机械】

析出硬化#⟶沉淀硬化【机械】

矽肺*⟶硅沉着病【医】

矽砂*⟶硅砂【机械】

硒电池*⟶光电池1【化学】【机械】

烯胺（enamine）相关词：烯基胺#；对胺*。【化学】

烯基胺#⟶烯胺【化学】

稀释热（heat of dilution）相关词：冲淡热*。【化工】

膝反屈（genu recurvatum）相关词：膝反张*，膝过伸*。【医】

膝反张*⟶膝反屈【医】

膝盖骨*⟶髌骨【生物】【医】

膝过伸*⟶膝反屈【医】

喜钙植物（calciphile）相关词：石灰壤植物*。【土壤】

系列衰变（serial decay）相关词：连续衰变*。【物理】

系谱测验*⟶子代测定【林】

▲无标记且有英文对译的，为"规范词"。▲标"&"的为"简称"，可与规范词等效使用。
▲标"#"的为"又称"，不推荐使用。▲标"*"的为"非规范词"，不能使用。

系统磁碟*⟶系统盘【信息】

系统磁盘*⟶系统盘【信息】

系统发生学（phylogenetics）相关词：种系遗传学*。【生物】

系统故障（system failure）相关词：系统失效*，系统损坏*。【信息】

系统管理监督程式*⟶系统管理监控程序【信息】

系统管理监控程序（system management monitor）相关词：系统管理监督程式*。【信息】

系统集成（system integration）相关词：系统一体化*，系统综合*。【信息】

系统加载*⟶系统装入程序【信息】

系统键*⟶系统密钥【信息】

系统密钥（system key）相关词：系统键*。【信息】

系统盘（system disk）相关词：系统磁碟*，系统磁盘*。【信息】

系统配置（system configuration）相关词：系统组态*。【信息】

系统失效*⟶系统故障【信息】

系统损坏*⟶系统故障【信息】

系统一体化*⟶系统集成【信息】

系统优化（system optimization）相关词：系统最佳化*。【信息】

系统装入程序（system loader）相关词：系统加载*。【信息】

系统综合*⟶系统集成【信息】

系统组态*⟶系统配置【信息】

系统最优化*⟶系统优化【信息】

细胞计量术（cytometry）相关词：细胞计数*。【生物】

细胞计数*⟶细胞计量术【生物】

细胞蓝蛋白*⟶血浆铜蓝蛋白【化学】

细胞外酶*⟶胞外酶【化工】【生物】【土壤】

细部图*⟶零件图【机械】

细分（refinement）相关词：精细化*。【信息】

细颗粒*⟶细颗粒物【大气】【化学】【物理】【医】

细颗粒物（fine particles; particulate matter 2.5）相关词：$PM_{2.5}$&；PM2.5#；可入肺细颗粒物*，细颗粒*，细粒物*，细飘尘*。【大气】【化学】【物理】【医】

细菌性痢疾（bacillary dysentery）相关词：菌痢*。【医】

细粒密度（fine-grained density）相关词：精细颗粒密度*。【物理】

细粒物*⟶细颗粒物【大气】【化学】【物理】【医】

细飘尘*⟶细颗粒物【大气】【化学】【物理】【医】

细支气管（bronchiole）相关词：小支气管*。【生物】

xia

狭颅症（craniostenosis）相关词：颅狭窄*。【医】

下变频*⟶降频转换【物理】

下表皮*⟶下皮【药】

▲无标记且有英文对译的，为"规范词"。▲标"&"的为"简称"，可与规范词等效使用。
▲标"#"的为"又称"，不推荐使用。▲标"*"的为"非规范词"，不能使用。

下颌反射*⟶颌跳反射【医】

下颌–瞬目联动征*⟶颌动瞬目综合征【医】

下夸克#⟶d 夸克【物理】

下皮（hypodermis）相关词：下表皮*。【药】

下陷包层光纤*⟶凹陷包层光纤【信息】

xian

先共析渗碳体#⟶二次渗碳体【机械】

先共析碳化物#⟶二次碳化物【机械】

先天免疫（innate immunity）相关词：天然免疫*。【医】

先天性肛门闭锁（congenital anal atresia）相关词：先天性无肛门*。【医】

先天性甲减&⟶先天性甲状腺功能减退症【医】

先天性甲状腺功能低下症*⟶先天性甲状腺功能减退症【医】

先天性甲状腺功能减低症*⟶先天性甲状腺功能减退症【医】

先天性甲状腺功能减退症（congenital hypothyroidism）相关词：先天性甲减&；先天性甲状腺功能低下症*，先天性甲状腺功能减低症*。【医】

先天性桡尺骨融合（congenital radioulnar synostosis）相关词：上尺桡骨融合畸形*。【医】

先天性肾囊肿瘤病*⟶多囊肾【医】

先天性痛觉缺失*⟶先天性无痛症【医】

先天性无肛门*⟶先天性肛门闭锁【医】

先天性无痛症（congenital absence of pain）相关词：先天性痛觉缺失*。【医】

先天性心脏病（congenital heart disease）相关词：先心病*。【医】

先天性胸骨后膈疝（Morgagni hernia）相关词：胸骨后疝*。【医】

先心病*⟶先天性心脏病【医】

纤毛#⟶菌毛【生物】

纤溶系统*⟶血纤蛋白溶解系统【药】

纤丝 1*⟶原纤丝【林】

纤丝 2*⟶原纤维 1【材料】

纤维蛋白分解*⟶血纤蛋白溶解【药】

纤维喉镜*⟶光纤喉镜【医】

纤维母细胞*⟶成纤维细胞【生物】

纤维原细胞*⟶成纤维细胞【生物】

氙气闪光灯*⟶脉冲氙灯【机械】

氙闪光灯*⟶脉冲氙灯【机械】

酰胺（amide）相关词：氨化物*。【化学】

涎石切开术*⟶涎石摘除术【医】

涎石摘除术（sialolithotomy）相关词：涎石切开术*。【医】

涎腺肿大&⟶涎腺肿大症【医】

涎腺肿大症（sialosis）相关词：涎腺肿大&；流涎症*，唾液腺肿大症*。【医】

嫌氧分解*⟶厌氧分解【海洋】【化工】【土壤】

显微分光光度计*—→测微分光光度计【物理】
显微光度计*—→测微光度计【物理】
显象密度计*—→感光密度计【物理】
铣铁*—→生铁【机械】
藓苔学*—→苔藓植物学【生物】
现代米制*—→国际单位制【电】
现役文件*—→活动文件【信息】
现用分区*—→活动分区【信息】
现用目录*—→当前目录【信息】
现用文件*—→活动文件【信息】
现用页*—→活动页【信息】
限流器*—→节流器【机械】
线部分*—→线路段【信息】
线电流1（line current）相关词：线路电流*。【计量】【物理】
线电流2*—→电流线密度【计量】
线电阻（line resistance）相关词：线路电阻*。【信息】
线对放大*—→线对增容【信息】
线对增容（pair gain）相关词：线对放大*，线对增益*。【信息】
线对增益*—→线对增容【信息】
线会切（line cusp）相关词：线交点*。【物理】
线交点*—→线会切【物理】
线路*—→电路【信息】
线路编码（line encoding）相关词：线路译码*。【信息】
线路倒换（line switching）相关词：线路互换*，线路交换*，线路开关*。【信息】
线路电流*—→线电流1【计量】【物理】
线路电阻*—→线电阻【信息】
线路段（line section）相关词：线部分*，线区域*。【信息】
线路互换*—→线路倒换【信息】
线路交换1*—→电路交换【信息】
线路交换2*—→线路倒换【信息】
线路开关*—→线路倒换【信息】
线路图*—→电路图【机械】
线路译码*—→线路编码【信息】
线路转接*—→电路交换【信息】
线密度1（line density）相关词：打印行密度*。【信息】
线密度2#—→线质量【计量】
线区域*—→线路段【信息】
线上处理*—→联机处理【信息】
线上设备*—→联机设备【信息】
线上调试*—→联机调试【信息】
线性电动机*—→直线电动机【机械】
线性马达*—→直线电动机【机械】
线性能量转移*—→传能线密度【化学】【农】【生物】
线性衰减系数（linear attenuation coefficient）相关词：线性消光系数#。【电】【计量】
线性消光系数#—→线性衰减系数【电】【计量】
线质量（line mass）相关词：线密度#。【计量】
陷俘（trapping）相关词：俘获*，收

集*。【物理】

陷俘电子*⟶被俘获电子【化学】

陷俘面（trapped surface）相关词：捕获面*。【物理】

陷落电子#⟶被俘获电子【化学】

霰弹枪伤#⟶猎枪弹伤【医】

xiang

相对测量（relative measurement）相关词：比较测量#。【航天】【机械】

相对地址（relative address）相关词：相对位址*，相对址*。【信息】

相对电容率（relative permittivity）相关词：相对介电常量#；相对介电常数*，相对介电系数*。【物理】

相对介电常量#⟶相对电容率【物理】

相对介电常数*⟶相对电容率【物理】

相对介电系数*⟶相对电容率【物理】

相对粘度*⟶相对黏度1【化学】【机械】

相对粘滞度*⟶相对黏度1【化学】【机械】

相对黏度1（relative viscosity）相关词：相对粘度*，相对粘滞度*。【化学】【机械】

相对黏度2（viscosity ratio）相关词：黏度比#；粘度比*。【材料】

相对态*⟶对应态【物理】

相对位址*⟶相对地址【信息】

相对原子质量1（relative atomic mass）相关词：原子量#。【化学】

相对原子质量2#⟶原子量1【化学】

相对址*⟶相对地址【信息】

相关长度*⟶关联长度【物理】

相关电离作用*⟶连带电离作用【物理】

相关能量*⟶关联能【物理】

相关维数*⟶关联维数【物理】

相关因素*⟶关联因子【化工】

相互调制*⟶互调【信息】

相交连接*⟶交叉连接【信息】

相控阵雷达（phased array radar）相关词：天线阵雷达*。【信息】

相切圆*⟶切向圆【机械】

相容性#⟶兼容性【信息】

相似查找&⟶相似性查找【信息】

相似搜索#⟶相似性查找【信息】

相似性查找（similarity search）相关词：相似查找&；相似搜索#，相似性搜索#；相似性搜寻*。【信息】

相似性搜索#⟶相似性查找【信息】

相似性搜寻*⟶相似性查找【信息】

香叶烯（myrcene）相关词：月桂烯#。【林】

镶入式轴承*⟶外球面轴承【机械】

详图*⟶零件图【机械】

响应度&⟶探测器响应度【计量】

响应分析（response analysis）相关词：应答分析*。【信息】

响应时间（response time）相关词：反应时&；反应时间*，附应时间*，回应时间*，应答时间*。【物理】【信息】

向地性（geotropism）相关词：屈地性*，趋地性*。【生物】

向光性（phototropism）相关词：屈光性*，趋光性*。【生物】

向径*⟶径向量【数】

向量玻色子*⟶矢量玻色子【物理】

向量磁位*⟶磁矢位【电】【计量】

向量电脑*⟶向量计算机【信息】

向量计算机（vector computer）相关词：矢量计算机*，向量电脑*。【信息】

向量径*⟶径向量【数】

向量模型*⟶矢量模型【物理】

向量指令（vector instruction）相关词：矢量指令*。【信息】

向热性*⟶趋温性【生物】

向上兼容（upward compatibility）相关词：向上相容*。【信息】

向上相容*⟶向上兼容【信息】

向水性（hydrotropism）相关词：亲水性*，屈水性*。【生物】

向下兼容（downward compatibility）相关词：反向兼容*，向下相容*。【信息】

向下相容*⟶向下兼容【信息】

向心滚子轴承（radial roller bearing）相关词：径向滚柱轴承*。【机械】

向心球轴承（radial ball bearing）相关词：放射状球轴承*，径向滚珠轴承*。【机械】

向性（tropism）相关词：屈性*，趋性*。【生物】

相变（phase change; phase transition）相关词：换相*，相转移*。【化工】

相变点（transformation temperature）相关词：临界点#。【机械】

相变应力（transformation stress）相关词：组织应力#。【机械】

相差&⟶相位差【化学】【计量】【物理】

相平衡（phase equilibrium）相关词：相平衡态*，相位平衡*。【化学】

相平衡态*⟶相平衡【化学】

相速&⟶相速度【化学】【计量】【物理】

相速度（phase velocity）相关词：相速&。【化学】【计量】【物理】

相位波动*⟶相位涨落【物理】

相位差（phase difference）相关词：相差&。【化学】【计量】【物理】

相位检测#⟶检相【信息】

相位鉴别*⟶鉴相【信息】

相位交替线系*⟶PAL制【信息】

相位判别*⟶鉴相【信息】

相位平衡*⟶相平衡【化学】

相位起伏*⟶相位涨落【物理】

相位移（phase displacement）相关词：相移&。【电】

相位涨落（phase fluctuation）相关词：相位波动*，相位起伏*。【物理】

相移&⟶相位移【电】

相转移*⟶相变【化工】

象恢复*⟶图像复原【信息】

象散*⟶像散【物理】

▲无标记且有英文对译的，为“规范词”。▲标“&”的为“简称”，可与规范词等效使用。
▲标“#”的为“又称”，不推荐使用。▲标“*”的为“非规范词”，不能使用。

象素*—→像素【地理】【物理】【信息】

象修复*—→图像复原【信息】

象元*—→像素【地理】【物理】【信息】

像散（astigmatism）相关词：散象*，象散*。【物理】

像素（pixel）相关词：图素*，图元*，象素*，象元*。【地理】【物理】【信息】

xiao

削痂*—→焦痂切除术【医】

消除混叠现象*—→图形保真【信息】

消除应力退火*—→去应力退火【机械】

消磁（degauss）相关词：退磁#。【信息】

消磁器#—→退磁器【机械】【信息】

消磁头*—→擦除磁头【信息】

消光（extinction）相关词：减光*，退光*。【地质】【航天】【天文】【物理】

消耗力*—→耗散力【物理】

消耗失效*—→老化失效【机械】

消化污泥*—→活性污泥【化工】

消球差镜*—→消球差透镜【物理】

消球差透镜（aplanat）相关词：消球差镜*。【物理】

消声室（anechoic room）相关词：静室*，无回声室*。【机械】

消失*—→淡出【信息】

消应力退火*—→去应力退火【机械】

小包组合*—→分组装配【信息】

小电脑*—→小型计算机【信息】

小径&—→螺纹小径【机械】

小臼齿*—→前磨牙【生物】

小乳症*—→乳房过小【医】

小生境*—→生态位【土壤】

小型机*—→小型计算机【信息】

小型计算机（minicomputer）相关词：迷你电脑*，小电脑*，小型机*。【信息】

小圆按钮*—→单选按钮【信息】

小支气管*—→细支气管【生物】

小直径*—→螺纹小径【机械】

xie

楔键（taper key）相关词：斜键*，锥形键*。【机械】

楔块离合器（sprag clutch）相关词：超越离合器*，斜撑离合器*。【机械】

楔块制动器（wedge brake）相关词：楔形闸*。【机械】

楔形闸*—→楔块制动器【机械】

协调世界时间（coordinated universal time；UTC）相关词：国际协调时*，全球协调时*，世界协调时*。【信息】

协调性*—→一致性【大气】【电】【海洋】【化工】【信息】

协同发射*—→合作发射【物理】

斜撑离合器*—→楔块离合器【机械】

斜齿轮（helical gear）相关词：螺旋齿轮*。【机械】

斜方晶系*—→正交晶系【化学】

斜键*—→楔键【机械】

谐波（harmonic）相关词：泛波*。【信息】

谐波发生激光器*—→谐波激光器【物理】

谐波发生振荡激光器*⟶谐波激光器【物理】

谐波激光器（harmonic-generator laser）相关词：谐波发生振荡激光器*，谐波发生激光器*。【物理】

谐振（resonance）相关词：谐震*。【电】【航海】【计量】【信息】

谐振谱线*⟶共振线【物理】

谐振吸收*⟶共振吸收【电】【物理】

谐振线*⟶共振线【物理】

谐震*⟶谐振【电】【航海】【计量】【信息】

颉颃*⟶拮抗作用【生物】

写（write）相关词：写入*。【信息】

写保护（write protection）相关词：写入保护*。【信息】

写码*⟶编码 1【地理】【生物】【数】【铁道】【心理】【信息】【药】

写入*⟶写【信息】

写入保护*⟶写保护【信息】

写入周期*⟶写周期【信息】

写循环*⟶写周期【信息】

写周期（write cycle）相关词：写入周期*，写循环*。【信息】

泄漏电缆（leaky cable）相关词：漏电缆*。【信息】

泄漏检测#⟶检漏 1【信息】

泄漏试验*⟶密封性检验【机械】

泻剂*⟶轻泻药【药】

xin

心搏过缓*⟶心动过缓【生物】【医】

心搏过速*⟶心动过速【生物】【医】

心颤*⟶心室纤颤【医】

心动过缓（bradycardia）相关词：慢脉*，心搏过缓*。【生物】【医】

心动过速（tachycardia）相关词：心搏过速*，心悸亢进*，心跳过激*。【生物】【医】

心房同质异构*⟶心房异构【医】

心房异构（atrial isomerism）相关词：心房同质异构*。【医】

心梗*⟶心肌梗死【医】

心肌梗*⟶心肌梗死【医】

心肌梗塞*⟶心肌梗死【医】

心肌梗塞后综合征*⟶心肌梗死后综合征【医】

心肌梗死（myocardial infarction）相关词：心梗*，心肌梗*，心肌梗塞*。【医】

心肌梗死后综合征（postmyocardial infarction syndrome；Dressler syndrome）相关词：心肌梗塞后综合征*。【医】

心肌工作能力（myocardial performance）相关词：心肌作功指数*。【医】

心肌声学造影*⟶心脏超声造影术【医】

心肌作功指数*⟶心肌工作能力【医】

心悸亢进*⟶心动过速【生物】

心室纤颤（ventricular fibrillation）相关

词：室颤&；心颤*。【医】

心室自主心律（idioventricular rhythm）相关词：室性自搏心律#。【医】

心舒期（diastole）相关词：心脏舒张期*。【生物】

心缩期（systole）相关词：心脏收缩期*。【生物】

心跳过激*⟶心动过速【生物】

心源性猝死*⟶心脏性猝死【医】

心源性瘁死*⟶心脏性猝死【医】

心脏超声造影&⟶心脏超声造影术【医】

心脏超声造影术（contrast echocardiography）相关词：心脏超声造影&；超声心肌造影*，心肌声学造影*。【医】

心脏粘液瘤*⟶心脏黏液瘤【医】

心脏黏液瘤（myxoma of heart）相关词：心脏粘液瘤*。【医】

心脏收缩期*⟶心缩期【生物】

心脏舒张期*⟶心舒期【生物】

心脏性卒死*⟶心脏性猝死【医】

心脏性猝死（sudden cardiac death）相关词：心源性猝死*，心源性瘁死*，心脏性卒死*，心脏性瘁死*。【医】

心脏性瘁死*⟶心脏性猝死【医】

新生儿红细胞增多症（polycythemia of newborn）相关词：新生儿红血球增多症*。【医】

新生儿红血球增多症*⟶新生儿红细胞增多症【医】

新生儿硬肿病（scleredema neonatorum）相关词：新生儿硬肿症*。【医】

新生儿硬肿症*⟶新生儿硬肿病【医】

新手*⟶网上新手【信息】

信标频率*⟶定标频率【信息】

信道间串扰*⟶信道间干扰【信息】

信道间干扰（interchannel interference）相关词：信道间串扰*。【信息】

信号重构（signal reconstruction）相关词：信号重建*，信号恢复*，信号再现*，讯号重建*。【信息】

信号重建*⟶信号重构【信息】

信号传输（signal transmission）相关词：信号传送*。【信息】

信号传送*⟶信号传输【信息】

信号带宽（signal bandwidth）相关词：信号频宽*，讯号频宽*。【信息】

信号分离器*⟶分用器【信息】

信号恢复*⟶信号重构【信息】

信号频宽1*⟶波形【信息】

信号频宽2*⟶信号带宽【信息】

信号源*⟶信源【信息】

信号再现*⟶信号重构【信息】

信赖水平*⟶置信水平【化工】

信令（signaling）相关词：传讯*，发信号*。【信息】

信息（information）相关词：讯息*，资讯*。【信息】

信息反馈（information feedback）相关词：讯息反馈*，资讯反馈*，资讯回馈*。【信息】

信息管理（information management；IM）

▲无标记且有英文对译的，为“规范词”。▲标“&”的为“简称”，可与规范词等效使用。
▲标“#”的为“又称”，不推荐使用。▲标“*”的为“非规范词”，不能使用。

相关词：资讯管理*。【信息】

信息检索（information retrieval）相关词：资讯检索*。【信息】

信息科学（information science）相关词：资讯科学*。【信息】

信息流（information flow）相关词：资讯流*。【信息】

信息流控制1&⟶信息流向控制【信息】

信息流控制2*⟶流量控制1【信息】

信息流向控制（information flow control）相关词：信息流控制&；资讯流程控制*。【信息】

信息系统（information system）相关词：资讯系统*。【信息】

信息隐蔽（information hiding）相关词：信息隐藏*，资讯隐蔽*，资讯隐藏*。【信息】

信息隐藏*⟶信息隐蔽【信息】

信息源（information source）相关词：资讯源*。【信息】

信息组代码*⟶分组码【数】【信息】

信源（source）相关词：信号源*，源极*。【信息】

xing

星际尘#⟶宇宙尘【大气】【物理】

星载雷达（spaceborne radar）相关词：航天雷达*。【信息】

行星齿轮（planet gear）相关词：行星轮#。【机械】

行星齿轮传动装置*⟶行星齿轮系【机械】

行星齿轮系（planetary gear train）相关词：行星轮系&；行星齿轮传动装置*。【机械】

行星轮#⟶行星齿轮【机械】

行星轮系&⟶行星齿轮系【机械】

形变参量（deformation parameter）相关词：变形参数*，畸变参量*，形变参数*。【物理】

形变参数*⟶形变参量【物理】

形变能（deformation energy）相关词：变形功*，变形能*。【物理】

形变热处理（thermomechanical treatment）相关词：热机械处理#；热机处理*。【机械】

形变双折射*⟶应力双折射【物理】

形变应力*⟶变形抗力【材料】【机械】

形核*⟶成核作用【化学】

型砂（molding sand）相关词：模砂*，制模砂*。【机械】

性男性化*⟶男性化【医】

性能赋值*⟶性能评价【信息】

性能评估*⟶性能评价【信息】

性能评价（performance evaluation）相关词：性能赋值*，性能评估*。【信息】

xiong

胸骨后疝*⟶先天性胸骨后膈疝【医】

胸廓窒息性发育不良*⟶窒息性胸廓发育不良【医】

胸膜肥厚*—→胸膜增厚【医】

胸膜内注射（intrapleural injection）相关词：胸腔内注入*。【药】

胸膜增厚（pleural thickening）相关词：胸膜肥厚*。【医】

胸腔内注入*—→胸膜内注射【药】

胸腺生成素（thymopoietin）相关词：促胸腺生成素*。【生物】

雄孢子*—→精孢子【生物】

雄黄（realgar）相关词：雄磺*。【化学】

雄磺*—→雄黄【化学】

雄激素（androgen）相关词：男性荷尔蒙*，男性素*。【生物】

雄性不育*—→男性不育症【医】

雄性亲本*—→父本【林】【农】【水产】

xiu

溴滴定*—→溴量法【化学】

溴量法（bromometry）相关词：溴滴定*。【化学】

xu

虚存&—→虚拟存储器【信息】

虚存管理&—→虚拟存储管理【信息】

虚存结构&—→虚拟存储结构【信息】

虚地址*—→虚拟地址【信息】

虚电路（virtual circuit）相关词：虚构电路*，虚拟电路*。【信息】

虚构磁碟*—→虚拟盘【信息】

虚构磁碟系统*—→虚拟磁盘系统【信息】

虚构电路*—→虚电路【信息】

虚构电脑*—→虚拟计算机【信息】

虚构记忆器*—→虚拟存储器【信息】

虚构模态*—→虚拟方式【信息】

虚构区域*—→虚区域【信息】

虚呼叫（virtual call）相关词：虚拟调用*，虚拟呼叫*，选择呼叫*。【信息】

虚机*—→虚拟机【信息】

虚拟变量（pseudo-variable）相关词：拟变量*，伪变量*，伪变数*。【化工】

虚拟磁盘系统（virtual disk system）相关词：虚构磁碟系统*。【信息】

虚拟存储&—→虚拟存储器【信息】

虚拟存储管理（virtual memory management）相关词：虚存管理&；虚拟记忆体管理*。【信息】

虚拟存储结构（virtual memory structure）相关词：虚存结构&。【信息】

虚拟存储器（virtual memory）相关词：虚存&，虚拟存储&；虚构记忆器*。【信息】

虚拟地址（virtual address）相关词：零级地址*，虚地址*，虚拟位址*，虚位址*。【信息】

虚拟电路*—→虚电路【信息】

虚拟电脑*—→虚拟计算机【信息】

虚拟调用*—→虚呼叫【信息】

虚拟方式（virtual mode）相关词：虚构模态*。【信息】

虚拟个人网络*—→虚拟专用网【信息】

虚拟呼叫*—→虚呼叫【信息】

虚拟机（virtual machine）相关词：虚机*。【信息】

虚拟计算机（virtual computer）相关词：虚构电脑*，虚拟电脑*。【信息】

虚拟记忆体管理*⟶虚拟存储管理【信息】

虚拟空间（virtual space）相关词：虚域*。【信息】

虚拟路径*⟶虚通路【信息】

虚拟内存（virtual memory）相关词：模拟内存*。【地理】

虚拟盘（virtual disk）相关词：虚构磁碟*，虚盘*。【信息】

虚拟区域*⟶虚区域【信息】

虚拟色*⟶假彩色【测绘】【地理】【海洋】【航天】【农】

虚拟通路*⟶虚通路【信息】

虚拟位址*⟶虚拟地址【信息】

虚拟指数*⟶傀标【物理】

虚拟专用网（virtual private network; VPN）相关词：虚拟个人网络*，虚拟专用网络*。【信息】

虚拟专用网络*⟶虚拟专用网【信息】

虚盘*⟶虚拟盘【信息】

虚区域（virtual region）相关词：虚构区域*，虚拟区域*。【信息】

虚通路（virtual path; VP）相关词：虚拟路径*，虚拟通路*。【信息】

虚位址*⟶虚拟地址【信息】

虚域*⟶虚拟空间【信息】

需氧生活（aerobiosis）相关词：好氧生活*。【生物】

序号&⟶序列号【信息】

序列号（sequence number; SN）相关词：序号&；顺序号#。【信息】

xuan

悬浮体（suspensoid）相关词：悬浊质*。【化学】

悬挂状态*⟶挂起状态【信息】

悬雍垂#⟶腭垂【生物】

悬置时间*⟶挂起时间【信息】

悬置状态*⟶挂起状态【信息】

悬浊质*⟶悬浮体【化学】

旋磁比（gyromagnetic ratio）相关词：回磁比*。【物理】

旋磁效应（gyromagnetic effect）相关词：回转磁效应*。【物理】【信息】

旋光*⟶旋光性【物理】

旋光度*⟶旋光性【物理】

旋光率（specific rotation）相关词：比旋*，比旋光度*。【物理】

旋光同质异构体*⟶旋光异构体【物理】

旋光性（optical activity）相关词：光活性*，光性*，旋光*，旋光度*。【物理】

旋光异构体（optical isomer）相关词：旋光同质异构体*，光学异构物*。【物理】

旋轮线*⟶摆线【机械】【数】

旋涡流（swirling flow）相关词：回旋流*，涡流*，漩流*。【机械】

旋转半径*—→回转半径【机械】

旋转关节（rotary joint）相关词：旋转接头*。【信息】

旋转接头*—→旋转关节【信息】

旋转棱镜*—→回旋棱镜【医】

旋转黏度计（rotational viscometer）相关词：旋转式粘度计*，转动粘度计*。【机械】

旋转式粘度计*—→旋转黏度计【机械】

旋转天线*—→绕杆式天线【信息】

旋转窑*—→回转窑【化工】

旋转轴（axis of rotation）相关词：回转轴*。【机械】

漩流*—→旋涡流【机械】

选单（menu）相关词：菜单#；选项单*。【信息】

选路协定*—→选路协议【信息】

选路协议（routing protocol）相关词：路由协议*，选路协定*。【信息】

选取时间*—→存取时间【信息】

选项单*—→选单【信息】

选择度*—→选择性【化工】

选择呼叫*—→虚呼叫【信息】

选择器通道*—→选择通道【信息】

选择通道（selector channel）相关词：选择器通道*，选择信道*。【信息】

选择信道*—→选择通道【信息】

选择性（selectivity）相关词：选择度*。【化工】

选择性脊神经后根切断术（selective posterior rhizotomy）相关词：选择性颈神经后根切断术*。【医】

选择性颈神经后根切断术*—→选择性脊神经后根切断术【医】

选址*—→寻址【信息】

选址方式*—→寻址方式【信息】

xue

血斑*—→出血斑【医】

血比热（specific heat of blood）相关词：血液的比热*。【医】

血毒症*—→毒血症【医】

血管扩张药（vasodilator）相关词：扩管药*。【药】

血管球（glomerulus）相关词：肾丝球*。【医】

血管舒缓素-激肽系统（kallikrein-kinin system）相关词：激肽释放酶-激肽系统*。【医】

血红蛋白（hemoglobin）相关词：红血球蛋白*，血红素*，血色素*。【化学】

血红素¹（heme）相关词：血红质*，原血红素*。【化学】

血红素²*—→血红蛋白【化学】

血红质*—→血红素¹【化学】

血浆交换（plasma exchange）相关词：换血浆*。【医】

血浆铜兰蛋白*—→血浆铜蓝蛋白【化学】

血浆铜蓝蛋白（ceruloplasmin）相关词：铜蓝血浆蛋白*，细胞蓝蛋白*，血浆铜兰蛋白*。【化学】

血粘度*—→血液黏度【药】

血凝试验（hemagglutination test）相关词：血球凝集试验*，血细胞凝集试验*。【医】

血清病肾炎*⟶血清性肾炎【医】

血清性肾炎（serum sickness nephritis）相关词：血清病肾炎*。【医】

血球*⟶血细胞【生物】

血球计*⟶血细胞计数器【生物】

血球凝集试验*⟶血凝试验【医】

血色病*⟶血色素沉积症【医】

血色沉着病*⟶血色素沉积症【医】

血色素*⟶血红蛋白【化学】

血色素沉积症（hemochromatosis）相关词：血色病*，血色沉着病*，血铁沉积症*。【医】

血铁沉积症*⟶血色素沉积症【医】

血铁质沉积症*⟶含铁血黄素沉着症【医】

血细胞（haemocyte; hemocyte）相关词：血球*。【生物】

血细胞计数器（blood cell counter; hematimeter）相关词：血球计*。【生物】

血细胞凝集试验*⟶血凝试验【医】

血纤蛋白溶解（fibrinolysis）相关词：纤维蛋白分解*，血纤溶*，血纤维蛋白分解*。【药】

血纤蛋白溶解系统（fibrinolytic system）相关词：纤溶系统*。【药】

血纤溶*⟶血纤蛋白溶解【药】

血纤肽（fibrinopeptide）相关词：血纤维蛋白肽#；血纤维蛋白胜肽*。【生物】

血纤维蛋白分解*⟶血纤蛋白溶解【药】

血纤维蛋白胜肽*⟶血纤肽【生物】

血纤维蛋白肽#⟶血纤肽【生物】

血液的比热*⟶血比热【医】

血液黏度（blood viscosity）相关词：血粘度*。【药】

xun

熏剂（fumigant）相关词：熏烟剂*，烟熏剂*，烟蒸剂*。【农】【药】

熏烟剂*⟶熏剂【农】【药】

寻呼（paging）相关词：呼叫#；播叫*，传呼*。【信息】

寻址（addressing）相关词：定址*，选址*。【信息】

寻址方式（addressing mode）相关词：定址模式*，定址模态*，选址方式*，寻址模式*。【信息】

寻址模式*⟶寻址方式【信息】

循环程序*⟶循环过程【化工】

循环辅助*⟶辅助循环【医】

循环过程（cyclic process）相关词：循环程序*，周期性过程*。【化工】

循环缓冲（circular buffering）相关词：环形缓冲#。【信息】

循环加荷*⟶循环载荷【机械】

循环码1（cyclic code）相关词：周期码*。【信息】

循环码2*⟶连环码【信息】

循环停止（circulatory arrest）相关词：

停循环*。【医】

循环移位（cyclic shift; end-around shift）相关词：端回移位*，周期移位*。【信息】

循环语言*⟶递归语言【信息】

循环载荷（cyclic loading）相关词：交变载荷*，循环加荷*，周期性载荷*，周期载荷*。【机械】

讯号重建*⟶信号重构【信息】

讯号频宽*⟶信号带宽【信息】

讯息*⟶信息【信息】

讯息反馈*⟶信息反馈【信息】

迅框中继*⟶帧中继【信息】

蕈中毒（mycetism）相关词：毒蕈中毒*。【医】

Y

ya

压凹性水肿（pitting edema）相关词：可凹陷性水肿*。【医】

压差铸造*⟶差压铸造【机械】

压电传声器（piezoelectric microphone）相关词：压电扩音器*，压电麦克风*。【信息】

压电扩音器*⟶压电传声器【信息】

压电麦克风*⟶压电传声器【信息】

压焊（pressure welding）相关词：加压焊*，加压焊接*。【机械】

压簧*⟶压紧弹簧【机械】

压紧弹簧（pressure spring）相关词：压簧*，压力弹簧*。【机械】

压力阀&⟶压力控制阀【机械】

压力控制阀（pressure control valve）相关词：压力阀&。【机械】

压力双折射*⟶应力双折射【物理】

压力弹簧*⟶压紧弹簧【机械】

压力铸造（die casting）相关词：压铸&；拉模铸造*，压模铸造*，硬模铸造*。【机械】

压模*⟶造型【机械】

压模铸造*⟶压力铸造【机械】

压迫绷带法（pressure bandaging）相关词：加压包扎*。【医】

压迫疗法1（pressure therapy）相关词：按压治疗*。【医】

压迫疗法2*⟶加压疗法【医】

压缩比（compression ratio）相关词：压缩率*。【信息】

压缩率*⟶压缩比【信息】

压铸&⟶压力铸造【机械】

压铸模*⟶注射模【机械】

牙半切除术*⟶半切牙术【医】

牙本质过敏&⟶牙本质过敏症【医】

牙本质过敏症（dental hypersensitiveness）相关词：牙本质过敏&；牙本质敏感症*。【医】

牙本质敏感症*⟶牙本质过敏症【医】

牙槽骨修整术（alveoloplasty）相关词：牙槽骨整形术*。【医】

牙槽骨整形术*⟶牙槽骨修整术【医】

牙齿分离器*⟶分牙器【医】

牙疙瘩#⟶越桔【农】

牙颌组织*⟶口颌系统【医】

牙菌斑（dental plaque）相关词：齿斑*，芽斑*。【医】

牙嵌离合器（jaw clutch）相关词：颚式离合器*，爪盘离合器*。【机械】

牙嵌式制动器（jaw brake）相关词：爪闸*。【机械】

牙髓周牙本质*⟶髓周牙本质【医】

牙龈界面*⟶龈牙结合部【医】

牙龈退缩（gingival recession）相关词：牙龈萎缩*。【医】

牙龈萎缩*⟶牙龈退缩【医】

牙龈整形术*⟶龈成形术【医】

牙隐裂（cracked tooth）相关词：隐裂牙*。【医】

芽斑*⟶牙菌斑【医】

芽孢（gemma）相关词：芽胞*。【生物】

芽胞*⟶芽孢【生物】

芽胞柄*⟶孢子梗【生物】

芽胞房囊*⟶孢子果【生物】

芽生（gemmation）相关词：出芽*，发芽生殖*。【生物】

哑指标*⟶傀标【物理】

轧件*⟶工件【机械】

轧制摩擦*⟶滚动摩擦【机械】【力】【物理】

亚晶&⟶亚晶粒【材料】【地质】【机械】【物理】【冶金】

亚晶格（sublattice）相关词：次晶格*。【物理】

亚晶界（subgrain boundary）相关词：次晶界*。【材料】【机械】【冶金】

亚晶粒（subgrain）相关词：亚晶&；次晶粒*，二次晶粒*，副结晶粒*。【材料】【地质】【机械】【物理】【冶金】

亚声波*⟶次声波【物理】

亚声速（subsonic speed）相关词：次声速*，次音速*。【物理】

亚铁磁性（ferrimagnetism）相关词：次铁磁性*，铁酸盐磁性*，铁氧体磁性*。【电】【化学】【物理】【信息】【冶金】

亚温淬火（intercritical hardening）相关词：临界区淬火#。【机械】

亚稳态（metastable state）相关词：介稳态*，介稳状态*，亚稳状态*，准稳态*。【化工】

亚稳状态*⟶亚稳态【化工】

氩弧焊（argon shielded arc welding）相关词：氩护电弧焊*。【机械】

氩护电弧焊*⟶氩弧焊【机械】

yan

咽喉麻痹 1*→喉麻痹【医】

咽喉麻痹 2*→咽麻痹【医】

咽后脓疡*→咽后脓肿【医】

咽后脓肿（retropharyngeal abscess）相关词：咽后脓疡*。【医】

咽麻痹（pharyngoparalysis）相关词：咽喉麻痹*。【医】

烟碱酰胺*→烟酰胺【生物】

烟酸缺乏症#→糙皮病【医】

烟雾吸入伤*→烟雾吸入损伤【医】

烟雾吸入损伤（smoke inhalation injury）相关词：烟雾吸入伤*。【医】

烟酰胺（nicotinamide；niacinamide）相关词：烟碱酰胺*。【生物】

烟熏剂*→熏剂【农】【药】

烟蒸剂*→熏剂【农】【药】

阉割*→去雄【林】【农】【生物】

延迟时间（delay time）相关词：延时&；缓发时间*，滞后时间*。【信息】

延伸系数（coefficient of elongation）相关词：伸长系数*。【机械】

延时&→延迟时间【信息】

延续生命支持（prolonged life support）相关词：长程生命支持*，持续生命支持*，继续生命支持*。【医】

严重急性呼吸道症候群*→严重急性呼吸道综合征【医】

严重急性呼吸道综合征（severe acute respiratory syndrome；SARS）相关词：非典&，非典型肺炎&；传染性非典型肺炎#，严重急性呼吸综合征#，重症急性呼吸综合征#；萨斯*，严重急性呼吸道症候群*，严重急性呼吸道综合症*。【医】

严重急性呼吸道综合症*→严重急性呼吸道综合征【医】

严重急性呼吸综合征#→严重急性呼吸道综合征【医】

严重联合免疫缺陷*→重症联合免疫缺陷【医】

言语合成#→语音合成【信息】

言语障碍*→发声困难【医】

岩盐 1（rock salt）相关词：石盐*。【海洋】【化学】

岩盐 2*→石盐 1【材料】【地质】【化工】

炎性假瘤*→假性肿瘤【医】

盐键*→离子键【化学】

盐溶效应*→盐效应【化工】

盐生植物（halophyte）相关词：盐土植物*。【生物】

盐土（solonchak）相关词：白碱土*。【土壤】

盐土植物*→盐生植物【生物】

盐析效应*→盐效应【化工】

盐洗淬火*→盐浴淬火【机械】

盐效应（salt effect）相关词：盐溶效应*，盐析效应*。【化工】

盐浴淬火（salt bath hardening）相关词：盐洗淬火*。【机械】

盐浴氮碳共渗剂（salt bath nitrocarburizing medium）相关词：液体氮碳共渗剂#。【机械】

盐浴渗碳（salt bath carburizing）相关词：液体渗碳#。【机械】

盐浴碳氮共渗剂（carbonitriding salt medium）相关词：液体碳氮共渗剂#。【机械】

颜面肥大*⟶巨颌症【医】

颜色集合*⟶色集【信息】

颜色平衡*⟶色平衡【信息】

衍射分解（diffractive dissociation）相关词：绕射分解*，衍射分裂*。【物理】

衍射分裂*⟶衍射分解【物理】

衍射光环*⟶衍射晕【物理】

衍射晕（diffraction halo）相关词：绕射晕*，衍射光环*。【物理】

掩码（mask）相关词：屏蔽码*，罩码*。【信息】

眼白化病（ocular albinism）相关词：眼型白化症*。【医】

眼部缺血症候群*⟶眼缺血综合征【医】

眼带状疱疹（herpes zoster ophthalmicus）相关词：带状疱疹性眼病*。【医】

眼底黄斑*⟶眼底黄色斑点症【医】

眼底黄色斑点症（fundus flavimaculatus; Stargardt disease）相关词：黄斑性眼底*，黄色斑点状眼底病*，眼底黄斑*。【医】

眼干燥症（ophthalmoxerosis; xerophthalmia）相关词：干眼病*。【医】

眼睑（eyelid）相关词：眼皮*。【生物】

眼睑痉挛（blepharospasm）相关词：睑痉挛&；眼轮匝肌痉挛*。【医】

眼眶内容物剜出术*⟶眶内容摘除术【医】

眼眶内容物摘除术*⟶眶内容摘除术【医】

眼轮匝肌痉挛*⟶眼睑痉挛【医】

眼内异物定位&⟶眼内异物定位法【医】

眼内异物定位法（localization of intraocular foreign body）相关词：眼内异物定位&；眼异物定位*。【医】

眼皮*⟶眼睑【生物】

眼疲劳*⟶视疲劳【医】

眼缺血综合征（ocular ischemia syndrome）相关词：眼部缺血症候群*。【医】

眼型白化症*⟶眼白化病【医】

眼异物定位*⟶眼内异物定位法【医】

演算法分析*⟶算法分析【信息】

厌氧分解（anaerobic decomposition）相关词：无氧分解*，嫌氧分解*。【海洋】【化工】【土壤】

验证中心*⟶鉴权中心【信息】

赝弹性（pseudoelasticity）相关词：伪弹性*。【物理】

赝张量（pseudotensor）相关词：伪张量*。【物理】

▲无标记且有英文对译的，为“规范词”。▲标“&”的为“简称”，可与规范词等效使用。
▲标“#”的为“又称”，不推荐使用。▲标“*”的为“非规范词”，不能使用。

yang

扬花阶段*→开花期【农】

羊癫疯*→癫痫【医】

羊角疯*→癫痫【医】

羊痫疯*→癫痫【医】

阳电子*→正电子【信息】

阳极 (anode) 相关词：氧化极*，正极*。【物理】【信息】

阳极保护 (anodic protection) 相关词：阳极防蚀*。【机械】

阳极防蚀*→阳极保护【机械】

阳螺纹*→外螺纹【机械】

阳萎*→勃起功能障碍【医】

阳痿#→勃起功能障碍【医】

杨氏模量#→弹性模量【材料】【计量】【力】【冶金】

洋干漆#→紫胶片【林】

仰视图 (bottom view) 相关词：底视图*。【机械】

氧吹管切割*→氧矛切割【机械】

氧氮共渗 (oxynitriding) 相关词：氧氮化#。【机械】

氧氮化#→氧氮共渗【机械】

氧化极*→阳极【物理】【信息】

氧化数 (oxidation number) 相关词：氧化值*。【化学】

氧化物阴极 (oxide coated cathode) 相关词：镀氧化物负电极*。【信息】

氧化值*→氧化数【化学】

氧矛切割 (oxygen lance cutting) 相关词：氧吹管切割*，氧切割*。【机械】

氧气切割*→气割【机械】

氧切割*→氧矛切割【机械】

氧氢焰*→氢氧焰【机械】

氧属元素*→硫属元素【化学】

氧族元素*→硫属元素【化学】

养地作物 (soil improving crop) 相关词：益土作物*。【农】

养分耗竭 (nutrient depletion) 相关词：土壤贫瘠化*，养分消耗*，营养耗竭*。【土壤】

养分浓度 (nutrient concentration) 相关词：营养浓度*【土壤】

养分平衡 (nutrient balance) 相关词：营养平衡*。【土壤】

养分消耗*→养分耗竭【土壤】

样条函数 (spline function) 相关词：仿样函数*。【化工】

yao

腰麻*→脊椎麻醉【医】

遥操作 (teleoperation) 相关词：遥控操作*。【信息】

遥测1 (telemetry) 相关词：遥感勘测*，远测*。【信息】

遥测2*→遥感【信息】

遥端访问*→远程访问【信息】

遥感 (remote sensing) 相关词：遥测*，远距离读出*。【信息】

遥感勘测*→遥测1【信息】

遥控操作*→遥操作【信息】

遥控动力学*⟶远动学【信息】

遥控机械学*⟶远动学【信息】

遥调（remote regulating）相关词：远程调节*，远距离调节*。【信息】

遥现（telepresence）相关词：远程呈现*，远程显示*。【信息】

咬死（seizure）相关词：卡住*，咬粘*。【机械】

咬粘*⟶咬死【机械】

药敏*⟶药物过敏反应【药】

药物变态反应（drug allergy）相关词：药物过敏*。【药】

药物过敏*⟶药物变态反应【药】

药物过敏反应（drug anaphylaxis）相关词：药敏*，药物急性过敏*。【药】

药物急性过敏*⟶药物过敏反应【药】

要径*⟶关键路径【信息】

钥匙开关*⟶键式开关【机械】

ye

冶金显微镜*⟶金相显微镜【机械】

野外试验*⟶田间试验【土壤】

野外现场试验*⟶田间试验【土壤】

业务接入点*⟶服务访问点【信息】

业务量管理（traffic management；TM）相关词：流量管理#。【信息】

业务量控制（traffic control）相关词：流量控制#；通信量控制*。【信息】

叶托*⟶托叶【生物】

叶状乳头炎（foliate papillitis）相关词：舌乳头炎*。【医】

页池（page pool）相关词：页面池*，页面共用区*，主页池*。【信息】

页地址（page address）相关词：页面地址*，页面位址*。【信息】

页面池*⟶页池【信息】

页面地址*⟶页地址【信息】

页面方式*⟶页模式【信息】

页面共用区*⟶页池【信息】

页面位址*⟶页地址【信息】

页模式（page mode）相关词：页面方式*。【信息】

页式存储系统（paged memory system）相关词：分页记忆体系统*，分页式存储系统*。【信息】

页式打印机（page printer）相关词：页式印刷机*，页式印字机*。【信息】

页式印刷机*⟶页式打印机【信息】

页式印字机*⟶页式打印机【信息】

曳引机*⟶拖拉机【机械】【林】

夜磨牙症（bruxism）相关词：磨牙症*，睡中磨牙*。【医】

液化热（heat of liquefaction）相关词：冷凝热*。【化学】

液色谱法*⟶液相色谱法【机械】

液态氮化*⟶液体渗氮【机械】

液态渗氮*⟶液体渗氮【机械】

液体层析法*⟶液相色谱法【机械】

液体氮碳共渗（salt bath nitrocarburizing）相关词：软氮化#。【机械】

液体氮碳共渗剂#⟶盐浴氮碳共渗剂【机械】

液体摩擦*⟶流体摩擦【机械】

液体粘性离合器*⟶湿式离合器【机械】

液体硼化*⟶液体渗硼【机械】

液体润滑（fluid lubrication）相关词：流体润滑*。【机械】

液体色谱分析仪*⟶液相色谱仪【机械】

液体渗氮（liquid nitriding）相关词：液态渗氮*，液态氮化*。【机械】

液体渗硼（liquid boriding）相关词：液体硼化*。【机械】

液体渗碳#⟶盐浴渗碳【机械】

液体碳氮共渗（cyaniding）相关词：氰化#。【机械】

液体碳氮共渗剂#⟶盐浴碳氮共渗剂【机械】

液相色层分析法*⟶液相色谱法【机械】

液相色谱法（liquid chromatography）相关词：液色谱法*，液体层析法*，液相色层分析法*。【机械】

液相色谱仪（liquid chromatograph）相关词：液体色谱分析仪*。【机械】

液压泵（hydraulic pump）相关词：水力泵*，水压帮浦*，水压泵*。【机械】

液压锤（hydraulic hammer）相关词：水压锤*。【机械】

液压剪板机（hydraulic plate shear; hydraulic guillotine shear）相关词：液压剪床*，液压剪切板机*，液压剪切机*。【机械】

液压剪床*⟶液压剪板机【机械】

液压剪切板机*⟶液压剪板机【机械】

液压剪切机*⟶液压剪板机【机械】

液压控制式制动器*⟶液压制动器【机械】

液压刹*⟶液压制动器【机械】

液压闸*⟶液压制动器【机械】

液压制动器（hydraulically controlled brake）相关词：液压控制式制动器*，液压刹*，液压闸*。【机械】

yi

一般编码*⟶通用编码【信息】

一侧肢体共济失调*⟶克洛德综合征【医】

一次结晶#⟶结晶【机械】

一致性（consistency）相关词：和谐性*，协调性*。【大气】【电】【海洋】【化工】【信息】

一致性测试（conformance test）相关词：符合性测试*。【信息】

伊妹儿*⟶电子邮件【信息】

衣原体性结膜炎（chlamydial conjunctivitis）相关词：披衣菌结膜炎*。【医】

医疗急救系统*⟶急诊医疗体系【医】

仪表电动机*⟶仪表电机【机械】

仪表电机（instrument motor）相关词：仪表电动机*，仪表马达*，仪器用电动机*。【机械】

仪表马达*⟶仪表电机【机械】

仪表着陆系统（instrument landing system）相关词：仪器导降系统*，仪器降落系统*。【信息】
仪器导降系统*⟶仪表着陆系统【信息】
仪器降落系统*⟶仪表着陆系统【信息】
仪器用电动机*⟶仪表电机【机械】
胰岛分离（islet isolation）相关词：胰岛细胞分离*。【医】
胰岛细胞分离*⟶胰岛分离【医】
胰高糖素*⟶胰高血糖素【生物】
胰高血糖素（glucagon）相关词：胰高糖素*，胰增血糖素*。【生物】
胰高血糖素试验*⟶胰升糖素试验【医】
胰升糖素试验（glucagon test）相关词：胰高血糖素试验*。【医】
胰性腹水*⟶胰源性腹水【医】
胰源性腹水（pancreatic ascites）相关词：胰性腹水*。【医】
胰增血糖素*⟶胰高血糖素【生物】
移动干线发送通信*⟶集群调度移动通信【信息】
移动集群调度通信*⟶集群调度移动通信【信息】
移位寄存器（shift register）相关词：移位暂存器*。【信息】
移位聚合*⟶易位聚合【化学】
移位暂存器*⟶移位寄存器【信息】
遗传基因*⟶基因【生物】
遗传基因工程*⟶基因工程【化工】【生物】
遗传侵蚀（genetic erosion）相关词：基因流失*，基因侵蚀*。【农】
遗传性果糖不耐受症（hereditary fructose intolerance）相关词：遗传性果糖失耐症*。【医】
遗传性果糖失耐症*⟶遗传性果糖不耐受症。【医】
遗传性球形红细胞增多症（hereditary spherocytosis）相关词：遗传性球形细胞增多症*，遗传性球状血球症*。【医】
遗传性球形细胞增多症*⟶遗传性球形红细胞增多症【医】
遗传性球状血球症*⟶遗传性球形红细胞增多症【医】
乙太网*⟶以太网【信息】
已闭文件（closed file）相关词：闭合档案*，封闭档案*，关闭的文件*。【信息】
已开档案*⟶已开文件【信息】
已开文件（opened file）相关词：打开的文件*，已开档案*。【信息】
以太网（Ethernet）相关词：乙太网*。【信息】
倚焊*⟶重力焊【机械】
异常结束*⟶异常中止【信息】
异常散射*⟶反常散射【化学】【物理】
异常中止（abort）相关词：异常结束*，异常终止*。【信息】
异常终止*⟶异常中止【信息】

异成分熔化（incongruent melting）相关词：异成分熔融*。【物理】
异成分熔融*⟶异成分熔化【物理】
异动症*⟶运动障碍【医】
异构系统#⟶非均相系统【化工】【化学】【信息】【冶金】
异构型系统#⟶非均相系统【化工】【化学】【信息】【冶金】
异号电荷*⟶异极电荷【物理】
异化代谢*⟶分解代谢【化工】【生物】
异化作用*⟶分解代谢【化工】【生物】
异极电荷（heterocharge）相关词：异号电荷*。【物理】
异交*⟶远交【农】
异色性虹膜睫状体炎（heterochromic iridocyclitis）相关词：虹膜异色虹彩炎*。【医】
异位胚胎*⟶不定胚【生物】
异位涎腺（heterotopic salivary gland）相关词：异位性唾液腺*。【医】
异位性唾液腺*⟶异位涎腺【医】
异系交配*⟶远交【农】
异型增生#⟶不典型增生【医】
异质结双极场效应晶体管*⟶异质结双极晶体管【信息】
异质结双极晶体管（heterojunction bipolar transistor）相关词：异质结双极场效应晶体管*。【信息】
异质系统*⟶非均相系统【化工】【化学】【信息】【冶金】
抑泡剂（foam inhibitor）相关词：防泡剂*。【化学】
抑郁性神经症（depression neurosis）相关词：抑郁症&；忧郁症*。【医】
抑郁症&⟶抑郁性神经症【医】
抑制脉波*⟶禁止脉冲【信息】
抑制输入*⟶禁止输入【信息】
译码器*⟶代码转换器【机械】【信息】
易失性存储器（volatile memory）相关词：非永久性存储器*。【信息】
易位聚合（metathesis polymerization）相关词：移位聚合*。【化学】
易用性*⟶可用性【机械】【信息】
易植性*⟶可移植性【信息】
益土作物*⟶养地作物【农】
逸出功#⟶功函数【计量】
溢出（overflow）相关词：超限*，上溢*，溢位*。【信息】
溢出检查（overflow check）相关词：溢出检验*，溢流核对*。【信息】
溢出检验*⟶溢出检查【信息】
溢出路由*⟶溢呼路由【信息】
溢出区（overflow area）相关词：溢流区*。【信息】
溢呼路由（overflow route）相关词：超过业务量路由*，溢出路由*。【信息】
溢流核对*⟶溢出检查【信息】
溢流区*⟶溢出区【信息】
溢位*⟶溢出【信息】
翼形螺钉（wing screw）相关词：蝶形螺钉#；元宝螺丝*。【机械】
翼形螺母（wing nut）相关词：蝶螺钉

帽*，蝶形螺帽*，蝶形螺母*，元宝螺母*。【机械】

翼缘#⟶法兰【公路】【化工】【机械】【铁道】

yin

因特网（Internet）相关词：国际互联网*。【信息】

因特网出现点*⟶因特网接入点【信息】

因特网电话（Internet phone; IP phone）相关词：互联网电话#，IP电话#；国际互联网电话*。【信息】

因特网接入点（point of presence）相关词：互联网接入点*，因特网出现点*。【信息】

阴极（cathode）相关词：负电极*。【物理】【信息】

阴极保护（cathodic protection）相关词：阴极防蚀*。【机械】

阴极电辉*⟶阴极辉光【信息】

阴极防蚀*⟶阴极保护【机械】

阴极跟随器*⟶阴极输出器【信息】

阴极辉光（cathode glow）相关词：负电极辉光*，阴极电辉*。【信息】

阴极射线（cathode ray）相关词：负极射线*。【物理】

阴极射线管（cathode-ray tube）相关词：负极射线管*。【物理】

阴极输出器（cathode follower）相关词：阴极跟随器*。【信息】

阴茎鳞癌*⟶阴茎鳞状细胞癌【医】

阴茎鳞状细胞癌（squamous cell carcinoma of penis）相关词：阴茎鳞癌*。【医】

阴螺纹*⟶内螺纹【机械】

阴阳人*⟶真两性畸形【医】

音轨（audio track）相关词：声轨*。【信息】

音频（audio frequency）相关词：可听频率*，声频*。【信息】

音频道*⟶话路【信息】

音频合成（audio synthesis）相关词：声频合成*，声音合成*。【信息】

音频混频器*⟶混音器【信息】

音频通道*⟶话路【信息】

音强*⟶声强度【机械】

音强度计*⟶声强计【物理】

音强计*⟶声强计【物理】

音效（sound effect）相关词：声效*，声效应*。【信息】

音压*⟶声压【力】【物理】

音压强度*⟶声压【力】【物理】

银镜检验*⟶银镜试验【化学】

银镜实验*⟶银镜试验【化学】

银镜试验（silver mirror test）相关词：银镜检验*，银镜实验*。【化学】

银量法（argentimetry）相关词：银液滴定法*。【化学】

银屑病（psoriasis）相关词：牛皮癣*【医】

银液滴定法*⟶银量法【化学】

龈成形术（gingivoplasty）相关词：牙龈整形术*，龈成型术*。【医】

龈成型术*⟶龈成形术【医】

龈口炎（gingivostomatitis）相关词：齿龈口腔炎*。【医】

龈牙结合部（dentogingival junction）相关词：牙龈界面*。【医】

引导式干扰（directed jamming）相关词：定向干扰*。【信息】

引导信道*⟶导频信道【信息】

引力红移（gravitational redshift）相关词：重力红移*，重力位移*。【物理】

引力凝聚（gravitational condensation）相关词：重力凝聚*。【物理】

引力漂移*⟶重力漂移【物理】

引力透镜（gravitational lens）相关词：重力透镜*。【物理】

引力质量（gravitational mass）相关词：重力质量*。【物理】

引燃能*⟶点火能【电】【航空】【物理】

引水沟*⟶渡槽【农】【水利】

隐蔽抗原（hidden antigen）相关词：隐藏性抗原*，隐性抗原*。【医】

隐蔽信道（covert channel）相关词：隐藏通道*。【信息】

隐藏通道*⟶隐蔽信道【信息】

隐藏文件（hidden file）相关词：隐式文件*，隐文件*。【信息】

隐藏性抗原*⟶隐蔽抗原【医】

隐裂牙*⟶牙隐裂【医】

隐匿性中耳炎*⟶隐性中耳炎【医】

隐式文件*⟶隐藏文件【信息】

隐私权保护*⟶专用保护【信息】

隐文件*⟶隐藏文件【信息】

隐性抗原*⟶隐蔽抗原【医】

隐性中耳炎（latent otitis media）相关词：隐匿性中耳炎*。【医】

印刷元件*⟶印制元件【信息】

印制板&⟶印制电路板【信息】

印制电路板（printed-circuit board; PCB）相关词：印制板&。【信息】

印制元件（printed component）相关词：印刷元件*。【信息】

印字头*⟶打印头【信息】

ying

荧光屏（phosphor screen）相关词：萤光屏*。【信息】

荧光渗透检验*⟶荧光渗透探伤【机械】

荧光渗透探伤（fluorescent penetrant inspection）相关词：荧光渗透检验*，萤光渗透探伤*。【机械】

荧光数码管（fluorescent character-display tube）相关词：荧光特性显示管*，萤光字符显示管*。【机械】【信息】

荧光特性显示管*⟶荧光数码管【机械】【信息】

萤光屏*⟶荧光屏【信息】

萤光渗透探伤*⟶荧光渗透探伤【机械】

▲无标记且有英文对译的，为“规范词”。▲标“&”的为“简称”，可与规范词等效使用。
▲标“#”的为“又称”，不推荐使用。▲标“*”的为“非规范词”，不能使用。

荧光字符显示管*—→荧光数码管【机械】【信息】

萤石（fluorite）相关词：氟石*。【化学】

营养不良性水肿（nutritional edema）相关词：营养性水肿*。【医】

营养不足*—→贫营养性【土壤】

营养耗竭*—→养分耗竭【土壤】

营养浓度*—→养分浓度【土壤】

营养平衡*—→养分平衡【土壤】

营养性水肿*—→营养不良性水肿【医】

营养液（nutrient solution）相关词：培养液*。【土壤】

营养组织#—→薄壁组织【生物】【药】

颖果（caryopsis）相关词：壳果*。【生物】

影象复原*—→图像复原【信息】

影象匹配*—→图像匹配【信息】

影象通信*—→图像通信【信息】

应答分析*—→响应分析【信息】

应答时间*—→响应时间【物理】【信息】

应急按钮（emergency button）相关词：紧急按钮*。【信息】

应急开关*—→紧急开关【信息】

应急通信（emergency communication）相关词：紧急通信*。【信息】

应急医疗服务系统*—→急诊医疗体系【医】

应力双折射（piezobirefringence）相关词：形变双折射*，压力双折射*。【物理】

应用土壤学*—→农业土壤学【农】

映射地址（mapping address）相关词：对映地址*，对映位址*。【信息】

映射方式（mapping mode）相关词：对映方式*，对映模式*。【信息】

硬磁碟#—→硬磁盘【信息】

硬磁盘（hard disk; rigid disk）相关词：硬盘&，硬碟&；硬磁碟#。【信息】

硬蛋白（scleroprotein）相关词：硬朊*。【生物】

硬碟&—→硬磁盘【信息】

硬腭*—→骨腭【生物】

硬化防止剂*—→抗氧化剂【化学】

硬化剂#—→固化剂【船舶】【机械】

硬件检验（hardware check）相关词：硬件校验*，硬体核对*。【信息】

硬件校验*—→硬件检验【信息】

硬模铸造*—→压力铸造【机械】

硬膜下积液*—→硬脑膜下水瘤【医】

硬脑膜下积液#—→硬脑膜下水瘤【医】

硬脑膜下水瘤（subdural hydroma; subdural accumulation of fluid）相关词：硬脑膜下积液#；硬膜下积液*。【医】

硬盘&—→硬磁盘【信息】

硬朊*—→硬蛋白【生物】

硬体核对*—→硬件检验【信息】

硬停*—→硬停机【信息】

硬停机（hard stop）相关词：强行停机*，硬停*，硬性停机*。【信息】

硬性停机*—→硬停机【信息】

yong

永电体（electret）相关词：驻极体#。【物理】

永久记忆器*⟶固定存储器【信息】

永久性存储器*⟶固定存储器【信息】

永久性虚拟电路*⟶永久虚电路【信息】

永久虚电路（permanent virtual circuit；PVC）相关词：永久虚构电路*，永久性虚拟电路*。【信息】

永久虚构电路*⟶永久虚电路【信息】

用材林*⟶乔林【林】

用户超高速缓存*⟶私有高速缓存【信息】

用户存储器*⟶用户内存【信息】

用户服务*⟶客户服务【信息】

用户介面*⟶用户界面【信息】

用户界面（user interface）相关词：使用者界面*，用户介面*。【信息】

用户内存（user memory）相关词：使用者记忆器*，用户存储器*。【信息】

用户终端业务（teleservice）相关词：电传服务*。【信息】

用力肺活量（forced vital capacity）相关词：用力呼气肺活量*。【医】

用力呼气肺活量*⟶用力肺活量【医】

you

优先队列（priority queue）相关词：优先排队*。【信息】

优先排队*⟶优先队列【信息】

优先限*⟶极限优先级【信息】

忧郁*⟶忧郁症[1]【医】

忧郁症[1]（melancholia）相关词：忧郁*。【医】

忧郁症[2]*⟶抑郁性神经症【医】

幽门螺杆菌（helicobacter pylori；HP）相关词：幽门螺旋杆菌*。【医】

幽门螺旋杆菌*⟶幽门螺杆菌【医】

幽门前瓣膜（prepyloric diaphragm）相关词：幽门前隔膜*。【医】

幽门前隔膜*⟶幽门前瓣膜【医】

油淬*⟶油冷淬火【机械】

油淬火*⟶油冷淬火【机械】

油道（oil duct）相关词：油路*。【机械】

油风*⟶瘢痕性脱发【医】

油类粘结剂*⟶油类黏结剂【机械】

油类黏结剂（oil based binder）相关词：油类粘结剂*。【机械】

油冷淬火（oil hardening）相关词：油淬*，油淬火*。【机械】

油路*⟶油道【机械】

油雾润滑（mist lubrication）相关词：喷雾润滑*。【机械】

油浴润滑（bath lubrication）相关词：浸没润滑*。【机械】

疣性白斑*⟶疣状白斑【医】

疣样表皮发育不良*⟶疣状表皮发育不良【医】

疣样黄色瘤*⟶疣状黄瘤【医】

疣状白斑（verrucous leukoplakia）相关

词：疣性白斑*。【医】

疣状表皮发育不良（epidermodysplasia verruciformis）相关词：疣样表皮发育不良*。【医】

疣状黄瘤（verruciform xanthoma）相关词：疣样黄色瘤*。【医】

铀后元素（transuranium element；transuranic element）相关词：超铀元素#。【化学】【物理】

游标*—→游标卡尺【机械】

游标尺*—→游标卡尺【机械】

游标卡尺（vernier calliper）相关词：游标*，游标尺*，游尺*。【机械】

游程长度编码（run-length coding）相关词：运行长度编码*。【信息】

游尺*—→游标卡尺【机械】

游离*—→电离【大气】【电】【航天】【化工】【化学】【物理】【信息】【药】

游离齿龈*—→游离龈【医】

游离基反应*—→自由基反应【化学】

游离酶*—→解离酶【生物】

游离渗碳体*—→二次渗碳体【机械】

游离龈（free gingiva）相关词：游离齿龈*。【医】

游走性舌炎#—→地图样舌【医】

有多倍数染色体*—→多倍体【生物】

有隔子宫*—→双腔子宫【生物】

有功电流（active current）相关词：有效电流*。【物理】

有功功率（active power）相关词：功率&；平均功率#；可用功率*，有效功率*。【计量】【物理】

有害阻力（detrimental resistance）相关词：废阻力*。【机械】

有核红血球*—→成红血细胞【生物】

有机表层（histic epipedon）相关词：泥炭表层*。【土壤】

有机粘结剂*—→有机黏结剂【机械】

有机黏结剂（organic binder）相关词：有机粘结剂*。【机械】

有线电视（cable television）相关词：电缆电视*。【信息】

有效传导率*—→有效电导率【物理】

有效磁导率（effective permeability）相关词：有效导磁率*，有效导磁性*。【信息】

有效导磁率*—→有效磁导率【信息】

有效导磁性*—→有效磁导率【信息】

有效导电率*—→有效电导率【物理】

有效导热系数（effective thermal conductivity）相关词：有效热传导率*。【化工】

有效电导率（effective conductivity）相关词：有效传导率*，有效导电率*。【物理】

有效电流*—→有功电流【物理】

有效负荷*—→净荷【信息】

有效功率*—→有功功率【计量】【物理】

有效光网络*—→有源光网络【信息】

有效扩散率*—→有效扩散系数【化工】

有效扩散系数（effective diffusivity）相关词：有效扩散率*。【化工】

有效热传导率*⟶有效导热系数【化工】

有效数*⟶有效数字【物理】【信息】

有效数字（significant figure; significant digit）相关词：有效数*，有效位*。【物理】【信息】

有效位*⟶有效数字【物理】【信息】

有效性*⟶可用性【机械】【信息】

有效氧*⟶活性氧【化学】

有效页*⟶活动页【信息】

有效页面*⟶活动页【信息】

有效状态*⟶活动状态【信息】

有效阻力#⟶工作阻力【机械】

有用负荷*⟶净荷【信息】

有源成像系统（active imaging system）相关词：主动成像系统*。【物理】

有源跟踪（active tracking）相关词：主动跟踪*。【信息】

有源光网络（active optical network）相关词：有效光网络*。【信息】

有源光纤*⟶激活光纤【物理】【信息】

有源媒质*⟶激活介质【物理】

有源探测（active detection）相关词：主动探测*。【信息】

有源天线（active antenna）相关词：激励天线*。【信息】

有源制导（active guidance）相关词：主动导引*，主动寻的制导*，主动制导*。【信息】

幼红细胞*⟶成红血细胞【生物】

幼年纤维腺瘤（juvenile fibroadenoma）相关词：青春型纤维腺瘤*。【医】

幼年型糖尿病（juvenile-onset diabetes）相关词：青年型糖尿病*。【医】

诱变性（mutagenecity）相关词：致突变性*。【药】

诱导电磁*⟶电磁感应【电】【物理】

诱导电动势*⟶感应电动势【物理】

诱导电荷*⟶感生电荷【物理】

诱导电流*⟶感应电流【物理】

诱电率*⟶电容率1【物理】

诱发裂变（induced fission）相关词：诱生裂变*。【物理】

诱生裂变*⟶诱发裂变【物理】

yu

迂回路由*⟶迂回选路【信息】

迂回选路（alternative routing）相关词：交替路径选择*，交替路由*，迂回路由*，迂回中继*。【信息】

迂回中继*⟶迂回选路【信息】

淤斑*⟶瘀斑【医】

淤血斑*⟶出血斑【医】

瘀斑（ecchymosis）相关词：淤斑*，瘀血斑*。【医】

瘀血斑*⟶瘀斑【医】

余色*⟶补色【物理】【心理】【信息】

逾限&⟶逾限传输【信息】

逾限传输（jabber）相关词：逾限&；超时传输*，超限传输*。【信息】

逾限控制（jabber control）相关词：超时传输控制*，超时控制*，超限控

制*。【信息】

与碱共熔*⟶碱熔【化学】

宇称算符（parity operator）相关词：奇偶算子*。【物理】

宇宙尘（cosmic dust）相关词：星际尘#；宇宙尘埃*。【大气】【物理】

宇宙尘埃*⟶宇宙尘【大气】【物理】

宇宙光*⟶宇宙线【物理】

宇宙通信*⟶空间通信【信息】

宇宙通讯*⟶空间通信【信息】

宇宙微中子*⟶宇宙中微子【物理】

宇宙线（cosmic ray）相关词：宇宙光*。【物理】

宇宙中微子（cosmic neutrino）相关词：宇宙微中子*。【物理】

语法分析程序（parser）相关词：句法分析程序*。【信息】

语义场（semantic field）相关词：语义域*，语意场*。【信息】

语义域*⟶语义场【信息】

语意场*⟶语义场【信息】

语音（speech）相关词：话音*。【信息】

语音合成（speech synthesis）相关词：言语合成#；话音合成*。【信息】

语音通道*⟶话路【信息】

语音邮件*⟶话音邮件【信息】

玉米醇溶蛋白（zein）相关词：玉蜀黍蛋白*。【生物】

玉米红斑病#⟶糙皮病【医】

玉蜀黍蛋白*⟶玉米醇溶蛋白【生物】

预放大器*⟶前置放大器【信息】

预构皮瓣（prefabricated skin flap）相关词：预制皮瓣*。【医】

预加负荷*⟶预载荷【机械】

预加载*⟶预载荷【机械】

预净化*⟶初清【农】

预载荷（preload）相关词：预加负荷*，预加载*。【机械】

预制皮瓣*⟶预构皮瓣【医】

域模型*⟶领域模型【信息】

阈&⟶阈值【航天】【化工】【农】【信息】

阈能（threshold energy）相关词：低限能*，能限*。【物理】

阈值（threshold）相关词：阈&；阀值*，临界值*，门限值*。【航天】【化工】【农】【信息】

阈值电流（threshold current）相关词：门限电流*。【信息】

阈值电压（threshold voltage）相关词：门限电压*。【信息】

yuan

元宝螺母*⟶翼形螺母【机械】

元宝螺丝*⟶翼形螺钉【机械】

元病毒*⟶原病毒【生物】

元反应&⟶基元反应【冶金】

元纤1*⟶原纤丝【林】

元纤2*⟶原纤维1【材料】

元纤维*⟶原纤维1【材料】

园林学（landscape architecture）相关词：地景学*，景观设计学*。【林】

▲无标记且有英文对译的，为“规范词”。▲标“&”的为“简称”，可与规范词等效使用。
▲标“#”的为“又称”，不推荐使用。▲标“*”的为“非规范词”，不能使用。

原被子植物*⟶前被子植物【生物】

原病毒（provirus）相关词：前病毒#；元病毒*。【生物】

原动件#⟶主动件【机械】

原发闭经（primary amenorrhea）相关词：原发性闭经*。【医】

原发性闭经*⟶原发闭经【医】

原发性痛经*⟶功能性痛经【医】

原发性血小板减少性紫癜*⟶特发性血小板减少性紫癜【医】

原光源（primary source）相关词：初始光源*。【物理】

原核细胞（prokaryotic cell；prokaryocyte）相关词：早期核细胞*。【生物】

原浆细胞#⟶成浆细胞【生物】【医】

原棉*⟶籽棉【农】

原木等级（log grade）相关词：木材等级#。【林】

原始代码*⟶源代码【信息】

原始码*⟶源代码【信息】

原始细胞*⟶母细胞【医】

原噬菌体（prophage）相关词：前噬菌体*。【生物】

原态*⟶正态【物理】

原弹性蛋白（tropoelastin；proelastin）相关词：弹性蛋白原*。【生物】

原纤丝（protofibril）相关词：纤丝*，元纤*，原纤维*。【林】

原纤维1（fibril）相关词：纤丝*，元纤*，元纤维*。【材料】

原纤维2*⟶原纤丝【林】

原血红素*⟶血红素1【化学】

原子磁性共振*⟶核磁共振【信息】

原子核燃料*⟶核燃料【物理】

原子核自旋*⟶核自旋【物理】

原子价#⟶化合价【化学】

原子量1（atomic weight）相关词：相对原子质量#；原子重量*。【化学】

原子量2#⟶相对原子质量1【化学】

原子能*⟶核能【电】

原子能电池*⟶核电池【化学】

原子数*⟶原子序数1【化学】

原子吸收分光光度法*⟶原子吸收光谱法【机械】

原子吸收光谱测定法*⟶原子吸收光谱法【机械】

原子吸收光谱法（atomic absorption spectrometry）相关词：原子吸收分光光度法*，原子吸收光谱测定法*。【机械】

原子序*⟶原子序数1【化学】

原子序数1（atomic number）相关词：原子数*，原子序*。【化学】

原子序数2#⟶质子数【计量】

原子荧光光谱测定法*⟶原子荧光光谱法【机械】

原子荧光光谱法（atomic fluorescence spectrometry）相关词：原子荧光光谱测定法*，原子萤光光谱法*。【机械】

原子萤光光谱法*⟶原子荧光光谱法【机械】

原子质量*⟶核素X的原子质量【计量】

原子重量*⟶原子量1【化学】

圆饼图*—→饼形图【信息】

圆波数*—→角波数【计量】

圆滚线*—→摆线【机械】【数】

圆核瘤*—→圆柱瘤【医】

圆螺帽*—→圆螺母【机械】

圆螺母（round nut）相关词：圆螺帽*。【机械】

圆盘离合器*—→片式离合器【机械】

圆盘凸轮*—→盘形凸轮【机械】

圆盘闸*—→盘式制动器【机械】

圆盘制动器*—→盘式制动器【机械】

圆频率#—→角频率【机械】【计量】

圆丝板#—→辊轮【机械】

圆外旋轮线*—→外摆线【机械】

圆外旋线*—→外摆线【机械】

圆枕透镜*—→环面透镜【物理】

圆周速度（peripheral velocity）相关词：周缘速度*。【机械】

圆柱瘤（cylindroma）相关词：圆核瘤*。【医】

圆柱凸轮（cylindrical cam；drum cam）相关词：鼓形凸轮*，圆柱形凸轮*。【机械】

圆柱蜗杆（cylindrical worm）相关词：柱形蜗杆*。【机械】

圆柱销（cylindrical pin；straight pin；paraller pin）相关词：筒形销*。【机械】

圆柱形凸轮*—→圆柱凸轮【机械】

圆锥齿轮*—→锥齿轮【机械】

圆锥刹*—→圆锥制动器【机械】

圆锥销（conical pin；taper pin）相关词：锥形销*。【机械】

圆锥制动器（cone brake）相关词：圆锥刹*，锥形闸*。【机械】

源编码*—→源代码【信息】

源程式*—→源程序【信息】

源程序（source program）相关词：源程式*。【信息】

源代码（source code）相关词：源码&；根源码*，原始代码*，原始码*，源编码*。【信息】

源地址（source address）相关词：源位址*。【信息】

源极*—→信源【信息】

源码&—→源代码【信息】

源位址*—→源地址【信息】

源语*—→源语言【信息】

源语言（source language）相关词：源语*。【信息】

远测*—→遥测 1【信息】

远程办公 1（telework）相关词：远程工作*。【信息】

远程办公 2*—→家庭办公【信息】

远程参考*—→远程咨询【信息】

远程呈现*—→遥现【信息】

远程存取*—→远程访问【信息】

远程登陆*—→远程登录【信息】

远程登录（telnet）相关词：远程登陆*，远端登入*。【信息】

远程访问（remote access）相关词：远程存取*，遥端访问*。【信息】

远程工作*—→远程办公 1【信息】

远程教育（teleeducation；distance education）相关词：电传教育*，远距教育*。【信息】

远程进程调度*⟶远程进程调用【信息】

远程进程调用（remote process call；RPC）相关词：远程进程调度*。【信息】

远程调节*⟶遥调【信息】

远程显示*⟶遥现【信息】

远程咨询（telereference）相关词：远程参考*。【信息】

远动学（telemechanics）相关词：遥控动力学*，遥控机械学*。【信息】

远端登入*⟶远程登录【信息】

远交（outbreeding）相关词：异交*，异系交配*，远亲繁殖*，远亲杂交*。【农】

远距教育*⟶远程教育【信息】

远距离读出*⟶遥感【信息】

远距离调节*⟶遥调【信息】

远亲繁殖*⟶远交【农】

远亲杂交*⟶远交【农】

院前死亡*⟶到院死亡【医】

yue

约定参考标尺（conventional reference scale）相关词：参考值标尺#。【物理】

约化粘滞度*⟶还原黏度【机械】

月桂烯#⟶香叶烯【林】

月经过频*⟶月经频发【医】

月经频发（polymenorrhea）相关词：月经过频*。【医】

月经中期出血*⟶经间出血【医】

月牙键*⟶半圆键【机械】

跃迁辐射*⟶渡越辐射【物理】

越冬性（winter hardiness）相关词：抗寒性*。【农】【生物】

越桔（blueberry）相关词：牙疙瘩#；越橘*。【农】

越橘*⟶越桔【农】

yun

匀泡剂*⟶稳泡剂【化学】

匀速运动（uniform motion）相关词：等速运动*。【物理】

匀相反应*⟶均相反应【化学】

孕产妇*⟶产妇【医】

孕产期保健*⟶产前保健【医】

孕龄（gestational age）相关词：胎龄*。【医】

运材车*⟶拖拉机【机械】【林】

运动摩擦*⟶动摩擦【机械】

运动失能症*⟶运动障碍【医】

运动障碍（dyskinesia）相关词：异动症*，运动失能症*。【医】

运流电流（convection current）相关词：对流电流*。【物理】

运输链*⟶输送链【机械】

运算码*⟶操作码【信息】

运算下溢*⟶算术下溢【信息】

运算溢出*⟶算术上溢【信息】

运铁蛋白（transferrin）相关词：铁传递蛋白*，转铁蛋白*。【生物】
运行测试#⟶操作测试【信息】
运行长度编码*⟶游程长度编码【信息】
运行系统*⟶操作系统【信息】
晕光作用*⟶光晕【信息】

Z

za

杂光（parasitic light）相关词：附加光*，寄生光*。【物理】
杂晶铸铁*⟶麻口铸铁【机械】
杂乱噪声*⟶随机噪声【机械】
杂色光（heterochromatic light）相关词：多色光*。【物理】
杂讯*⟶噪声【物理】【信息】
杂讯容限*⟶噪声容限【信息】
杂讯抑制*⟶噪声抑制【信息】
杂质半导体*⟶非本征半导体【电】【机械】【信息】

zai

再定时*⟶重定时【信息】
再定向*⟶重定向【信息】
再读*⟶重读【信息】
再患乳牙龋*⟶继发龋【医】
再启动#⟶重新启动【信息】
再生率*⟶刷新速率【信息】
再生障碍性贫血（aplastic anemia）相关词：再障*。【医】
再现性*⟶可重复性【信息】
再障*⟶再生障碍性贫血【医】
在线设备#⟶联机设备【信息】
在线调试#⟶联机调试【信息】
载波（carrier wave）相关词：载频#。【物理】【信息】
载波传输（carrier transmission）相关词：载波发射*。【信息】
载波发射*⟶载波传输【信息】
载波感测*⟶载波侦听【信息】
载波监听*⟶载波侦听【信息】
载波检测*⟶载波侦听【信息】
载波漏泄*⟶载漏【信息】
载波侦听（carrier sense）相关词：载波感测*，载波监听*，载波检测*。【信息】
载荷系数（load factor）相关词：负荷系数*，载荷因数*。【机械】
载荷因数*⟶载荷系数【机械】
载荷子*⟶载流子【物理】【信息】
载流子（carrier; charge carrier; charge

carrying particle）相关词：带电载体粒子*，载荷子*，载子*。【物理】【信息】

载漏（carrier leak）相关词：载波漏泄*。【信息】

载频#⟶载波【物理】【信息】

载脂蛋白*⟶脱辅蛋白质【药】

载子*⟶载流子【物理】【信息】

zan

暂存器*⟶寄存器【信息】

暂存文件*⟶临时文件【信息】

暂时性错误*⟶软差错【信息】

暂时性档案*⟶临时文件【信息】

暂态混沌（transient chaos）相关词：瞬态无序*。【物理】

暂态平衡（transient equilibrium）相关词：过渡平衡*，瞬态平衡*。【物理】

暂态相干光学效应（transient coherent optical effect）相关词：瞬态相干光学效应*。【物理】

暂态运动（transient motion）相关词：瞬变运动*，瞬时运动*。【物理】

暂停状态#⟶挂起状态【信息】

zang

脏器损伤*⟶内脏伤【医】

zao

早搏*⟶期前收缩【医】

早产婴儿*⟶未成熟儿【医】

早期核细胞*⟶原核细胞【生物】

造孢细胞*⟶孢子母细胞【生物】

造林学*⟶森林培育学【林】

造形#⟶建模【信息】

造型（molding）相关词：模压*，模制*，压模*，制模*。【机械】

造釉细胞瘤*⟶成釉细胞瘤【医】

噪声（noise）相关词：杂讯*，噪音*。【物理】【信息】

噪声容限（noise margin）相关词：杂讯容限*，噪音容限*。【信息】

噪声消减*⟶噪声抑制【信息】

噪声性聋（noise induced hearing loss）相关词：噪声性听力减退#；噪声性听力损失*，噪音性聋*。【医】

噪声性听力减退#⟶噪声性聋【医】

噪声性听力损失*⟶噪声性聋【医】

噪声抑制（noise reduction）相关词：杂讯抑制*，噪声消减*，噪音抑制*。【信息】

噪音*⟶噪声【物理】【信息】

噪音容限*⟶噪声容限【信息】

噪音性聋*⟶噪声性聋【医】

噪音抑制*⟶噪声抑制【信息】

zeng

增磷*⟶磷化【化学】【机械】

增粘剂*⟶增黏剂【化学】

增黏剂（tackifier; viscosity index improver）相关词：增粘剂*。【化学】

增强亮度*⟶加亮【信息】

增湿（humidification）相关词：湿润*。

【物理】

增塑剂（plasticizer）相关词：塑化剂*。【化学】

增塑作用（plasticization）相关词：塑化*，塑炼*。【化学】

增信码（augmented code）相关词：扩充码*，扩增码*。【信息】

增音段*⟶中继段【信息】

zha

轧辊轴承*⟶滚动轴承【机械】

闸*⟶制动器【机械】

闸块制动器#⟶块式制动器【机械】

闸轮*⟶制动轮【机械】

闸盘*⟶制动盘【机械】

闸皮*⟶制动衬片【机械】

闸瓦制动器#⟶块式制动器【机械】

zhai

摘心（pinching）相关词：打顶*，打尖*。【农】

窄带（narrowband）相关词：窄频带*。【信息】

窄频带*⟶窄带【信息】

zhan

粘连性中耳炎（adhesive otitis media）相关词：粘着性中耳炎*。【医】

粘着性中耳炎*⟶粘连性中耳炎【医】

展性铸铁*⟶可锻铸铁【机械】

栈（stack）相关词：堆叠*，堆栈*。【信息】

栈标记（stack marker）相关词：栈标志*。【信息】

栈标志*⟶栈标记【信息】

栈底（stack bottom）相关词：堆栈底层*。【信息】

栈区（stack area）相关词：堆栈区*。【信息】

战壕脚*⟶壕沟足【医】

站点（site）相关词：网站#。【信息】

站点名（site name）相关词：网站名#。【信息】

zhang

张紧轮（tension pulley）相关词：拉紧轮*，张力轮*。【机械】

张力轮*⟶张紧轮【机械】

张力应变*⟶拉伸应变【物理】

彰度（saturation）相关词：色饱和度*。【物理】

彰色（saturated color）相关词：饱和色*。【物理】

涨落场论（fluctuation field theory）相关词：波动场理论*。【物理】

zhao

着火能*⟶点火能【电】【航空】【物理】

爪盘离合器*⟶牙嵌离合器【机械】

爪闸*⟶牙嵌式制动器【机械】

找错*⟶故障查找【信息】

照度&⟶光照度【电】【机械】【计量】【建】【林】【物理】

照明度*⟶光照度【电】【机械】【计量】【建】【林】【物理】

罩码*⟶掩码【信息】

罩式炉（bell-type furnace）相关词：罩式烧结炉*，钟式熔炉*，钟形火炉*，钟形炉*。【机械】

罩式烧结炉*⟶罩式炉【机械】

zhe

折光度#⟶屈光度【计量】

折光率#⟶折射率【机械】

折合粘度*⟶还原黏度【机械】

折射率（refractive index）相关词：折光率#。【机械】

褶积定理*⟶卷积定理【信息】

zhen

针齿轮（pin wheel）相关词：针轮&。【机械】

针辊*⟶滚针【机械】

针轮&⟶针齿轮【机械】

针状结构*⟶针状组织【机械】

针状组织（acicular structure）相关词：针状结构*。【机械】

侦误*⟶检错【信息】

侦误码*⟶检错码1【信息】

帧不同步*⟶帧失步【信息】

帧丢失（loss-of-frame）相关词：帧衰减*，帧损耗*。【信息】

帧率（frame rate）相关词：框速率*。【信息】

帧频（frame frequency）相关词：框频*。【信息】

帧失步（out-of-frame）相关词：帧不同步*，帧失调*。【信息】

帧失调*⟶帧失步【信息】

帧衰减*⟶帧丢失【信息】

帧损耗*⟶帧丢失【信息】

帧同步（frame synchronization）相关词：框同步*，码框同步*。【信息】

帧中继（frame relay）相关词：迅框中继*。【信息】

真比重*⟶真密度【化学】

真菌毒素中毒症（mycotoxicosis）相关词：真菌中毒症&。【医】

真菌中毒症&⟶真菌毒素中毒症【医】

真空磁导率（permeability of vacuum）相关词：磁常数#。【计量】

真空电容率（permittivity of vacuum; dielectric constant of vacuum）相关词：真空介电常量#；真空介电常数*。【物理】

真空淀积*⟶真空镀膜【机械】

真空镀膜（vacuum deposition）相关词：真空淀积*。【机械】

真空焊接*⟶真空硬钎焊【机械】

真空夹盘*⟶真空吸盘【机械】

真空夹头*⟶真空吸盘【机械】

真空介电常量#⟶真空电容率【物理】

真空介电常数*⟶真空电容率【物理】

真空离子渗氮炉（ion nitriding vacuum furnace）相关词：离子氮化炉#。【机械】

真空密封造型#⟶负压造型【材料】【机械】

真空喷涂*⟶高压无气喷涂【材料】【机械】

真空态（vacuum state）相关词：真空状态*。【物理】

真空吸盘（vacuum chuck）相关词：真空夹盘*，真空夹头*。【机械】

真空吸铸（suction casting）相关词：抽吸浇注*，负压吸铸*，负压铸造*，真空铸造*。【机械】

真空压铸（evacuated die casting）相关词：负压压铸*。【机械】

真空硬焊*⟶真空硬钎焊【机械】

真空硬钎焊（vacuum brazing）相关词：真空焊接*，真空硬焊*。【机械】

真空铸造*⟶真空吸铸【机械】

真空状态*⟶真空态【物理】

真两性畸形（true hermaphroditism）相关词：两性人*，双性人*，阴阳人*，真性阴阳人*。【医】

真密度（true density）相关词：真比重*。【化学】

真胃*⟶皱胃【生物】

真性阴阳人*⟶真两性畸形【医】

诊断层（diagnostic horizon）相关词：判别层*。【土壤】

诊断程式*⟶诊断程序【信息】

诊断程序（diagnostic program）相关词：诊断程式*。【信息】

诊断核对*⟶诊断检验【信息】

诊断检验（diagnostic check）相关词：诊断核对*，诊断检验程序*，诊断校验*。【信息】

诊断检验程序*⟶诊断检验【信息】

诊断校验*⟶诊断检验【信息】

阵列（array）相关词：行列*。【信息】

阵列处理机*⟶数组处理器【信息】

阵列计算机*⟶数组处理器【信息】

阵列天线（array antenna）相关词：阵天线&；天线阵*。【信息】

阵天线&⟶阵列天线【信息】

振幅级差*⟶场量级【计量】

振幅检波*⟶幅度检波【信息】

振幅检测*⟶幅度检测【信息】

振幅鉴别器*⟶鉴幅器【信息】

振幅控制 1*⟶幅相控制 1【电】

振幅控制 2*⟶幅值控制 1【信息】

振幅噪声*⟶幅度噪声【信息】

振幅噪音*⟶幅度噪声【信息】

振实密度（tap density）相关词：夯实密度*。【机械】

震激管*⟶击波管【物理】

zheng

蒸镀*⟶气相沉积【材料】【航天】【化工】【化学】【机械】【物理】

蒸气沉积*⟶气相沉积【材料】【航天】【化工】【化学】【机械】【物理】

蒸汽*⟶水蒸气【电】【化工】【化学】【机械】

整比化合物（stoichiometric compound）相关词：定比化合物*，化学计量化合物*。【化学】

整合自动化*⟶集成自动化【信息】

整块传送*⟶成组传送【信息】

整流（rectification）相关词：检波*。【物理】

整流变压器（rectifier transformer）相关词：检波器变压器*。【信息】

整流晶体管*⟶开关晶体管【信息】

整流器（rectifier）相关词：检波器*。【物理】【信息】

整体法兰（integral flange）相关词：长径法兰#。【机械】

整体聚合*⟶本体聚合【材料】【化工】【化学】

整体热处理（bulk heat treatment）相关词：容积热处理*。【机械】

正常磁矩（normal magnetic moment）相关词：标准磁矩*。【物理】

正常反射*⟶规则反射【计量】

正常反射率*⟶规则反射比【计量】

正常溶液*⟶正规溶液【化工】

正常条件*⟶参比条件【电】【化工】

正常响应（normal response）相关词：标准响应*。【信息】

正常压力*⟶正压力【计量】

正齿齿轮*⟶直齿轮【机械】

正齿轮*⟶直齿轮【机械】

正穿透*⟶规则透射【计量】

正穿透率*⟶规则透射比【计量】

正电极*⟶正极1【信息】

正电子（positron）相关词：阳电子*。【信息】

正反应&⟶正向反应【化学】

正规反射*⟶规则反射【计量】

正规反射率*⟶规则反射比【计量】

正规模式*⟶简正模式【物理】

正规溶液（regular solution）相关词：正常溶液*。【化工】

正规形式*⟶范式【信息】

正规坐标*⟶简正坐标【物理】

正极1（positive electrode）相关词：正电极*。【信息】

正极2*⟶阳极【物理】【信息】

正交化（orthogonalization）相关词：直交化*。【化学】

正交晶系（orthorhombic system）相关词：斜方晶系*，正交系*。【化学】

正交系*⟶正交晶系【化学】

正面视图*⟶主视图【机械】

正面图*⟶主视图【机械】

正射投影*⟶正投影【机械】

正视图1*⟶立面图【机械】

正视图2*⟶主视图【机械】

正态（ortho state）相关词：原态*。【物理】

正态分布（normal distribution）相关词：标态分布*，常态分布*。【化学】【农】

正态随机噪声（normal random noise）相关词：高斯随机噪声#。【机械】
正投影（orthogonal projection）相关词：正射投影*。【机械】
正向反应（forward reaction）相关词：正反应&。【化学】
正压力（normal pressure）相关词：法向压力#；正常压力*。【计量】
症候群*⟶综合征【医】

zhi

支*⟶坎德拉【计量】
支撑软件*⟶支持软件【信息】
支持程序（support program）相关词：保持程式*，支援程序*。【信息】
支持软件（support software）相关词：保持软体*，后援软件*，支撑软件*。【信息】
支持系统（support system）相关词：支援系统*。【信息】
支光*⟶坎德拉【计量】
支气管扩张*⟶支气管舒张【生物】
支气管舒张（bronchodilatation）相关词：支气管扩张*。【生物】
支头螺丝*⟶紧定螺钉【机械】
支援程序*⟶支持程序【信息】
支援系统*⟶支持系统【信息】
枝菌酸*⟶分枝菌酸【医】
肢端发绀（acrocyanosis）相关词：肢端青紫症*。【医】
肢端骨质溶解（acro-osteolysis）相关词：肢端溶骨*。【医】
肢端红痛症*⟶红斑性肢痛症【医】
肢端青紫症*⟶肢端发绀【医】
肢端溶骨*⟶肢端骨质溶解【医】
肢接点*⟶关节点【信息】
脂肪抽吸&⟶脂肪抽吸术【医】
脂肪抽吸术（suction lipectomy；liposuction）相关词：脂肪抽吸&；抽脂*。【医】
脂肪分解酶（lipolytic enzyme）相关词：解脂酶*。【医】
脂肪过多症（lipomatosis）相关词：脂肪增多症*。【医】
脂肪酶（lipase）相关词：脂酶*。【生物】
脂肪增多症*⟶脂肪过多症【医】
脂酶*⟶脂肪酶【生物】
脂状相*⟶层状相【物理】
蜘蛛样指（arachnodactyly）相关词：蜘蛛指*。【医】
蜘蛛指*⟶蜘蛛样指【医】
直齿轮（spur gear）相关词：正齿齿轮*，正齿轮*。【机械】
直齿伞齿轮*⟶直齿锥齿轮【机械】
直齿锥齿轮（straight bevel gear）相关词：直齿伞齿轮*。【机械】
直观程序设计*⟶可视程序设计【信息】
直交化*⟶正交化【化学】
直角坐标#⟶笛卡儿坐标【测绘】【大气】【数】

直接地址*⟶立即地址【信息】

直接对映*⟶直接映射【信息】

直接干燥*⟶对流干燥【机械】

直接抗球蛋白试验（direct antiglobulin test）相关词：直接抗人球蛋白试验*。【医】

直接抗人球蛋白试验*⟶直接抗球蛋白试验【医】

直接透射#⟶规则透射【计量】

直接映射（direct mapping）相关词：直接对映*。【信息】

直流伺服电动机（direct current servomotor）相关词：直流伺服电机*，直流伺服马达*。【机械】

直流伺服电机*⟶直流伺服电动机【机械】

直流伺服马达*⟶直流伺服电动机【机械】

直通联接*⟶汇接【信息】

直通联接电路*⟶汇接电路【信息】

直透射比*⟶规则透射比【计量】

直线电动机（linear motor）相关词：线性电动机*，线性马达*。【机械】

直线全息术*⟶同轴全息术【物理】

植入体固位*⟶种植体固位【医】

植物荷尔蒙*⟶植物激素【化学】

植物化石*⟶植物石【土壤】

植物激素（phytohormone；plant hormone）相关词：植物荷尔蒙*，植物生长素*。【化学】

植物碱基*⟶生物碱【化学】【生物】

植物生长素*⟶植物激素【化学】

植物石（phytolite）相关词：植物化石*，植物岩*。【土壤】

植物岩*⟶植物石【土壤】

止动爪*⟶棘爪【机械】

止回阀*⟶单向阀【机械】

止逆阀*⟶单向阀【机械】

止推滚珠轴承*⟶推力球轴承【机械】

止推滚柱轴承*⟶推力滚子轴承【机械】

只读存储器（read-only memory；ROM）相关词：唯读存储器*，只读存贮器*。【信息】

只读存贮器*⟶只读存储器【信息】

指定*⟶指派【信息】

指定陈述*⟶赋值语句【信息】

指定优先*⟶指派优先级【信息】

指挥控制系统*⟶命令控制系统【信息】

指挥系统*⟶命令系统【信息】

指甲上皮*⟶甲上皮【生物】

指令重试（instruction retry）相关词：指令重执行*。【信息】

指令重执行*⟶指令重试【信息】

指令地址寄存器（instruction address register）相关词：顺序控制寄存器*，指令位址暂存器*。【信息】

指令高速缓冲存储器*⟶指令高速缓存【信息】

指令高速缓存（instruction cache）相关词：指令高速缓冲存储器*。【信息】

▲无标记且有英文对译的，为"规范词"。▲标"&"的为"简称"，可与规范词等效使用。
▲标"#"的为"又称"，不推荐使用。▲标"*"的为"非规范词"，不能使用。

指令格式 （command format） 相关词：命令格式*。【信息】

指令集 （instruction set） 相关词：指令系统#。【信息】

指令寄存器 （instruction register） 相关词：指令暂存器*。【信息】

指令监测 （command monitoring） 相关词：指令监控*。【信息】

指令监控*⟶指令监测【信息】

指令控制系统*⟶命令控制系统【信息】

指令位址暂存器*⟶指令地址寄存器【信息】

指令系统#⟶指令集【信息】

指令暂存器*⟶指令寄存器【信息】

指派 （assignment） 相关词：指定*。【信息】

指派叙述*⟶赋值语句【信息】

指派优先级 （assigned priority） 相关词：指定优先*。【信息】

指前因子 （preexponential factor） 相关词：频率因子#，指数前因子#。【化工】【化学】【计量】【冶金】

指示测微计*⟶杠杆千分尺【机械】

指数前因子#⟶指前因子【化工】【化学】【计量】【冶金】

指向天线*⟶定向天线【信息】

指向性#⟶方向性【信息】

指向性增益#⟶方向性增益【信息】

指向增益#⟶方向性增益【信息】

酯基转移*⟶酯交换【化学】

酯交换 （transesterification） 相关词：酯基转移*。【化学】

制动衬片 （brake lining） 相关词：摩擦片#；刹车皮*，闸皮*，制动带布*。【机械】

制动带布*⟶制动衬片【机械】

制动功#⟶单位摩擦功【机械】

制动功率#⟶单位摩擦功率【机械】

制动鼓 （brake drum） 相关词：轮闸鼓*。【机械】

制动轮 （brake wheel） 相关词：闸轮*。【机械】

制动盘 （brake disk） 相关词：闸盘*。【机械】

制动器 （brake） 相关词：刹车*，闸*。【机械】

制冷循环 （refrigeration cycle） 相关词：冷却循环*。【化工】

制轮爪*⟶棘爪【机械】

制模*⟶造型【机械】

制模砂*⟶型砂【机械】

制逆轮*⟶棘轮【机械】

质点加速度&⟶声质点加速度【计量】

质点速度&⟶声质点速度【计量】

质点位移&⟶声质点位移【计量】

质量 （mass） 相关词：重量*。【计量】

质量百分比*⟶质量分数【计量】

质量百分比浓度*⟶质量分数【计量】

质量百分数*⟶质量分数【计量】

质量饱和热容 （massic heat capacity at saturation） 相关词：比饱和热容#。

【计量】

质量定容热容 (massic heat capacity at constant volume) 相关词：比定容热容#。【计量】

质量定压热容 (massic heat capacity at constant pressure) 相关词：比定压热容#。【计量】

质量分数 (mass fraction) 相关词：重量百分比*，重量百分比浓度*，重量百分数*，质量百分比*，质量百分比浓度*，质量百分数*。【计量】

质量亥姆霍兹自由能 (massic Helmholtz free energy) 相关词：比亥姆霍兹函数#，比亥姆霍兹自由能#。【计量】

质量焓 (massic enthalpy) 相关词：比焓#。【计量】

质量活度 (massic activity) 相关词：比活度#。【计量】

质量吉布斯自由能 (massic Gibbs free energy) 相关词：比吉布斯函数#，比吉布斯自由能#。【计量】

质量流量 (mass flow rate) 相关词：流量*。【计量】

质量摩尔浓度 (molality) 相关词：重量莫耳浓度*。【化工】【化学】【计量】

质量内能#→质量热力学能【计量】

质量能 (massic energy) 相关词：比能#。【计量】

质量热力学能 (massic thermodynamic energy) 相关词：比热力学能#，质量内能#。【计量】

质量热容 (massic heat capacity) 相关词：比热容#。【计量】

质量热容比 (ratio of the massic heat capacities) 相关词：比热比#，比热容比#。【计量】

质量色层法*→质量色谱法【机械】

质量色谱法 (mass chromatography) 相关词：质量色层法*。【机械】

质量熵 (massic entropy) 相关词：比熵#。【计量】

质量体积 (massic volume) 相关词：比体积#；比容*。【计量】

质量旋光本领 (massic optical rotatory power) 相关词：比旋光本领#。【计量】

质谱法*→摄谱学【物理】

质子分离能 (proton separation energy) 相关词：最后一个质子结合能#。【计量】

质子数 (proton number) 相关词：原子序数#。【计量】

致癌物前体*→前致癌物【药】

致病性 (pathogenicity) 相关词：病原性*。【生物】

致活酶*→激酶【生物】

致冷剂*→冷剂【物理】

致密焊缝*→密封焊缝【机械】

致密天体 (compact object) 相关词：紧凑天体*。【物理】

致敏性*→变应原性【医】

致突变性*→诱变性【药】

窒息性胸廓发育不良 (asphyxiating thoracic dysplasia）相关词：胸廓窒息性发育不良*。【医】

智慧放大器*⟶智能放大器【信息】

智慧终端机*⟶智能终端【信息】

智力低下#⟶精神发育迟缓【医】

智力落后#⟶精神发育迟缓【医】

智能放大器（intelligence amplifier）相关词：智慧放大器*。【信息】

智能卡（smart card；IC card）相关词：积体卡*，集成电路卡*，精明卡*，灵巧卡*。【信息】

智能终端（intelligent terminal）相关词：智慧终端机*。【信息】

滞后时间*⟶延迟时间【信息】

滞留囊肿*⟶潴留囊肿【医】

滞流*⟶黏滞流【信息】

置标语言（markup language）相关词：标记语言#。【信息】

置换反应（displacement reaction）相关词：取代反应*。【化学】

置换合成*⟶代入复合【信息】

置换算法*⟶替换算法【信息】

置信水平（confidence level）相关词：可信基准*，可信水平*，信赖水平*。【化工】

置“0”*⟶复位【航海】【化工】【信息】

置“0”脉冲*⟶复位脉冲【信息】

zhong

中继段（repeater section）相关词：重发段*，增音段*。【信息】

中继局*⟶汇接局【信息】

中继器（repeater）相关词：转发器#。【信息】

中继站（relay station）相关词：接力站#。【信息】

中间玻色子（intermediate boson）相关词：媒介玻色子*。【物理】

中间产物（intermediate product）相关词：中间物*。【化工】

中间键*⟶居间键【物理】

中间态*⟶居间态【物理】

中间物*⟶中间产物【化工】

中间中子*⟶中能中子【物理】

中间状态*⟶居间态【物理】

中立均衡状态*⟶中性平衡【物理】

中能中子（intermediate neutron）相关词：共振中子*，媒介中子*，中间中子*。【物理】

中枢路由器*⟶主干路由器【信息】

中枢网络*⟶主干网【信息】

中微子振荡（neutrino oscillation）相关词：微中子振荡*，中微子震荡*。【物理】

中微子震荡*⟶中微子振荡【物理】

中文语音数位信号处理*⟶汉语语音数字信号处理【信息】

中文语音资讯处理*⟶汉语语音信息处理【信息】

中线电流*⟶中性流【物理】

中心齿轮*⟶太阳轮【机械】

中心光线*⟶中央光线【物理】
中心距&⟶带中心距【机械】
中性粒细胞*⟶多形核白细胞【医】
中性流（neutral current）相关词：中线电流*，中性线电流*。【物理】
中性平衡（neutral equilibrium）相关词：中立均衡状态*。【物理】
中性线电流*⟶中性流【物理】
中压汞灯（middle pressure mercury lamp）相关词：中压水银灯*。【机械】
中压水银灯*⟶中压汞灯【机械】
中央处理机#⟶中央处理器【信息】
中央处理器（central processing unit; CPU）相关词：中央处理机#。【信息】
中央光线（central ray）相关词：中心光线*。【物理】
中央性前置胎盘*⟶完全性前置胎盘【医】
中子分离能（neutron separation energy）相关词：最后一个中子结合能#。【计量】
终点地址#⟶目的地址【信息】
终端护理*⟶临终照料【医】
终端网*⟶终接网【信息】
终端用户*⟶最终用户【信息】
终极速度（terminal velocity）相关词：末端速度*。【力】【物理】
终接网（terminating network）相关词：终端网*。【信息】
终致癌物（ultimate carcinogens）相关词：最终致癌物*。【药】
钟摆*⟶摆【测绘】【化工】【力】【物理】
钟式熔炉*⟶罩式炉【机械】
钟形火炉*⟶罩式炉【机械】
钟形炉*⟶罩式炉【机械】
种别形成*⟶物种形成【生物】
种床*⟶苗床【农】
种晶*⟶籽晶【信息】
种系遗传学*⟶系统发生学【生物】
种子床*⟶苗床【农】
中毒性耳聋*⟶耳毒性聋【医】
种痘样水疱病*⟶牛痘样水疱病【医】
种植体固定*⟶种植体固位【医】
种植体固位（implant retention）相关词：植入体固位*，种植体固定*。【医】
重力焊（gravity feed welding）相关词：倚焊*，重力式电弧焊*。【机械】
重力红移*⟶引力红移【物理】
重力凝聚*⟶引力凝聚【物理】
重力漂移（gravitational drift）相关词：引力漂移*。【物理】
重力式电弧焊*⟶重力焊【机械】
重力透镜*⟶引力透镜【物理】
重力位移*⟶引力红移【物理】
重力质量*⟶引力质量【物理】
重量*⟶质量【计量】
重量百分比*⟶质量分数【计量】
重量百分比浓度*⟶质量分数【计量】
重量百分数*⟶质量分数【计量】
重量莫耳浓度*⟶质量摩尔浓度【化

▲无标记且有英文对译的，为"规范词"。▲标"&"的为"简称"，可与规范词等效使用。
▲标"#"的为"又称"，不推荐使用。▲标"*"的为"非规范词"，不能使用。

工】【化学】【计量】

重碳酸盐*⟶碳酸氢盐【化学】

重盐*⟶复盐【化学】

重症急性呼吸综合征#⟶严重急性呼吸道综合征【医】

重症加强护理病房#⟶重症监护治疗病房【医】

重症监护病房#⟶重症监护治疗病房【医】

重症监护治疗病房（intensive care unit; ICU）相关词：重症监护病房#；加护病房*，重症加强护理病房*。【医】

重症联合免疫缺陷（severe combined immunodeficiency）相关词：严重联合免疫缺陷*。【医】

zhou

周边处理机*⟶外围处理机【信息】

周边虹膜切除术（peripheral iridectomy）相关词：虹膜周边切除*。【医】

周边设备*⟶外围设备【信息】

周边装置*⟶外围设备【信息】

周率*⟶频率【信息】

周期码*⟶循环码1【信息】

周期性过程*⟶循环过程【化工】

周期性麻痹*⟶周期性瘫痪【医】

周期性瘫痪（periodic paralysis）相关词：周期性麻痹*。【医】

周期性载荷*⟶循环载荷【机械】

周期移位*⟶循环移位【信息】

周期载荷*⟶循环载荷【机械】

周缘速度*⟶圆周速度【机械】

轴衬*⟶轴承衬【机械】

轴承衬（bearing liner）相关词：轴衬*，轴承瓦*，轴承瓦衬套*，轴瓦*。【机械】

轴承环*⟶轴承套圈【机械】

轴承润油环*⟶轴承套圈【机械】

轴承套圈（bearing ring）相关词：轴承环*，轴承润油环*。【机械】

轴承瓦*⟶轴承衬【机械】

轴承瓦衬套*⟶轴承衬【机械】

轴间夹角*⟶轴交角【机械】

轴间角*⟶轴交角【机械】

轴间距*⟶带中心距【机械】

轴交角（shaft angle）相关词：轴间夹角*，轴间角*，轴角*。【机械】

轴角*⟶轴交角【机械】

轴套偶极子天线*⟶套筒偶极子天线【信息】

轴瓦*⟶轴承衬【机械】

轴向变形&⟶轴向变形量【机械】

轴向变形量（axial deflection）相关词：轴向变形&；轴向位移#。【机械】

轴向负荷*⟶轴向载荷【机械】

轴向负载*⟶轴向载荷【机械】

轴向位移#⟶轴向变形量【机械】

轴向载荷（axial load）相关词：轴向负荷*，轴向负载*。【机械】

肘关节外翻*⟶肘外翻【医】

肘外翻（cubitus valgus）相关词：肘关节外翻*。【医】

皱胃（abomasum）相关词：第四胃*，真胃*。【生物】

骤冷*⟶淬火【材料】【化工】【机械】【冶金】

zhu

珠蛋白生成障碍性贫血#⟶地中海贫血【医】

珠光体（pearlite）相关词：片层状珠光体#。【机械】

蛛网膜下腔麻醉*⟶脊椎麻醉【医】

蛛网膜下腔阻滞#⟶脊椎麻醉【医】

潴留囊肿（retention cyst）相关词：滞留囊肿*。【医】

烛光*⟶坎德拉【计量】

主板#⟶母板【信息】

主存&⟶主存储器【信息】

主存储器（main memory）相关词：主存&；主记忆器*。【信息】

主档*⟶主文件【信息】

主动成像系统*⟶有源成像系统【物理】

主动齿轮（driving gear）相关词：传动齿轮*，驱动齿轮*。【机械】

主动带轮（driving pulley）相关词：传动皮带轮*。【机械】

主动导引*⟶有源制导【信息】

主动跟踪*⟶有源跟踪【信息】

主动光纤*⟶激活光纤【物理】【信息】

主动件（driving link）相关词：原动件#；起始构件*，输入构件*。【机械】

主动链轮（driving chain wheel）相关词：主动轮&。【机械】

主动轮&⟶主动链轮【机械】

主动探测*⟶有源探测【信息】

主动寻的制导*⟶有源制导【信息】

主动制导*⟶有源制导【信息】

主干路由器（backbone router）相关词：中枢路由器*，主干线路由器*。【信息】

主干网（backbone network）相关词：基干网*，中枢网络*。【信息】

主干线路由器*⟶主干路由器【信息】

主观性耳鸣*⟶主觉性耳鸣【医】

主惯性轴#⟶惯性主轴【机械】

主光栅*⟶母光栅【物理】

主机板*⟶母板【信息】

主记忆器*⟶主存储器【信息】

主觉性耳鸣（subjective tinnitus）相关词：主观性耳鸣*。【医】

主密钥（master key）相关词：主钥*。【信息】

主视图（front view）相关词：前视图*，正面视图*，正面图*，正视图*。【机械】

主速率接口*⟶基群速率接口【信息】

主文件（master file）相关词：主档*。【信息】

主钥*⟶主密钥【信息】

主页池*⟶页池【信息】

贮存期（storage period）相关词：保藏期*，储存期*。【信息】

注册（log-in）相关词：登录#；登陆*，登入*。【信息】

注射泵（syringe pump）相关词：微量泵*。【药】

注射成形*⟶注射成型【化学】

注射成型（injection molding）相关词：喷射模塑*，喷射造型*，注射成形*。【化学】

注射模（injection mould）相关词：压铸模*，注射塑模*，注塑*。【机械】

注射塑模*⟶注射模【机械】

注塑*⟶注射模【机械】

注销（log-out；log-off；cancellation）相关词：退出*。【信息】

注油润滑*⟶滴油润滑【机械】

驻极体#⟶永电体【物理】

驻极体传声器（electret microphone）相关词：电介体扩音器*，驻极体扩音器*。【信息】

驻极体扩音器*⟶驻极体传声器【信息】

柱形蜗杆*⟶圆柱蜗杆【机械】

柱状晶（columnar crystal）相关词：柱状晶体*。【机械】

柱状晶体*⟶柱状晶【机械】

铸钢（cast steel）相关词：坩埚钢*，钢铸件*。【机械】

铸模*⟶铸型【机械】

铸铁（cast iron）相关词：锻铁*。【机械】

铸型（mold）相关词：铸模*。【机械】

铸造性*⟶铸造性能【机械】

铸造性能（castability）相关词：可铸性*，铸造性*，铸造质量*。【机械】

铸造质量*⟶铸造性能【机械】

zhua

抓握测试*⟶抓握反射【医】

抓握反射（grasping reflex）相关词：抓握测试*。【医】

zhuan

专线&⟶专用线路【信息】

专业词库#⟶术语数据库【信息】

专用保护（privacy protection）相关词：保密性保护*，隐私权保护*。【信息】

专用线路（dedicated line）相关词：专线&。【信息】

转氨基*⟶转氨基作用【生物】

转氨基作用（transamination）相关词：氨基交换*，氨基转化*，氨基转移*，转氨基*，转氨作用*。【生物】

转氨作用*⟶转氨基作用【生物】

转插&⟶转插头【信息】

转插头（patch plug）相关词：转插&；插头*，跨接插头*，转接插头*。【信息】

转发器#⟶中继器【信息】

转换*⟶切换【信息】

转换电容器*⟶开关电容器【信息】

转换系数（conversion coefficient）相关

词：变换系数*，换算系数*。【机械】

转基因（transgene）相关词：基因转植*，转殖基因*。【生物】

转接插头*⟶转插头【信息】

转接局*⟶汇接局【信息】

转接器*⟶交换子【数】【信息】

转入转出（roll-in/roll-out）相关词：调进调出*。【信息】

转铁蛋白*⟶运铁蛋白【生物】

转移1*⟶切换【信息】

转移2*⟶跳【信息】

转移函数*⟶传递函数【数】

转移性钙化*⟶迁徙性钙化【医】

转移指令（jump instruction）相关词：跳越指令*。【信息】

转折点*⟶拐点【化工】【化学】【机械】【数】

转殖基因*⟶转基因【生物】

转置（transposition）相关词：互换位置*。【信息】

转动半径*⟶回转半径【机械】

转动力矩*⟶转矩【机械】【物理】

转动粘度计*⟶旋转黏度计【机械】

转矩（torsional moment; torque）相关词：扭转力矩*，转动力矩*。【机械】【物理】

转矩电动机*⟶力矩电动机【机械】

转矩电机*⟶力矩电动机【机械】

转矩式电动机*⟶力矩电动机【机械】

转栅天线*⟶绕杆式天线【信息】

转筒滚镀*⟶滚镀【电】【航天】【机械】

zhuang

装配单元#⟶部件【机械】

装配件*⟶部件【机械】

装配图（assembly drawing）相关词：组装图*。【机械】

装箱退火（pack annealing）相关词：成叠退火*，堆垛退火*。【机械】

装置公差*⟶定位公差【机械】

状态变量（state variable）相关词：态变数*。【化工】

撞击粒子*⟶轰击粒子【物理】

撞击式列印机*⟶击打式打印机【信息】

zhui

锥齿轮（bevel gear）相关词：伞齿轮*，伞形齿轮*，圆锥齿轮*，锥形齿轮*。【机械】

锥轮（cone pulley）相关词：锥形轮*，锥形皮带轮*。【机械】

锥形齿轮*⟶锥齿轮【机械】

锥形键*⟶楔键【机械】

锥形轮*⟶锥轮【机械】

锥形皮带轮*⟶锥轮【机械】

锥形瓶（Erlenmeyer flask）相关词：爱伦美氏瓶*，爱伦美氏烧瓶*。【化学】

锥形销*⟶圆锥销【机械】

锥形闸*⟶圆锥制动器【机械】

zhun

准备状态*⟶就绪状态【信息】

准电子（quasi-electron）相关词：类电子*。【物理】

准分子激光器（excimer laser）相关词：受激分子雷射*，准分子雷射*。【机械】【信息】

准分子雷射*⟶准分子激光器【机械】【信息】

准同步网（plesiochronous network）相关词：近同步网*。【信息】

准稳态*⟶亚稳态【化工】

zhuo

桌上计算机*⟶台式计算机【信息】

着色*⟶染色【生物】

zi

姿势性蛋白尿*⟶体位性蛋白尿【医】

姿态运动*⟶角向运动【物理】

资料保护*⟶数据保护【信息】

资料处理系统*⟶数据处理系统【信息】

资料传输*⟶数据传输【信息】

资料档案库*⟶储存库【信息】

资料格式*⟶数据格式【信息】

资料管理*⟶数据管理【信息】

资料管理程式*⟶数据管理程序【信息】

资料汇流排*⟶数据总线[1]【信息】

资料获取*⟶数据采集【信息】

资料基*⟶数据库【信息】

资料结构*⟶数据结构【信息】

资料库*⟶数据库【信息】

资料流程*⟶数据流【信息】

资料流程图*⟶数据流图【信息】

资料媒介*⟶数据媒体【信息】

资料属性*⟶数据属性【信息】

资料通讯网*⟶数据通信网【信息】

资料项*⟶数据项【信息】

资料原流*⟶数据初始加工【信息】

资讯*⟶信息【信息】

资讯反馈*⟶信息反馈【信息】

资讯管理*⟶信息管理【信息】

资讯回馈*⟶信息反馈【信息】

资讯检索*⟶信息检索【信息】

资讯科学*⟶信息科学【信息】

资讯流*⟶信息流【信息】

资讯流程控制*⟶信息流向控制【信息】

资讯系统*⟶信息系统【信息】

资讯隐蔽*⟶信息隐蔽【信息】

资讯隐藏*⟶信息隐蔽【信息】

资讯源*⟶信息源【信息】

子板（daughter board）相关词：子插件板*。【信息】

子插件板*⟶子板【信息】

子代测定（progeny testing）相关词：系谱测验*。【林】

子宫残角妊娠（pregnancy in rudimentary horn）相关词：残角子宫妊娠*。【医】

子宫肌瘤切除术 (myomectomy) 相关词：子宫肌瘤剔除术*。【医】

子宫肌瘤剔除术*→子宫肌瘤切除术【医】

子宫角妊娠*→宫角妊娠【医】

子宫颈妊娠*→宫颈妊娠【医】

子宫颈腺囊肿 (Naboth cyst) 相关词：宫颈腺囊肿*。【医】

子宫内膜不规则脱落 (irregular shedding of endometrium) 相关词：子宫内膜脱卸不全*。【医】

子宫内膜脱卸不全*→子宫内膜不规则脱落【医】

子过程*→子进程【信息】

子进程 (subprocess) 相关词：子过程*。【信息】

子囊孢子 (ascospore) 相关词：囊孢子*，子囊芽孢*。【生物】

子囊地衣 (ascolichen) 相关词：囊菌地衣*。【生物】

子囊外壁 (ectoascus; ectotunica) 相关词：外子囊*。【生物】

子囊芽孢*→子囊孢子【生物】

子实体#→孢子果【生物】

子网 (subnet) 相关词：分支网络*。【信息】

子系统 (subsystem) 相关词：次级系统*，次系统*，次要系统*。【化工】【信息】

籽晶 (seed crystal) 相关词：种晶*。【信息】

籽棉 (seed cotton) 相关词：原棉*。【农】

紫绀#→发绀【医】

紫胶 (lac) 相关词：虫胶#。【林】

紫胶片 (shellac) 相关词：虫胶片#，片胶#，洋干漆#；虫漆*。【林】

紫外激光器 (ultraviolet laser) 相关词：紫外雷射*，紫外线激光器*。【机械】【信息】

紫外雷射*→紫外激光器【机械】【信息】

紫外显微镜 (ultraviolet microscope) 相关词：紫外线显微镜*。【机械】

紫外线激光器*→紫外激光器【机械】【信息】

紫外线显微镜*→紫外显微镜【机械】

自保持继电器 (latching relay) 相关词：封闭继电器*。【信息】

自沉积 (auto-deposition) 相关词：化学沉积#。【机械】

自触媒*→自催化【化学】

自催化 (autocatalysis) 相关词：自触媒*，自动催化*，自身催化*，自体催化*。【化学】

自催化镀#→化学镀【机械】

自定向天线*→倒向天线【信息】

自动标引 (automatic indexing) 相关词：自动标识*。【信息】

自动标识*→自动标引【信息】

自动催化*→自催化【化学】

自动核对*→自动检验【信息】

自动检查*→自动检验【信息】

自动检验（automatic check）相关词：自动核对*，自动检查*，自动校验*。【信息】

自动校验*→自动检验【信息】

自动振动*→自激振动【物理】

自发回火（auto-tempering）相关词：自发回火效应#。【机械】

自发回火效应#→自发回火【机械】

自发应变（spontaneous strain）相关词：自发张力*。【物理】

自发张力*→自发应变【物理】

自俘获*→自陷俘【物理】

自花受精（self-fertilization）相关词：自花授粉*。【农】

自花授粉*→自花受精【农】

自激振动（autovibration; self-excited vibration）相关词：自动振动*，自激震动*。【物理】

自激震动*→自激振动【物理】

自检验（self-checking）相关词：自校*，自校验*。【信息】

自交衰退*→近交退化【农】

自校*→自检验【信息】

自校验*→自检验【信息】

自觉躯体畸形症#→躯体变形障碍【医】

自偶变压器*→自耦变压器【物理】

自耦变压器（autotransformer）相关词：单线圈变压器*，自偶变压器*。【物理】

自然耐药性*→天然耐药【医】

自融合&→自体融合【生物】

自身催化*→自催化【化学】

自身免疫病（autoimmune disease）相关词：自身免疫性疾病*。【医】

自身免疫性疾病*→自身免疫病【医】

自身输血（autotransfusion）相关词：自体输血*。【医】

自身牙移植术（autogenous tooth transplantation）相关词：自体牙移植*。【医】

自适应控制（adaptive control）相关词：适配控制*。【化工】

自体催化*→自催化【化学】

自体融合（automixis）相关词：自融合&。【生物】

自体输血*→自身输血【医】

自体牙移植*→自身牙移植术【医】

自陷*→自陷俘【物理】

自陷俘（self-trapping）相关词：自俘获*，自陷*。【物理】

自硬粘结剂*→自硬黏结剂【机械】

自硬黏结剂（no bake binder）相关词：冷硬黏结剂#；自硬粘结剂*。【机械】

自由程（free path）相关词：自由径*，自由路径*，自由行程*。【物理】

自由法兰#→活套法兰【机械】

自由基反应（free radical reaction）相关词：游离基反应*。【化学】

自由径*→自由程【物理】

自由路径*→自由程【物理】

自由能&→亥姆霍兹自由能【材料】【化工】【化学】【计量】

自由行程*→自由程【物理】

自诊断功能（self-diagnosis function）相关词：自诊功能*。【信息】

自诊功能*→自诊断功能【信息】

自振频率#→固有频率【机械】【计量】【建】【水利】

自主导航（self-contained navigation）相关词：独立导航*。【信息】

字处理（word processing）相关词：文字处理*，字词处理*。【信息】

字词处理*→字处理【信息】

字符串（character string）相关词：字元串*。【信息】

字符集（character set）相关词：字符组*，字元集*。【信息】

字符频率*→字频[1]【信息】

字符识别（character recognition）相关词：字元识别*。【信息】

字符字*→字母字【信息】

字符组*→字符集【信息】

字节（byte）相关词：拜*，位元*。【信息】

字母字（alphabetic word）相关词：字符字*。【信息】

字频[1]（Hanzi frequency；character frequency）相关词：字符频率*。【信息】

字频[2]*→词频【信息】

字频率*→词频【信息】

字元串*→字符串【信息】

字元集*→字符集【信息】

字元识别*→字符识别【信息】

zong

综合电路*→积分电路【信息】

综合服务数字网络*→综合业务数字网【信息】

综合业务数字网（integrated service digital network；ISDN）相关词：ISDN网#；综合服务数字网络*。【信息】

综合征（syndrome）相关词：症候群*，综合症*。【医】

综合症*→综合征【医】

综合自动化*→集成自动化【信息】

总腐植酸#→腐植酸[1]【煤炭】

总体设计#→概要设计【信息】

总线（bus）相关词：汇流排*，母线*。【信息】

总线裁决*→总线仲裁【信息】

总线判优*→总线仲裁【信息】

总线网（bus network）相关词：汇流排网路*。【信息】

总线仲裁（bus arbitration）相关词：总线裁决*，总线判优*。【信息】

zou

走样*→图形失真【信息】

zu

足月分娩（term labor）相关词：足月妊

娠*。【医】

足月妊娠*⟶足月分娩【医】

阻断基因*⟶割裂基因【生物】【医】

阻断因子*⟶封闭因子【医】

阻尼（damping）相关词：减震*，衰减*。【物理】

阻尼谐振子*⟶阻尼振子【物理】

阻尼振子（damped oscillator）相关词：阻尼谐振子*。【物理】

阻塞圈*⟶扼流线圈【物理】

组编码*⟶群编码【信息】

组地址&⟶成组地址【信息】

组合奇偶*⟶组合宇称【物理】

组合角尺*⟶万能角度尺【机械】

组合谱线（combination line）相关词：组合线&；混合谱线*。【物理】

组合线&⟶组合谱线【物理】

组合宇称（combined parity）相关词：组合奇偶*。【物理】

组合原理（combination principle）相关词：并和原理*。【物理】

组件*⟶部件【机械】

组件测试*⟶模块测试【信息】

组块因子*⟶封闭因子【医】

组态管理*⟶配置管理【信息】

组位址*⟶成组地址【信息】

组译器*⟶汇编程序【信息】

组织水*⟶结构水【化学】

组织应力#⟶相变应力【机械】

组装件*⟶部件【机械】

组装图*⟶装配图【机械】

祖型再现*⟶返祖现象【生物】

zui

最大磁导率（maximum permeability）相关词：最大导磁率*，最大导磁系数*。【机械】【计量】

最大导磁率*⟶最大磁导率【机械】【计量】

最大导磁系数*⟶最大磁导率【机械】【计量】

最大负载*⟶最大载荷【机械】

最大可接受响度值*⟶最适响度级【医】

最大熵估计（maximum entropy estimation）相关词：最大熵估算*。【信息】

最大熵估算*⟶最大熵估计【信息】

最大载荷（maximum load）相关词：最大负载*。【机械】

最概然分布（most probable distribution）相关词：概率最大分布*，最可能分布*。【物理】

最后一个质子结合能#⟶质子分离能【计量】

最后一个中子结合能#⟶中子分离能【计量】

最佳编码*⟶最优编码【信息】

最佳控制*⟶最优控制【机械】【信息】

最可能分布*⟶最概然分布【物理】

最适响度级（most comfortable loudness level）相关词：最大可接受响度值*。【医】

最小可听值*⟶可听阈【机械】

最小熵估计（minimum entropy estimation）相关词：最小熵估算*。【信息】

最小熵估算*—→最小熵估计【信息】

最优编码（optimum coding）相关词：最佳编码*。【信息】

最优控制（optimal control）相关词：最佳控制*。【机械】【信息】

最终用户（end user）相关词：终端用户*。【信息】

最终致癌物*—→终致癌物【药】

zuo

作业码*—→操作码【信息】

坐骨联胎*—→坐骨联体【医】

坐骨联体（ischiopagus）相关词：坐骨联胎*。【医】

数字与字母开头的词

Ⅰ型回火脆性*⟶第一类回火脆性【机械】

Ⅱ型回火脆性*⟶第二类回火脆性【机械】

B2B*⟶企业对企业【信息】

B2C*⟶企业对客户【信息】

B-ISDN网#⟶宽带综合业务数字网【信息】

b夸克（bottom quark）相关词：底夸克#；美夸克*。【物理】

C.C.*⟶毫升【计量】

CGS制#⟶厘米克秒制【物理】

c夸克（charm quark）相关词：粲夸克#。【物理】

cc*⟶毫升【计量】

d夸克（down quark）相关词：下夸克#。【物理】

EL&⟶电致发光【化工】【化学】【物理】【信息】

Internet协议*⟶网际协议【信息】

IP地址&⟶网际协议地址【信息】

IP电话#⟶因特网电话【信息】

IP位址*⟶网际协议地址【信息】

ISDN网#⟶综合业务数字网【信息】

MAC协议&⟶媒体访问控制协议【信息】

MOS场效晶体管（MOS field effect transistor）相关词：金属–氧化物–半导体场效应晶体管#；MOS场效应晶体管*。【物理】

MOS场效应晶体管*⟶MOS场效晶体管【物理】

micron*⟶微米【计量】

m-kgf-s制#⟶米千克力秒制【物理】

P2P网络*⟶对等网络【信息】

PAL制（Phase Alternation Line system）相关词：倒相线系*，相位交替线系*。【信息】

Perlmann综合征*⟶多囊肾【医】

PH值测定仪*⟶pH计【化学】

$PM_{2.5}$&⟶细颗粒物【大气】【化学】【物理】【医】

PM2.5#⟶细颗粒物【大气】【化学】【物理】【医】

PN结隔离（PN junction isolation）相关词：PN结绝缘*。【信息】

PN结绝缘*⟶PN结隔离【信息】

Potter(Ⅰ)综合征*⟶多囊肾【医】

pH计（pH meter）相关词：酸度计#；氢离子计*，氢离子浓度计*，PH值测定仪*，酸碱计*。【化学】

SI制&⟶国际单位制【电】

▲无标记且有英文对译的，为“规范词”。▲标“&”的为“简称”，可与规范词等效使用。
▲标“#”的为“又称”，不推荐使用。▲标“*”的为“非规范词”，不能使用。

s夸克（strange quark）相关词：奇异夸克#。【物理】

TCP/IP协议（Transmission Control Protocol/Internet Protocol；TCP/IP）相关词：传输控制/网际协议*，传输控制协议/网间协议*，传输控制/网间协议*，传输控制协议/网际协议*，传输控制协议/因特网协议*。【信息】

Wi-Fi#⟶无线保真【信息】

X光*⟶X射线【物理】

X射线（X-ray）相关词：X光*。【物理】

X射线测角器*⟶X射线测角仪【机械】

X射线测角仪（X-ray goniometer）相关词：X射线测角器*。【机械】

X射线电光子分光光谱*⟶X射线光电子能谱【物理】【信息】

X射线分光计*⟶X射线光谱仪【机械】

X射线分析器（X-ray analyzer）相关词：X射线分析仪*。【机械】

X射线分析仪*⟶X射线分析器【机械】

X射线光电子能谱（X-ray photoelectron spectroscopy）相关词：XPS#；X射线电光子分光光谱*。【物理】【信息】

X射线光谱仪（X-ray spectrometer）相关词：X射线分光计*。【机械】

X射线结晶学*⟶X射线晶体学【物理】

X射线晶体分光计*⟶X射线晶体光谱仪【机械】

X射线晶体光谱仪（X-ray crystal spectrometer）相关词：X射线晶体分光计*。【机械】

X射线晶体学（X-ray crystallography）相关词：X射线结晶学*。【物理】

X射线荧光发射分光计*⟶X射线荧光发射光谱仪【机械】

X射线荧光发射光谱仪（X-ray fluorescent emission spectrometer）相关词：X射线荧光发射分光计*。【机械】

X线断层摄影术*⟶层析X射线照相术【机械】【信息】

X线体层照相术*⟶层析X射线照相术【机械】【信息】

XPS#⟶X射线光电子能谱【物理】【信息】

XY女性*⟶单纯性性腺发育障碍症【医】

XY完全型性腺发育不全#⟶单纯性性腺发育障碍症【医】

XY性反转*⟶单纯性性腺发育障碍症【医】

γ光*⟶γ射线【机械】

γ射线（γ-ray）相关词：伽马射线#；伽马线*，γ光*，γ线*。【机械】

γ射线放射照相术*⟶γ射线照相术【机械】

γ射线照相术（gamma-radiography）相关词：γ射线放射照相术*。【机械】

γ线*⟶γ射线【机械】

附　录

停止使用的计量单位

本表收录较为常见的按国家规定已停止使用的计量单位，按中文名称音序排列。“含义”栏或说明该计量单位的属性及其与法定计量单位的换算方式，或说明与规范名称的相互关系。

中文名称	英　文	含　义
盎司	ounce; oz	质量的英制单位，为28.349 5克。
磅	pound; lb	质量的英制单位，为453.592 37克。
磅力	pound-force; lbf	力的英制单位，为4.448 22牛顿。
磅力每平方英寸	pound-force per square inch; lbf/in^2	压力的英制单位，为689 4.76帕斯卡。
磅每立方英尺	pound per cubic foot; lb/ft^3	体积质量的英制单位，为16.018 5千克每立方米。
磅每平方英尺	pound per square foot; lb/ft^2	面积质量的英制单位，为4.882 43千克每平方米。
磅每英尺	pound per foot; lb/ft	线质量的英制单位，为1.488 16千克每米。
标准大气压	standard atmosphere; normal atmosphere; atm	流体压力的非法定计量单位，为101 325帕斯卡。
标准煤	coal equivalent	能量量值的非法定计量单位，是设想1千克煤具有7 000国际蒸汽表卡的能量。
长吨	long ton; l ton	“英吨”为1 016.05千克时的异名。
尺		长度的市制单位，为1/3米。
呎		“英尺”的异名。
寸		长度的市制单位，为1/30米。
吋		“英寸”的异名。
达因	dyne; dyn	力的厘米克秒制单位，为0.000 01牛顿。
达因每平方厘米	dyne per square centimetre cubed; dyn/cm^2	静压的厘米克秒制单位，为0.1帕斯卡。
大卡		“千卡[1]”的异名。
担		“市担”的异名。
当量煤		“标准煤”的异名。
当量油	oil equivalent	能量量值的非法定计量单位，是设想1千克石油具有10 000国际蒸汽表卡的能量。

（续表）

中文名称	英 文	含 义
度	degree	电能量的非法定计量单位，等于1千瓦时，为3.6兆焦耳。
短吨	short ton; sh ton; sh tn	"英吨"为907.185千克时的异名之一，与"净吨"相同。
费密	fermi	长度的非国际单位制计量单位，为0.000 001纳米。
分[1]		"市分[1]"的异名。
分[2]		"市分[2]"的异名。
分[3]		"市分[3]"的异名。
干品脱	dry pint(US); dry pt(US)	美国用于干性物质体积的单位，为0.560 611立方分米。
格令	grain; gr	质量的英制单位，约为64.798 9毫克。
工程大气压	technical atmosphere; at	压力的非法定计量单位，为98 066.5帕斯卡。
公担	metric quintal	质量的旧单位，为100千克。
国际蒸汽表卡	I. T. calorie; cal_{IT}	热量的非法定计量单位，为4.186 8焦耳。
国际烛光	international candle; bi	发光强度的非法定计量单位，为1.02坎德拉。
毫英寸	milliinch; thou; mil; min	长度的英制单位，为25.4微米。
华氏度	degree Fahrenheit; °F	温度的非法定计量单位，换算较复杂：x华氏度为(5/9)(x+459.67)开尔文，或者x华氏度为(5/9)(x－32)摄氏度。
加仑	gallon; gal	体积、容积的英制单位，为4.546 09立方分米(英)或3.785 41立方分米(美)。
斤[1]		"市斤"的异名。
斤[2]		"司马斤"的异名。
金衡盎司	troy ounce; oz tr; oz t	质量的英制单位，用于贵金属，为31.103 5克。
净吨	net ton	"英吨"为907.185千克时的异名之一，与"短吨"相同。
居里	curie; Ci	放射性活度的旧单位，为37 000 000 000贝可勒尔。
卡	cal	热量的非法定计量单位，为4.185 5焦耳(15℃卡)或4.181 6焦耳(20℃卡)。

（续表）

中文名称	英　文	含　义
卡路里	calorie	“卡”的异名。
克拉		“米制克拉”的异名。
兰氏度	degree Rankine;°R	热力学温度的英制单位，为5/9开尔文。
厘		“市厘”的异名。
里		“市里”的异名。
哩		“英里”的异名。
立方码	cubic yard;yd^3	体积的英制单位，为0.764 555立方米。
立方英尺	cubic foot;ft^3	体积的英制单位，为28.316 9立方分米。
立方英尺每磅	cubic foot per pound;ft^3/lb	质量体积的英制单位，为0.062 428立方米每千克。
立方英寸	cubic inch;in^3	体积的英制单位，为16.387 1立方厘米。
两		“市两”的异名。
流每平方英尺		“流明每平方英尺”的异名。
流明每平方英尺	lumen per square foot;lm/ft^2	光照度的英制单位，为10.764勒克斯。
卢瑟福	rutherford;Rd	放射性活度的旧单位，为1 000 000贝可勒尔。
马力		“米制马力”的异名。
码	yard;yd	长度的英制单位，为0.914 4米。
米制克拉	metric carat	质量的非国际单位制计量单位，为200毫克。
米制马力	metric horsepower	功率的工程单位制单位，为753.499瓦特。
密耳		“密位”“毫英寸”的异名。
密位	mil	平面角的非国际单位制计量单位，为圆周的1/6 400（英美）或1/6 000（俄）。
亩		面积的市制单位，为2000/3平方米。
品脱	pint(UK);pt(UK)	英国体积、容积单位，为0.568 261立方分米。
平方码	square yard;yd^2	面积的英制单位，为0.836 127 36平方米。
平方英尺	square foot;ft^2	面积的英制单位，为0.092 903 04平方米。
平方英寸	square inch;in^2	面积的英制单位，为645.16平方毫米。

（续表）

中文名称	英　文	含　义
平方英里	square mile; $mile^2$	面积的英制单位，为2.589 988平方千米，美制测绘中为2.589 998平方千米。
蒲式耳	bushel; bushel(UK); bu(US)	体积、容积的英制单位，为36.368 7升(英)或35.239 1立方分米(美)。
千卡[1]	kilocalorie; kcal	热量的非法定计量单位，为1 000卡。
千卡[2]		“热化学卡”的异名。
千克力	kilogram-force; kgf	力的米千克力秒制单位，为9.806 65牛顿。
千克力每平方米	kilogram-force per square metre; kgf/m^2	压力的米千克力秒制单位，为9.806 65帕斯卡。
千克力米	kilogram-force metre; kgf·m	力矩、力偶矩和转矩等的米千克力秒制单位，为9.806 65牛顿米。
千克力米每秒	kilogram-force metre per second; kgf·m/s	功率的工程单位制单位，为9.806 65瓦特。
钱		“市钱”的异名。
热化学卡	thermochemical calorie; cal_{th}	热量的非法定计量单位，为4.184焦耳。
市担		质量的市制单位，为50千克。
市分[1]		长度的市制单位，为1/300米。
市分[2]		面积的市制单位，为200/3平方米。
市分[3]		质量的市制单位，为0.312 5克。
市斤		质量的市制单位，为500克。
市厘		面积的市制单位，为20/3平方米。
市里		长度的市制单位，为500米。
市两		质量的市制单位，旧时为31.25克，后改为50克。
市钱		质量的市制单位，为3.125克。
丝米	decimillmetre; dmm	长度单位0.1毫米的旧称。
司马斤		中国港澳地区所用的质量单位，为604.79克。
塔尔波特	talbot	光量的非国际单位制计量单位，为1流明秒。
托	torr; Torr	流体压力的非法定计量单位，为133.322帕斯卡。
微巴	microbar; μbar	声压的非国际单位制计量单位，为0.1帕斯卡。

（续表）

中文名称	英　文	含　义
微英寸	microinch；μin	长度的英制单位，为25.4纳米。
新烛光	new candle；bn	发光强度的非法定计量单位，为1坎德拉。
药衡盎司	apothecaries ounce；ap oz；oz apoth	质量的英制单位，用于药物，为31.103 5克。
液盎司	fluid ounce；fl oz	体积、容积的英制单位，为28.413 1立方厘米（英）或29.573 5立方分米（美）。
液品脱	liquid pint（US）；liq pt（US）	美国用于液体和药剂的容积单位，为0.473 177立方分米。
英尺	foot；ft	长度的英制单位，为0.304 8米，美制测绘中为0.304 800 6米。
英尺磅力	foot pound-force；ft·lbf	力矩、力偶矩和转矩等的英制单位，为1.355 82牛顿米。
英尺磅力每秒	foot pound-force per second	功率的英制单位，为1.355 82瓦特。
英尺每二次方秒	foot per second squared；ft/s^2	加速度的英制单位，为0.304 8米每二次方秒。
英尺每秒	foot per second；ft/s	速度的英制单位，为0.304 8米每秒。
英尺烛光	foot-candle；fc	光照度的英制单位，为10.764勒克斯。
英寸	inch；in	长度的英制单位，为25.4毫米。
英担	hundred weight；cwt	质量的英制单位，为50.802 4千克（英）或43.359 2千克（美）。
英吨	ton；tn	质量的英制单位，为1 016.05千克（英）或907.185千克（美）。
英毫		“毫英寸”的异名。
英里	mile；mi	长度的英制单位，为1 609.344米或1 609.347米（美）。
英里每时	mile per hour；mi/h；mile/h	速度的英制单位，为1.609 34千米每小时。俗称“迈”。
英里每小时		“英里每时”的异名。
英亩	acre；ac	面积的英制单位，为4 046.856平方米或4 046.873平方米（美）。
英寻	fathom；fath；Fa；f	长度的英制单位，为1.828 8米。
英制马力	horsepower；hp	功率的英制单位，为745.7瓦特。
英制热单位	British thermal unit；Btu	热量、功、热力学能、焓、亥姆霍兹自由能、吉布斯自由能等的英制单位，为1 055.06焦耳。

（续表）

中文名称	英　文	含　义
约定毫米水柱	conventional millimetre of water; mmH_2O	流体压力的非法定计量单位，为9.806 65帕斯卡。
丈		长度的市制单位，为10/3米。
烛光每平方英尺	candle per square foot; cd/ft^2	光亮度的非法定计量单位，为10.76坎德拉每平方米。
烛光每平方英寸	candle per square inch; cd/in^2	光亮度的非法定计量单位，为1 550坎德拉每平方米。

规范词外文索引

A

B

C

D

E

G

H

I

J

K

L

M

N

O

P

Q

R

S

T

U

V

W

X

Z

γ

μ